前　言

本书是包头轻工职业技术学院的校企合作产学研教材，是风力发电工程技术专业现代学徒制的建设成果。本书按照现代学徒制的人才培养模式和课程标准要求，以风机机械定检实践所需的基础知识、基本理论和基本技能为基础，以培养学生的机械系统分析能力、创新能力和综合知识应用能力为主线，将机械工程材料、工程力学、机械设计基础三门课程的教学内容进行了有机的整合、精炼与充实，突出了实用性和综合性，注重工程实践能力的训练和综合能力的培养。

本书的特点：

（1）以职业岗位需求引导教与学。本书以职业岗位对理论知识的需求为度，引入相关知识和理论，注重实践训练用到的相关概念、应用，同时注重知识的延展性和前沿性，知识点由点到线、由线到面，体现知识的综合性和系统性，非常适合高职高专院校的学生使用。

（2）插图直观，体现了可读性和适用性。内容采用了大量与实践相关的图、表，一步步地引导学生完成任务，注重实用性、典型性、覆盖性、综合性。

本书由包头轻工职业技术学院王彩英和海淑萍任主编，张晓晖、呼吉亚、刘利平任副主编。第 1 章和第 7 章由王彩英编写，第 2 章和第 3 章由海淑萍编写，第 4 章由呼吉亚编写，第 5 章由张晓晖编写，第 6 章由刘利平编写。其他参与编写人员有校企合作单位北京优利康达科技有限公司的王科琪、王小刚、李文敏、张高中，还有包头轻工职业技术学院的巩真、张玉杰、卢尚工、丁丽娜、曹琳、王泽、丁洁、张存盛、刘艳辉、张晓燕、佟翔、张显晖。本书由包头轻工职业技术学院的覃国萍教授任主审。感谢覃教授对全书进行了认真细致的审阅并提出了许多宝贵意见，在此表示衷心的感谢。

由于编者水平有限，书中难免有疏漏及不当之处，恳请广大读者批评指正。

编者

2019 年 6 月

目　录

1 工程材料

材料用于制造各种零件，是人类生产和生活的物质基础。机械是由零件组成的，而零件是由材料制成的，没有材料就没有机械。机械零件质量的好坏和使用寿命的长短都与它的制作材料直接相关。

工程材料按照组成特点分类，可分为金属材料、陶瓷材料、有机高分子材料和复合材料四大类。

- 金属材料
  - 钢铁材料：钢和铸铁
  - 非铁金属：铂、金、银、钨、钼、铅、锌、镍、钛、铜、铝、镁等
- 陶瓷材料
  - 普通陶瓷：日用陶瓷、建筑陶瓷、电绝缘陶瓷、多孔陶瓷等
  - 特种陶瓷：氧化物陶瓷、氮化物陶瓷、硅化物陶瓷等
- 有机高分子材料
  - 塑料：聚乙烯塑料、聚酰胺塑料、聚甲醛塑料、聚碳酸酯塑料等
  - 橡胶：天然橡胶、丁苯橡胶、顺丁橡胶、氯丁橡胶等
  - 胶粘剂：非结合胶、结构胶、密封胶、导电胶、医用胶等
  - 合成纤维：聚酯纤维、聚酰胺纤维、聚丙烯腈纤维等
  - 高分子基复合材料：玻璃纤维、碳纤维增强树脂基复合材料等
- 复合材料
  - 陶瓷基复合材料：纤维、粒子增强陶瓷树脂基复合材料
  - 金属基复合材料：铝基复合材料、钛基复合材料、镁基复合材料等

了解各种材料的力学性能、特点及应用场合，是合理、经济地选择材料，确保零件能够正常安全使用的基础。下面先简要介绍陶瓷材料、有机高分子材料、复合材料。然后重点介绍金属材料。

1. 陶瓷材料

陶瓷材料是无机非金属材料的统称，是用天然的或人工合成的粉状化合物，通过成型和高温烧结而制成的多晶体固体材料，它包括陶瓷、瓷器、玻璃、搪瓷、耐火材料、砖瓦、水泥、石膏等。由于陶瓷材料具有耐高温、耐腐蚀、硬度高等优点，不仅可用于制作餐具类生活用品，而且在现代工业中也得到了广泛的应用。

2. 有机高分子材料

以高分子化合物或高分子聚合物为主要成分构成的材料称为高分子材料。它分为有机高

分子材料和无机高分子材料。有机高分子材料的主要成分是碳和氢。有机高分子材料包括天然高分子材料和人工合成高分子材料两大类。机械工程上主要使用人工合成高分子材料。有机高分子材料按用途和使用状态，可分为塑料、橡胶、胶粘剂、合成纤维等。

3. 复合材料

复合材料是由两种或两种以上不同物理性质和化学性质或不同组织结构的材料，以微观或宏观形式组合而成的多相材料。复合材料既保持了原有材料的各自性能特点，又具有比原材料更好的性能，即具有“复合”效果。不同材料复合后，通常是其中一种材料作为基体材料，起黏结作用；另一种材料作为增强剂材料，起承载作用。

1.1 金属材料的性能

1.1.1 物理性能和化学性能

金属材料的性能包括使用性能和工艺性能。使用性能是指材料在使用过程中所表现出来的性能，包括物理性能、化学性能和力学性能；工艺性能是指金属材料从冶炼到成品的生产过程中，在各种加工条件下所表现的性能。

金属材料的物理性能是指金属固有的属性，包括密度、熔点、导热性、导电性、热膨胀性和磁性等。

金属材料的化学性能是指金属在化学作用下所表现出来的性能，包括耐腐蚀性、抗氧化性和化学稳定性等。

1.1.2 力学性能和工艺性能

金属材料的力学性能又称为机械性能，是指材料在外力作用下表现出来的性能。材料的力学性能是评定材料质量的主要判据，也是零件设计和选材时的主要依据。按外加载荷性质和作用形式的不同，材料的力学性能指标可分为强度、塑性、硬度、韧性和疲劳强度等。

材料按其断裂时产生变形的大小进行分类，可分为塑性材料和脆性材料两类。塑性材料包括低碳钢、合金钢、纯铜、加工铜、纯铝与变形铝合金等，它们在断裂时可产生较大的塑性变形；而脆性材料包括铸铁、铸铜、铸铝、陶瓷、混凝土、石材等，它们在断裂时塑性变形很小。通常以低碳钢和铸铁分别作为塑性材料和脆性材料的典型代表，并通过拉伸试验来认识塑性材料和脆性材料的力学性能。

金属材料的工艺性能是指在各种加工条件下所表现出来的适应性能，包括铸造性能、锻造性能、焊接性能、热处理性能和切削加工性能等。

1. 低碳钢拉伸试验

拉伸试样通常采用圆形横截面比例试样。一种是长拉伸试样，其原始标距 l_0=10d_0；另一种是短拉伸试样，其原始标距 l_0=5d_0，如图 1-1 和图 1-2 所示。d_0 是圆形横截面比例试样的原始直径，d_k 是圆形横截面比例试样断口处的直径，l_0 是圆形横截面比例试样的原始标距，l_k 是圆形横截面比例试样拉断对接后测出的标距长度。为了节省试样制作成本，通常采用短拉伸试样。

拉伸试验的主要设备是万能拉伸试验机（图 1-3）。试验前将拉伸试样装夹在拉伸试验机上，然后逐渐施加拉伸载荷，直到将拉伸试样拉断为止。在实验过程中，拉伸试验机可连续地记录试验过程，并以力（F）-伸长（Δl）曲线形式（图 1-4），或者是应力（R）-应变（ε）曲线形式（图 1-5）记录试验过程。

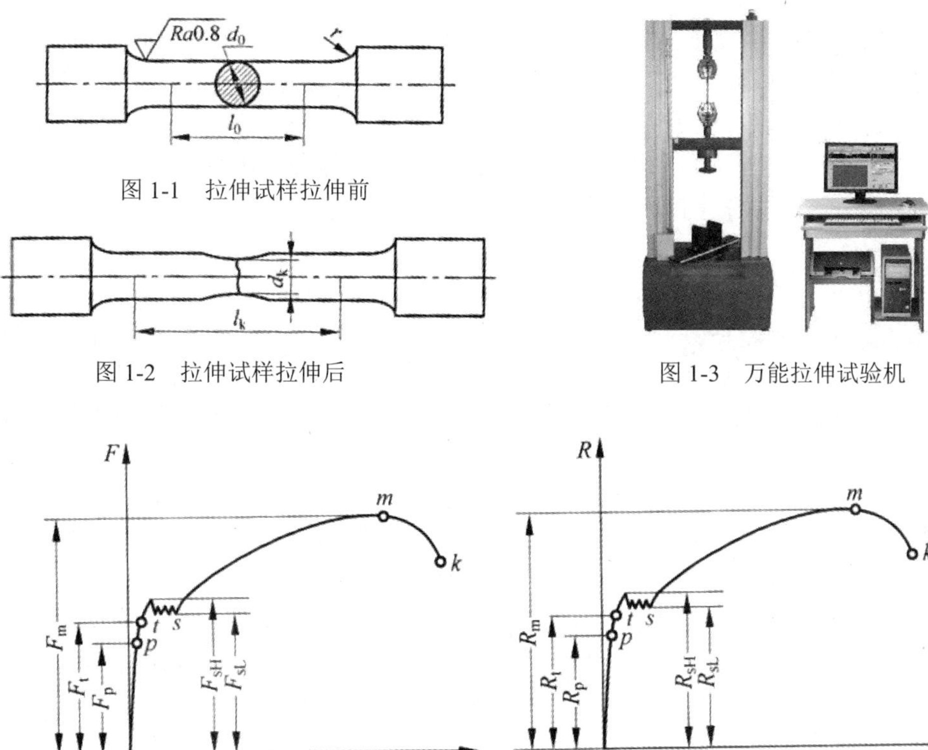

图 1-1　拉伸试样拉伸前

图 1-2　拉伸试样拉伸后

图 1-3　万能拉伸试验机

图 1-4　退火低碳钢 F-Δl 曲线

图 1-5　退火低碳钢 R-ε 曲线

从退火低碳钢的 F-Δl 曲线图可以看出，拉伸试样从开始拉伸到断裂要经过弹性变形、屈服、变形强化、缩颈与断裂四个阶段。

（1）弹性变形阶段。从图 1-4 中可以看出，在斜直线 Op 阶段，当拉伸力 F 增加时，拉伸试样伸长量 Δl 也呈正比增加。当去除拉伸力 F 后，拉伸试样伸长变形消失，拉伸试样恢复到原来形状，其变形规律符合胡克定律，表现为弹性变形。图中 F_p 是拉伸试样保持完全弹性变形的最大拉伸力。

（2）屈服阶段。当拉伸力超过 F_p 时，对应 pt 线段，曲线稍微弯曲，说明试样在此阶段处于弹塑性阶段，不仅产生弹性变形，还将产生微量的塑性变形，去除拉伸力后，微量的塑形变形不能完全恢复，试样会残留微量的塑性变形。当拉伸力继续增加到一定值时，F-Δl 曲线出现一个波动平台，即在拉伸力几乎不变的情况下，拉伸试样会明显的伸长，这种现象称为屈服现象。拉伸力 F_s 称为屈服拉伸力。

（3）变形强化阶段。当拉伸力超过屈服拉伸力后，拉伸试样抵抗变形的能力将会提高，产生冷变形强化现象。在 F-Δl 曲线上表现为一段上升曲线（sm 段），即随着塑性变形的增大，拉伸试样抵抗变形的力也逐渐增大。

（4）缩颈与断裂阶段。当拉伸力达到 F_m 时，拉伸试样的局部截面开始收缩，产生缩颈现象。由于缩颈使拉伸试样局部截面迅速缩小，单位面积上的拉伸力增大，变形集中于缩颈区，最后延续到 k 点时拉伸试样被拉断。缩颈现象在 $F\text{-}\Delta l$ 曲线上表现为一段下降曲线。F_m 是拉伸试样拉断前能承受的最大拉伸力，称为极限拉伸力。

2. 低碳钢的强度指标

在外力的作用下，材料抵抗永久变形和断裂的能力称为强度。材料在静拉伸试验中的强度指标主要有屈服强度（一般以 R_{eL} 表示）、规定总延伸强度（如 $R_{t0.5}$）和抗拉强度（R_m）等。

（1）屈服强度。试样在拉伸过程中，力不增加（保持恒定）仍然能继续伸长（变形）时的应力，称为屈服强度，单位是 MPa（或 N/mm^2）。屈服强度包括上屈服强度（R_{eH}）和下屈服强度（R_{eL}）。由于下屈服强度的数值较为稳定，因此，一般将下屈服强度作为材料的屈服强度。屈服强度 R_{eL} 用下式计算：

$$R_{eL}=F_{SL}/S_0$$

式中：F_{SL} 为拉伸试样屈服时的下拉伸力，N；S_0 为拉伸试样的原始横截面积，mm^2。

（2）规定总延伸强度。工业上使用的部分金属材料，如高碳钢、铸铁等，在进行拉伸试验时没有明显的屈服现象，也不会产生缩颈现象，这就需要规定一个相当于屈服强度的强度指标，即规定总延伸强度 R_t。

规定总延伸强度是指试样总延伸率等于规定的引伸计标距（L_e）百分率时对应的应力。规定总延伸强度用符号 R、下角标 t 和规定的总延伸率表示。例如 $R_{t0.5}$ 表示规定总延伸率为 0.5% 时的应力，并将此值作为没有产生明显屈服现象的金属材料的屈服强度（或条件屈服强度）。

金属零件及其结构件在工作过程中一般不允许产生塑性变形。因此，在设计零件和结构件时，屈服强度是工程技术上重要的力学性能指标之一，也是大多数机械零件和结构件选材与设计的依据。

（3）抗拉强度。抗拉强度是指拉伸试样拉断前承受的最大标称拉应力。抗拉强度用符号 R_m 表示，单位是 MPa（或 N/mm^2）。R_m 可用下式计算：

$$R_m=F_m/S_0$$

式中：F_m 为拉伸试样承受的最大的载荷，N；S_0 为拉伸试样原始横截面积，mm^2。

R_m 表征金属材料由均匀塑性变形向局部集中塑性变形过渡的临界值，也是表征金属材料在拉伸条件下最大的承载能力。对于塑性金属材料来说，拉伸试样在承受最大拉应力 R_m 之前，变形是均匀一致的。但超过 R_m 后，金属材料开始出现缩颈现象，即产生集中变形。

抗拉强度的意义是表征材料对最大均匀变形的抗力，表征材料在拉伸条件下所能承受的最大力的应力值，它是设计和选材的主要依据之一，是工程技术上的主要强度指标。

3. 低碳钢的塑性指标

塑性是指金属材料在断裂前发生不可逆永久变形的能力。金属材料的塑性可以用拉伸试样断裂时的最大变形量来表示。工程上广泛使用的表征材料塑性大小的主要指标是断后伸长率和断面收缩率。

（1）断后伸长率。试样拉伸后，标距的伸长量与原始标距的百分比称为断后伸长率，以符号 A 或 $A_{11.3}$ 表示。A 或 $A_{11.3}$ 可用下式计算：

$$A \text{ 或 } A_{11.3}=\frac{l_k-l_0}{l_0}\times 100\%$$

式中：l_k 为拉断拉伸试样对接后测出的标距长度，mm；l_0 为拉伸试样原始标距长度，mm。

由于圆形横截面比例试样分为长拉伸试样和短拉伸试样，其中使用长拉伸试样测定的断后伸长率用符号 $A_{11.3}$ 表示，使用短拉伸试样测定的断后伸长率用符号 A 表示，同一种金属材料的断后伸长率 A 和 $A_{11.3}$ 数值是不相等的，因而不能直接用 A 或 $A_{11.3}$ 进行比较。一般短拉伸试样的 A 值大于长拉伸试样的 $A_{11.3}$。

（2）断面收缩率。断面收缩率是指圆形横截面比例试样拉断后缩颈处横截面积的最大缩减量与原始横截面积的百分比。断面收缩率用符号 Z 表示。Z 值可用下式计算：

$$Z=\frac{S_0-S_k}{S_0}\times 100\%$$

式中：S_0 为拉伸试样原始横截面积，mm^2；S_k 为拉伸试样断口处的横截面积，mm^2。

金属材料的塑性大小对零件的加工和使用具有重要的实际意义。塑性好的金属材料不仅能顺利地进行锻压、轧制等，而且在使用过程中如果发生超载，则由于塑性变形，可以避免或缓冲突然断裂。所以大多数机械零件除要求具有较高的强度外，还需有一定的塑性。对于铸铁、陶瓷等脆性材料，由于塑性较低，拉伸时几乎不产生明显的塑性变形，超载时会突然断裂，使用过程中必须注意。

目前金属材料室温拉伸试验方法推荐采用 GB/T 228－2010，本书涉及的力学性能数据尽量采用新标准。原有 GB/T 228－1987 进行测定和标注的金属材料力学性能数据仍可沿用。关于金属材料强度与塑性的新、旧标准名词和符号对照表见表 1-1。

表 1-1　金属材料强度与塑性的新、旧标准名词和符号对照表

GB/T 228—2010		GB/T 228—1987	
名词	符号	名词	符号
断面收缩率	Z	断面收缩率	ψ
断后伸长率	A 和 $A_{11.3}$	断后伸长率	δ_5 和 δ_{10}
屈服强度	—	屈服点	σ_s
上屈服强度	R_{eH}	上屈服点	σ_{sU}
下屈服强度	R_{eL}	下屈服点	σ_{sL}
规定塑性延伸强度	R_p，如 $R_{p0.05}$	规定非比例伸长应力	σ_p，如 $\sigma_{p0.05}$
规定总延伸强度	R_t，如 $R_{t0.5}$	规定总伸长应力	σ_t，如 $\sigma_{t0.5}$
规定残余延伸强度	R_r，如 $R_{r0.2}$	规定残余伸长应力	σ_r，如 $\sigma_{r0.2}$
抗拉强度	R_m	抗拉强度	σ_b

（3）冷变形强化。在机械工程中常采用冷变形强化来提高构件的承载能力，如建筑钢筋、钢丝绳、链条等在使用前进行冷拔工艺，对冷轧钢板、型钢进行冷拔工艺等都是利用冷变形强化机理。相反，如果金属材料在冷压成型时，产生冷变形强化，降低了金属材料的塑性，可利用退火工艺消除冷变形强化现象。

4．金属材料的硬度

硬度是指金属材料抵抗外界物体机械作用（如压陷、刻划）的局部抵抗能力。硬度不是金属独立的基本性能，而是反映材料弹性、强度、塑性、韧性等一系列不同力学性能组成的综合性能指标，直接反应金属材料的软硬程度。因此，硬度所表示的量不仅取决于材料本身，而

且取决于试验方法和实验条件。常用的硬度指标有布氏硬度（HBW）、洛氏硬度（HRA、HRB、HRC）等。硬度高的材料强度大，耐磨性能较好，而切削加工性能较差。

（1）布氏硬度。目前金属布氏硬度试验方法执行 GB/T 231.1－2009，用符号 HBW 或 HBS 表示，该标准规定的布氏硬度试验范围为 8～650HBW。布氏硬度是用一定直径的硬质合金球，以相应的试验力压入试样表面，经规定的保持时间后，卸除试验力，测量试样表面的压痕直径 d，然后根据压痕直径 d 计算其硬度值的方法，如图 1-6 所示。布氏硬度值是用球面压痕单位表面积上所承受的平均压力表示的。试验时只要测量出压痕直径 d（mm），就可通过查布氏硬度表得出 HBW 值。布氏硬度试验设备如图 1-7 所示。

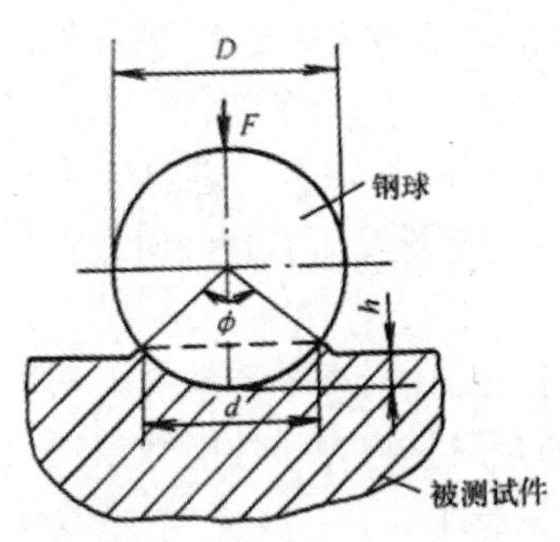

图 1-6　布氏硬度试验原理图

图 1-7　布氏硬度试验设备

布氏硬度反映的硬度值比较准确，数据重复性强。但由于其压痕较大，对金属材料表面的损伤较大，因此不易测定太小或太薄的试样。通常布氏硬度适合测定非铁金属、铸铁及经退火、正火、调制处理后的各类钢材。

（2）洛氏硬度。目前金属物质硬度试验方法执行 GB/T 230.1－2009，洛氏硬度是以锥角为 120°的金刚石圆锥体或直径为 1.5875mm 的球（淬火钢球和硬质合金球）压入试样表面，如图 1-8 所示，根据试样残余压痕深度增量来衡量试样的硬度大小。残余压痕深度 h 增量越小，金属材料的硬度越高。洛氏硬度试验设备如图 1-9 所示。

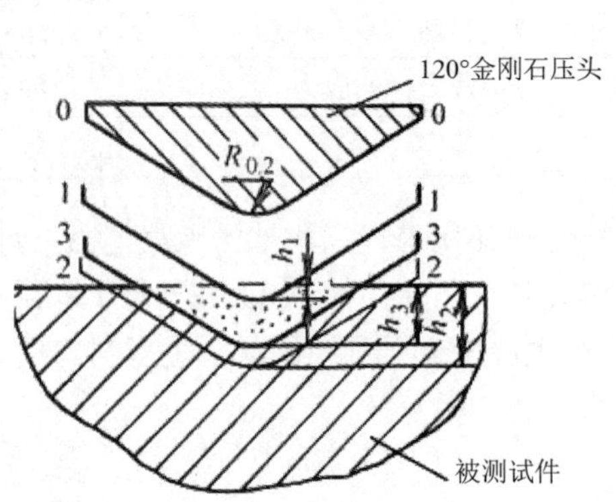

图 1-8　洛氏硬度试验原理图

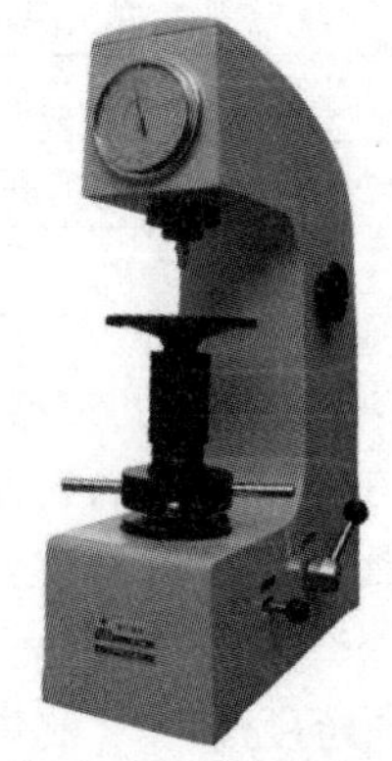

图 1-9　洛氏硬度试验设备

洛氏硬度主要用于直接检验成品或半成品的硬度，特别适合检验经过淬火的零件。

5. 金属材料的冲击韧性

韧性是金属材料在断裂前吸收变形能量的能力。机械零部件在服役过程中不仅受到静载荷或变动载荷作用，而且受到不同程度的冲击载荷作用，如锻锤、冲床、铆钉枪等。这些零件除要求具备足够的强度、塑性、硬度外，还应具有足够的韧性。金属材料的韧性大小通常采用吸收能量 K（单位是焦耳）指标来衡量。测定金属材料的吸收能量 K 可采用 GB/T 229－2007《金属材料 夏比摆锤冲击试验方法》进行测定。

（1）夏比摆锤冲击试样。夏比摆锤冲击试样主要有 V 型缺口试样和 U 型缺口试样两种。

（2）夏比摆锤冲击试验方法。夏比摆锤冲击试验方法是在摆锤式冲击试验机上进行的，如图 1-10 所示。试验时，将带有缺口的标准试样安置在冲击试验机的机架上，使试样的缺口位于两支座中间，并背向摆锤的冲击方向。将一定质量的摆锤升高到规定高度 H_1，则摆锤具有势能 A_{KV1}（V 型缺口试样）或 A_{KU1}（U 型缺口试样）。当摆锤落下将试样冲断后，摆锤继续向前升高 H_2，此时摆锤的剩余势能是 A_{KV2} 或 A_{KU2}，则冲击试样的吸收能量 K 就等于摆锤冲断试样过程中所失去的势能。

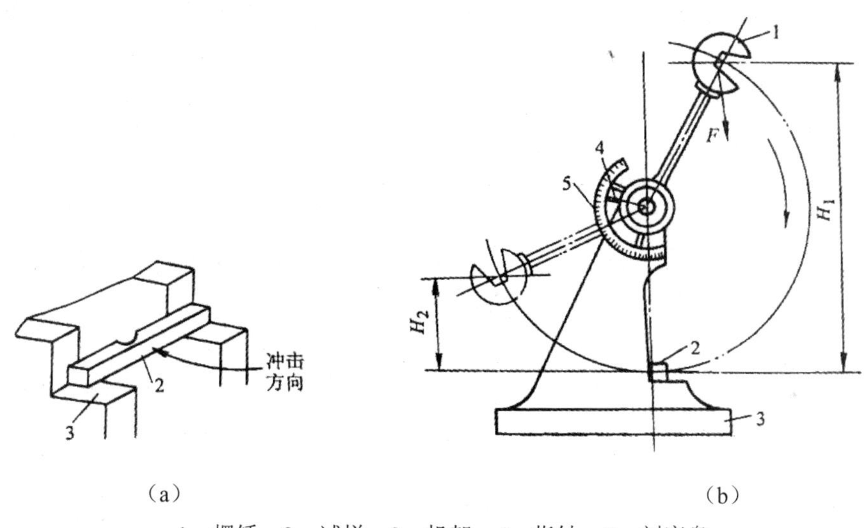

（a） （b）

1—摆锤；2—试样；3—机架；4—指针；5—刻度盘

图 1-10 冲击试验原理图

如果是 V 型缺口试样：

$$KV_2 \text{或} KV_8 = A_{KV1} - A_{KV2}$$

如果是 U 型缺口试样：

$$KU_2 \text{或} KU_8 = A_{KU1} - A_{KU2}$$

其中，KV_2 或 KU_2 表示用刀刃半径为 2mm 的摆锤测定的吸收能量；KV_8 或 KU_8 表示用刀刃半径为 8mm 的摆锤测定的吸收能量。

吸收能量 KV_2 或 KV_8（KU_2 或 KU_8）可以从试验机的刻度盘上直接读出。它是表征金属材料韧性的重要指标。显然，冲击吸收能量 K 越大，表示金属材料抵抗冲击试验力而不破坏的能力越强，即韧性越好。

冲击载荷比静载荷的破坏性要大得多，因此，对于承受冲击载荷的金属零件，需要对金属材料的韧性进行测定。另外，吸收能量 K 对组织缺陷非常敏感，它可灵敏地反映出金属材料的质量、宏观缺口和显微组织的差异，能有效地检验金属材料在冶炼、成型加工、热处理工艺等方面的质量。

（3）冲击吸收能量与温度的关系。冲击吸收能量 K 对温度非常敏感。有些金属材料在室温时可能并不显示脆性，但在较低温度下，则可能发生脆断。在进行不同温度的一系列冲击试验时，随着试验温度的降低，冲击吸收能量总的变化趋势是随着温度的降低而降低。当温度降至某一数值时，冲击吸收能量急剧下降，金属材料由韧性断裂变为脆性断裂，这种现象称为冷脆转变。金属材料在一系列不同温度的冲击试验中，冲击吸收能量急剧变化或断口韧性急剧转变的温度区域，称为韧脆转变温度。金属材料的韧脆转变温度越低，说明金属材料的低温抗冲击性越好。非合金钢的韧脆转变温度约为-20℃，因此在非常寒冷（室外温度低于-20℃）的地区使用非合金钢构件（如钢轨、车辆、桥梁、输运管道、电子铁塔等）时，易发生脆断现象。所以在选用金属材料时，一定要考虑金属材料服役条件的最低环境温度必须高于金属材料的韧脆转变温度。

6. *疲劳强度*

疲劳强度是指金属材料在无限多次交变载荷作用下而不破坏的最大应力，或称为疲劳极限。许多机械零件如轴、弹簧等和许多工程结构都是在交变应力下工作的，它们工作时所承受的应力通常都低于材料的屈服强度。材料在循环应力和应变作用下，在一处或几处产生局部永久性累计损伤，经一定循环次数以后产生裂纹或突然发生完全断裂的过程，称为材料的疲劳。在交变应力的作用下构件产生可见裂纹或断裂的现象，称为疲劳失效（或疲劳破坏）。

（1）疲劳失效和静载荷下的失效不同，断裂前没有明显的塑性变形，发生断裂也比较突然。这种断裂具有很大的危险性，常常造成严重的事故。

（2）疲劳失效的原因。疲劳失效的一般原因是，材料内部往往存在一些缺陷，构件表面也存在机加工后留下的刀痕等，当交变应力超过一定限度并经历了足够多次的反复作用，便在构件中应力最大处和材料缺陷处产生了微细的裂纹，形成裂纹源。随着应力循环次数的增加，裂纹源逐渐扩展，裂纹两边的材料时而压紧，时而分开，类似研磨过程，从而逐渐形成光滑区。当有效截面削弱到不足以承受外力时，在外界偶然因素（如超载、冲击或振动等）的作用下便突然断裂，形成断口的粗糙区。

据统计，机械零件的失效有70%～90%为疲劳失效。例如转轴、连杆、齿轮、弹簧、汽轮机叶片等，其主要失效形式是疲劳失效。

（3）影响构件疲劳强度的主要因素如下：

1）材料的屈服强度越高，其疲劳强度也越高。

2）构件的形状和尺寸突变处（如阶梯轴台肩、开孔、切槽等）应力集中，使构件容易产生疲劳裂纹，从而降低构件的疲劳强度。

3）构件表面加工质量高，表面粗糙度值越小，应力集中越小，疲劳强度越高。

4）构件的尺寸越大，所包含的缺陷越多，出现裂纹的概率越大，其疲劳强度越低。

5）通过表面处理（如喷丸处理和表面渗碳、渗氮等）对构件表面进行强化，可改善构件表面层质量，提高构件的疲劳强度。

1.2 金属材料

1.2.1 金属材料的分类

金属是指在常温常压下，在游离状态下呈不透明的固体状态，具有良好的导电性和导热性，有一定的强度和塑性，并具有特殊光泽的物质，如金、银、铜、铁、铝、镁、钛等。但汞（Hg）金属除外，汞在常温常压下呈液态。金属材料是由金属元素或以金属元素为主、其他金属或非金属元素为辅构成的，并具有金属特性的工程材料。金属材料包括纯金属和合金。

（1）纯金属。在元素周期表中有八十多种纯金属。纯金属的强度、硬度一般都较低，塑性和韧性较高。虽然纯金属在工农业生产中有一定的用途，但由于纯金属的冶炼技术复杂、价格较高，因此纯金属在使用上受到较大的限制，一般作为冶炼合金的基本材料。

（2）合金。由一种金属元素同另一种或几种其他元素，通过熔化或其他方法结合在一起形成的具有金属特性的金属材料，称为合金。例如普通黄铜是由铜和锌两种金属元素组成的合金，锡青铜是由铜和锡两种金属元素组成的合金，普通白铜是由铜和镍两种金属元素组成的合金，碳素钢是由铁和碳组成的合金，合金钢是由铁、碳和其他合金元素组成的合金等。与组成合金的纯金属相比，合金除具有更好的力学性能外，还可以通过调整组成元素之间的比例，获得一系列性能各不相同的合金，以满足工农业生产、建筑和国防建筑上不同的性能要求。

另外，金属材料还可以分为钢铁材料（或称黑色金属）和非铁金属（或称有色金属）两大类，如图 1-11 所示。

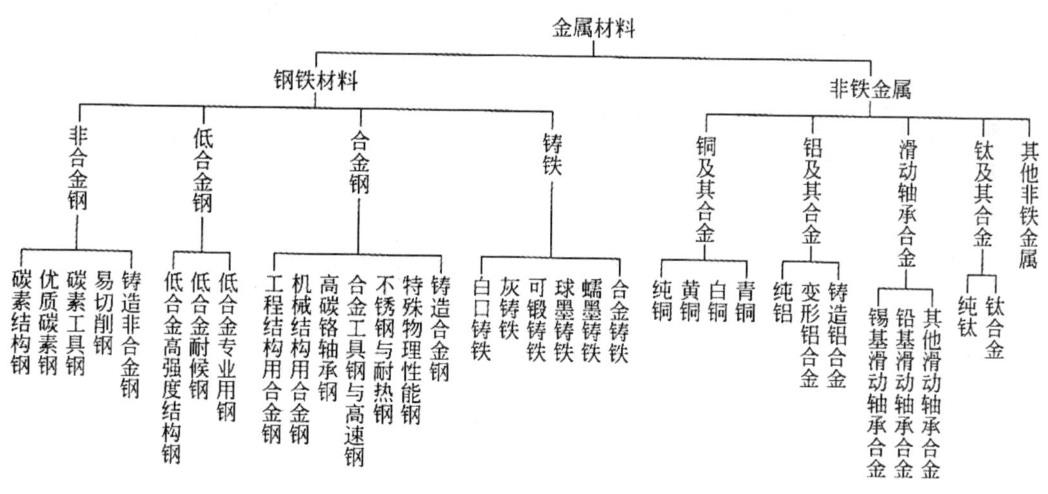

图 1-11 金属材料的分类

（1）钢铁材料。以铁或铁为主而形成的金属材料称为钢铁材料，如各种钢材和铸铁。钢铁材料具有优良的力学性能、工艺性能以及价格较低等优点，因此在制造工程结构件中一直占有主导地位。

（2）非铁金属。除钢铁材料以外的其他金属材料，统称为非铁金属，如金、银、铜、铝、镁、锌、钛、锡、铬、钼、钨、镍等。在国民经济生产中，非铁金属一般用于特殊场合。

1.2.2 钢铁材料

钢铁材料是机械装备制造、建筑、国防、交通运输、石油、化工、农业等多个领域中不可缺少的工程材料，是现代社会的物质基础。钢铁材料包括钢和铸铁两大类。钢是碳的质量分数介于 0.02%～2.11%之间的铁碳合金的统称，铸铁是指碳的质量分数大于 2.11%的铁碳合金。钢按化学成分分类，可分为非合金钢、低合金钢和合金钢三大类。其中非合金钢（又称为碳素钢、碳钢）是指以铁为主要元素，碳的质量分数一般在 2.11%以下并含有少量其他元素的钢铁材料。为了改善钢的某些性能或使之具有某些特殊性能（如耐腐蚀性、抗氧化性、耐磨性、热硬性、高淬透性等），在炼钢时有意加入的元素称为合金元素。低合金钢是指合金元素含量小于 5%的合金钢。含有一种或数种有意添加的合金元素的钢，称为合金钢。

1.2.3 铁碳合金相图

铁碳合金是由铁和碳两种元素为主组成的合金，如钢和铸铁都是铁碳合金。铁碳合金相图是研究铁碳合金组织、化学成分、温度关系的重要图形。掌握铁碳合金相图，对了解钢铁的组织、性能以及制订钢铁材料的各种加工工艺有着重要的指导作用。

由于铁和碳之间相互作用的复杂性，铁和碳可以形成 Fe_3C、Fe_2C、FeC 等一系列稳定的化合物，而稳定的化合物可以作为一个独立的组元，因此整个铁碳相图就可以分解为 Fe-Fe_3C、Fe_3C-Fe_2C、Fe_2C-FeC 等一系列二元相图。鉴于 w_C＞5%的铁碳合金没有实用价值，我们研究的铁碳相图，实际上是 Fe 和 Fe_3C 二个基本组元组成的 Fe-Fe_3C 相图。

1．纯铁的同素异构转变

纯铁具有同素异构转变，可以形成体心立方和面心立方两种晶格的同素异构体。图 1-12 所示是纯铁在常压下的冷却曲线，纯铁的熔点是 1538℃，在 1394℃和 912℃出现平台。经分析，纯铁结晶后具有体心立方结构，称为 δ-Fe。当温度下降到 1394℃时，体心立方的 δ-Fe 转变为面心立方结构，称为 γ-Fe。

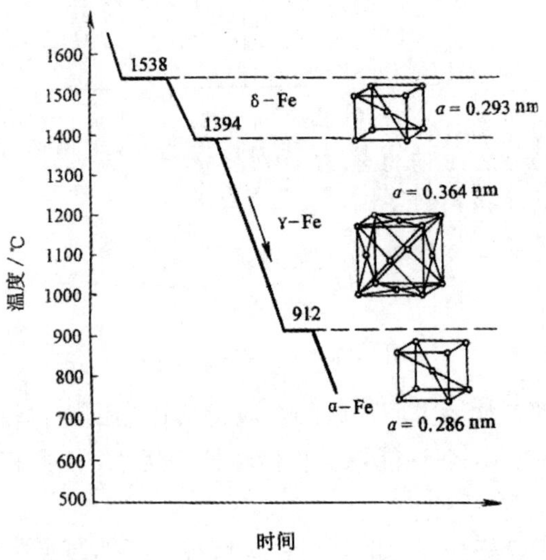

图 1-12 纯铁的冷却曲线及晶体结构

在 912℃时，γ-Fe 又转变为体心立方结构，称为 α-Fe。再继续冷却时，晶格类型不再发生变化。由于纯铁具有这种同素异构转变，因而才有可能对钢和铸铁进行各种热处理，以改变其组织和性能。纯铁的同素异构转变过程同液态金属的结晶过程相似，遵循结晶的一般规律：有一定的平衡转变温度（相变点），转变时需要过冷；转变过程也是由晶核的形成和晶核的长大来完成的。纯铁的变化磁性转变温度为 770℃。磁性转变不是相变，晶格不发生转变。

2. 铁碳合金的基本相及其性能

在液态下，铁和碳可以互溶成均匀的液体。在固态下，碳可有限地溶于铁的同素异构体中，形成间隙固溶体。当含碳量超过在相应温度固相的溶解度时，则会析出具有复杂晶体结构的间隙化合物——渗碳体。现将他们的相结构及性能介绍如下：

（1）液相。铁碳合金在熔化温度以上形成的均匀液体称为液相，常以符号 L 表示。

（2）铁素体。碳溶于 α-Fe 中形成的间隙固溶体称为铁素体，通常以符号 F 表示。碳在 α-Fe 中的溶解度很低，在 727℃时最大，为 0.0218%，在室温时几乎为零（0.0008%）。

铁素体的力学性能几乎与纯铁相同，其强度和硬度很低，但具有良好的塑性和韧性。其力学性能 R_m=180～280MPa，$A_{11.3}$=30%～50%，硬度为 50～80HBW。工业纯铁（w_C<0.02%）在室温时的组织即由铁素体晶粒组成。

（3）奥氏体。碳溶于 γ-Fe 中形成的间隙固溶体称为奥氏体，通常以符号 A 表示。碳在 γ-Fe 中的溶解度也很有限，但比在 α-Fe 中的溶解度大得多。在 1148℃时，碳在奥氏体中的溶解度最大，可达 2.11%。随着温度的降低，溶解度也逐渐下降，在 727℃时，奥氏体的含碳量 w_C=0.77%。奥氏体的硬度不高，易于塑性变形，与 γ-Fe 一样不呈现磁性。

（4）渗碳体。渗碳体是一种具有复杂晶体结构的间隙化合物。它的分子式为 Fe_3C，渗碳体的含碳量 w_C=6.69%。在 Fe-Fe_3C 相图中，渗碳体既是组元，又是基本相。

渗碳体的硬度很高，约 800HBW，而塑性和韧性几乎等于 0，是一个硬而脆的相。渗碳体也是铁碳合金中主要的强化相，它的形状、大小与分布对钢的性能有很大的影响。

3. 铁碳合金相图的基本组织

铁碳合金在固态下存在的基本组织有铁素体、奥氏体、渗碳体、珠光体和莱氏体。

（1）铁素体（F）。铁素体是指 α-Fe 或其内固溶有一种或数种其他元素所形成的晶体点阵为体心立方的固溶体，常用符号 F（或 α）表示。

（2）奥氏体（A）。奥氏体是指 γ-Fe 内固溶有碳和（或）其他元素所形成的晶体点阵为面心立方的固溶体，常用符号 A（或 γ）表示。

（3）渗碳体（Fe_3C）。渗碳体是指晶体点阵为正交点阵、化学成分近似于 Fe_3C 的一种间隙化合物。

（4）珠光体（P）。珠光体是指由铁素体（软相）和渗碳体（硬相）组成的机械混合物，常用符号 P 表示。

（5）莱氏体（Ld）。莱氏体是指高碳的铁基合金在凝固过程中发生共晶转变时所形成的奥氏体和碳化物渗碳体所组成的共晶体。

4. 铁碳合金相图

铁碳合金相图是表示铁碳合金在极缓慢冷却（或加热）的条件下，不同化学成分的铁碳合金在不同温度下所具有的组织形态的一种图形。Fe 和渗碳体（Fe_3C）是组成 Fe-Fe_3C 相图的两个基本组元。生产实践表明，碳的质量分数 w_C>5%的铁碳合金，尤其当碳的质量分数增

加到 w_C=6.69%时，铁碳合金几乎全部变为渗碳体（Fe_3C）。渗碳体硬而脆，机械加工困难，在机械工程上很少应用。所以，在研究铁碳合金时，只需研究 Fe-Fe_3C 相图部分，如图 1-13 所示。

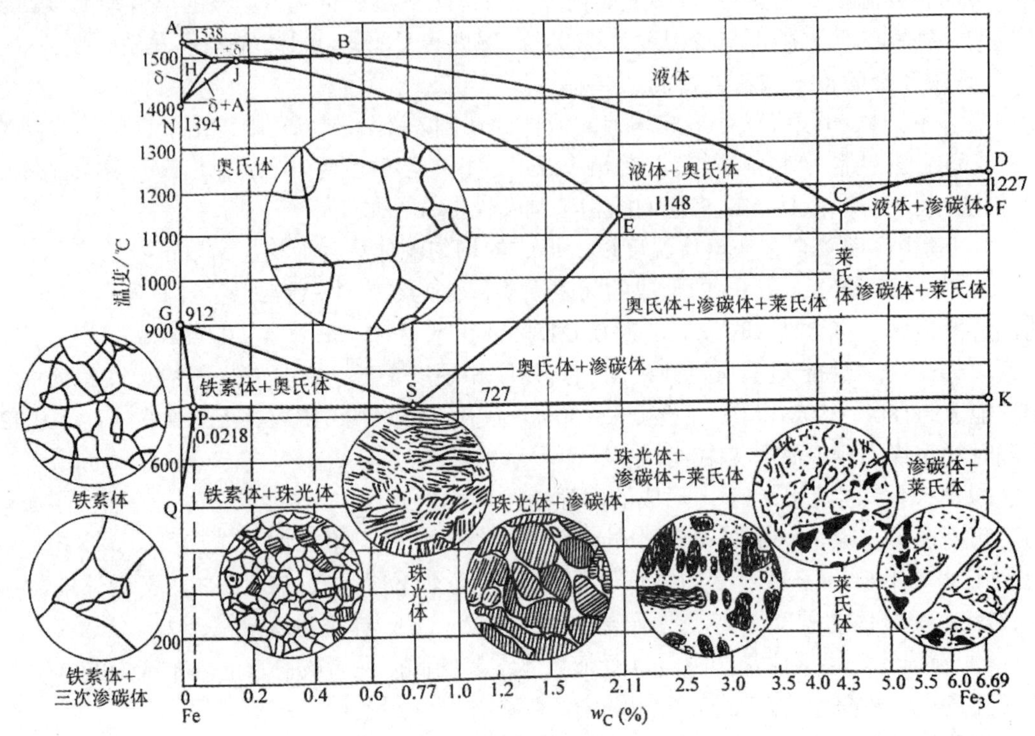

图 1-13　简化的铁碳合金相图

铁碳合金相图中主要特性点的温度、碳的质量分数及其含义见表 1-2。

表 1-2　铁碳合金相图中的特性点及其含义

特性点	温度/℃	w_C/%	特性点的含义
A	1538	0	纯铁的熔点或结晶温度
C	1148	4.3	共晶点，发生共晶转变　$L_{4.3} \rightleftharpoons A_{2.11} + Fe_3C$
D	1227	6.69	渗碳体的熔点
E	1148	2.11	碳在奥氏体中的最大溶碳量，也是钢与生铁的化学成分分界点
F	1148	6.69	共晶渗碳体的成分点
G	912	0	α-Fe、γ-Fe 同素异构转变点
S	727	0.77	共析点，发生共析转变
P	727	0.0218	碳在铁素体中的最大溶碳量
K	727	6.69	共析渗碳体的成分点
Q	600	0.0008	碳在铁素体中的最大溶碳量

5. 铁碳合金相图中的主要特性线

（1）液相线 ACD。铁碳合金在液相线 ACD 以上是液态（L）。当碳的质量分数 w_C<4.3%的铁碳合金冷却到 AC 线时，开始从合金液中结晶出奥氏体（A）；当碳的质量分数 w_C>4.3%的铁碳合金冷却到 CD 线时，开始从合金液中结晶出渗碳体（称为一次渗碳体），用 $Fe_3C_{Ⅰ}$表示。

（2）固相线 AECF。铁碳合金在固相线 AECF 以下时，铁碳合金均呈固体状态。

（3）共晶线 ECF。ECF 线是一条水平（恒温）线，称为共晶线。在 ECF 线上，液态铁碳合金将发生共晶转变，其反应式是

$$L_{4.3} \xrightarrow{1148°C} A_{2.11} + Fe_3C$$

共晶转变形成了奥氏体和渗碳体的机械混合物，称为莱氏体（Ld）。碳的质量分数 w_C=2.11%～6.69%的铁碳合金均会发生共晶转变。

（4）PSK。PSK 线也是一条水平（恒温）线，称为共析线，通常称为 A_1 线。在 PSK 线上固态奥氏体将发生共析转变，其反应式是

$$A_{0.77} \xrightarrow{727°C} F_{0.0218} + Fe_3C$$

共析转变形成了铁素体与渗碳体的机械混合物，称为珠光体（P）。碳的质量分数 w_C>0.0218%的铁碳合金均会发生共析转变。

（5）GS 线。GS 线表示冷却时由奥氏体组织中析出铁素体组织的开始线，通常称为 A_3 线。

（6）ES 线。ES 线是碳在奥氏体中的溶解度变化曲线，通常称为 A_{cm} 线。它表示随着温度的降低，奥氏体中碳的质量分数沿着 ES 线逐渐减少，而多余的碳以渗碳体形式析出，这种渗碳体称为二次渗碳体，用 $Fe_3C_{Ⅱ}$表示，以区别于从液体中直接结晶出来的一次渗碳体（$Fe_3C_{Ⅰ}$）。

（7）GP 线。GP 线为冷却时奥氏体组织转变为铁素体的终止线或者加热时铁素体转变为奥氏体的开始线。

（8）PQ 线。PQ 线是碳在铁素体中的溶解度变化曲线。它表示铁素体随着温度的降低，铁素体中的碳的质量分数沿着 PQ 线逐渐减少，在 727℃时碳在铁素体中的最大溶解度是 0.0218%，冷却时多余的碳以渗碳体形式析出，这种渗碳体称为三次渗碳体，用 $Fe_3C_{Ⅲ}$表示。

6. 碳对铁碳合金组织和性能的影响

碳是决定铁碳合金的组织和性能最主要的元素。不同碳的质量分数的铁碳合金在缓冷条件下，其结晶过程及最终得到的常温组织是不相同的。碳的质量分数和常温组织的关系见表 1-3。

表 1-3 碳的质量分数和常温组织的关系

合金类别	工业纯铁	钢			白口铸铁		
		亚共析钢	共析钢	过共析钢	亚共晶白口铸铁	共晶白口铸铁	过共晶白口铸铁
w_c/%	$w_c \leqslant 0.0218$	$0.0218 < w_c \leqslant 2.11$			$2.11 < w_c < 6.69$		
		$w_c < 0.77$	$w_c = 0.77$	$w_c > 0.77$	$w_c < 4.3$	$w_c = 4.3$	$w_c > 4.3$
常温组织	F	F+P	P	P+$Fe_3C_{Ⅱ}$	Ld′ +P+ $Fe_3C_{Ⅱ}$	Ld′	Ld′ + $Fe_3C_{Ⅰ}$

铁碳合金的平衡组织是由铁素体和渗碳体两相所构成的。其中铁素体是含碳极微的固溶体，是钢中的软韧相，渗碳体是硬而脆的金属化合物，是钢中的强化相。随着钢中碳的质量分

数的不断增加，钢中铁素体量不断减少，渗碳体量不断增多，因此钢的力学性能将发生明显的变化。

7. 铁碳合金相图的应用

铁碳合金相图从客观上反映了钢铁材料的组织随化学成分和温度而变化的规律，因此它在工程上为零件选材以及制订零件铸造、锻造、焊接、热处理等热加工工艺提供了理论依据。例如从铁碳合金相图中可以看出，共晶成分的铁碳合金不仅其结晶温度最低，而且其温度范围也最小（为零），因此共晶成分的铁碳合金具有良好的铸造性能，在铸造生产中应用广泛。再如，钢在室温时，其显微组织由铁素体和渗碳体组成，塑性不如单相奥氏体组织好，如果将钢加热到单相奥氏体区，则钢的内部组织就可转变为奥氏体组织，钢的塑性明显提高，便于进行锻压加工。因此在锻件的实际生产过程中，锻件的坯料一般都加热到奥氏体单相区，这也就是“趁热打铁”的原理。

8. 快速记忆铁碳合金相图的方法

铁碳合金相图记忆比较难，同学们可按下列口诀记忆和绘制：“天边两条水平线 ECF 和 PSK（一高、一低；一长、一短），飞来两只雁 ACD 和 GSE（一高、一低；一大、一小）雁前两条彩虹线 AE 和 GP（一高、一低；一长、一短），小雁画了一条月牙线 PQ。”

1.2.4 非合金钢的分类

非合金钢的主要元素除铁、碳外，还有硅、锰、硫、磷等元素。硅能提高钢的强度，使钢具有极高的磁导率；锰能提高钢的硬度和耐磨性；磷和硫都是有害元素，降低钢的韧性，使钢变脆。非合金钢的分类方法多种多样，其主要分类方法有如下几种：

1. 按化学成分分类

（1）碳素钢。碳素钢是指钢中除铁、碳外，还含有少量硅、锰、硫、磷等元素的铁碳合金，按其碳的质量分数不同可分为：

1）低碳钢：碳的质量分数 $w_c \leqslant 0.25\%$。典型钢号有 08 钢、10 钢、15 钢、20 钢。

2）中碳钢：碳的质量分数 $0.25\% < w_c \leqslant 0.60\%$。典型钢号有 35 钢、40 钢、45 钢、50 钢、60 钢等。

3）高碳钢：碳的质量分数 $w_c > 0.60\%$。典型钢号有 65 钢、70 钢、75 钢、80 钢、85 钢等。

（2）合金钢。为了改善钢的性能，在冶炼碳素钢的基础上，加入一些合金元素而炼成的钢，如铬钢、锰钢、铬锰钢、铬镍钢等。按其合金钢中合金元素的总质量分数的不同，可分为：

1）低合金钢：合金元素的质量分数≤5%。

2）中合金钢：合金元素的质量分数为 5%～10%。

3）高合金钢：合金元素的质量分数≥10%。

2. 按钢的品质分类

（1）普通钢。钢中所含杂质元素较多，一般硫的质量分数 w_s 不大于 0.05%，磷的质量分数 $w_p \leqslant 0.045\%$，如碳素结构钢、低合金结构钢等。

常见典型的牌号有 Q195、Q215 A、Q215B、Q235C、Q235D、Q275A、Q275B、Q275C、Q275D 等。

（2）优质钢。钢中所含杂质元素较少，硫和磷的质量分数 w_s、w_p 一般均不大于 0.04%，如优质碳素结构钢、合金结构钢、碳素工具钢、合金工具钢、弹簧钢、轴承钢等。

常见典型的牌号有 08 钢、10 钢、15 钢、20 钢、25 钢、30 钢、35 钢、40 钢、45 钢、50 钢、55 钢、65 钢、70 钢、75 钢、80 钢、85 钢等。

（3）高级优质钢。钢中所含杂质元素极少，硫的质量分数 w_S≤0.03%，磷的质量分数 w_P≤0.035%，如合金结构钢和工具钢等。高级优质钢在钢号后面通常加符号 A 或汉字“高”来识别。

常见典型的牌号有 T7、T7A、T8、T8A、T9、T10、T10A、T12、T12A 等。

3. 按钢的用途分

（1）碳素结构钢。主要用于制造各种机械零件和工程结构件。其碳的质量分数 w_c<0.70%，此类钢常用于制造齿轮、轴、螺母、弹簧、连杆等机械零件，用于制作桥梁、船舶、建筑等工程结构件。

（2）碳素工具钢。主要用于制造工具、模具、量具及刃具的钢材。其碳的质量分数一般都大于 0.70%。

（3）特殊性能钢。具有特殊物理和化学性能的钢材。

钢的品种繁多，为了管理和使用的方便，每一种钢都有一个简单的牌号，从钢的牌号中可以看出钢的化学成分或钢的用途。

1.2.5 非合金钢的牌号

1. 碳素结构钢的牌号及用途

碳素结构钢的牌号由屈服强度字母 Q、屈服强度数值（单位是 MPa）、规定的质量等级（A、B、C、D）、脱氧方法（F、Z、TZ）等符号按顺序组成。例如 Q235AF 表示屈服强度为 23.5MPa，A 等级质量沸腾钢。质量等级 A、B、C、D 指的是它们性能中冲击温度的不同，分别为：Q235A 级是不作冲击韧性试验要求；Q235B 级是作常温（20℃）冲击韧性试验；Q235C 级是作 0℃冲击韧性试验；Q235D 级是作-20℃冲击韧性试验。脱氧方法 F、Z、TZ 依次表示沸腾钢、镇静钢、特殊镇静钢，一般情况下，符号 Z 与 TZ 在钢号表示中可以忽略。

碳素结构钢主要有 Q195、Q215A、Q235A、Q235B、Q235C、Q235D、Q275A、Q275B、Q275C、Q275D 系列等。

Q195 系列和 Q215 系列碳素结构钢的塑性好，常用于制作薄板、线材、焊接钢管、冲压件等；Q235 系列的碳素结构钢常用于制作薄板、中板、型材、钢筋、钢管、铆钉、螺栓、法兰盘、机壳、桥梁、建筑结构件、焊接结构件等；Q275 系列的碳素结构钢强度较高，常用于制作高强度的拉杆、连杆、键、轴、销钉等。

2. 优质碳素结构钢的牌号及用途

优质碳素结构钢是应用最多的钢种之一，其牌号用两位数字表示，两个数字表示钢中平均碳的质量分数的万分之几。例如 45 钢，表示平均碳的质量分数 w_c=0.45%的优质碳素结构钢；08 钢表示平均碳的质量分数 w_c=0.08%的优质碳素结构钢。按锰的质量分数不同，分为普通含锰量（w_{Mn}=0.25%～0.80%）与较高含锰量（w_{Mn}=0.70%～1.20%）两组，较高含锰量的优质碳素钢牌号数字后面加 Mn，如 65 Mn。

优质碳素结构钢主要有 08F 钢、08 钢、10F 钢、10 钢、15 钢、20 钢、25 钢、30 钢、35 钢、40 钢、45 钢、50 钢、55 钢、60 钢、65 钢、70 钢、75 钢、80 钢和 85 钢等。它们可以分别归属于冷冲压钢、渗碳钢、调质钢和弹簧钢。

（1）冷冲压钢。冷冲压钢主要有 08 钢、10 钢和 15 钢等，其碳的质量分数低、塑性好、强度低、焊接性能好，主要用于制作薄板、冷冲压零件和焊接件。

（2）渗碳钢。渗碳钢主要有 15 钢、20 钢、25 钢等，其强度较低、塑形和韧性较高、冷冲压性能和焊接性能好，可以制造各种受力不大但要求高韧性的零件，如焊接容器、焊接件、螺钉、杆件、轴套、冷冲压件等。这类钢经渗碳淬火后，表面硬度可达 60HRC 以上，表面耐磨性较好，而芯部具有一定的强度和良好的韧性，可用于制造表面硬度高、耐磨并承受冲击载荷的零件。

（3）调质钢。调质钢主要有 30 钢、35 钢、40 钢、45 钢、50 钢、55 钢等，其经过热处理后具有良好的综合力学性能，主要用于制作强度、塑性、韧性都较好的零件，如齿轮、轴套、轴类等零件，如图 1-14 所示。这类钢在机械制造中应用广泛，特别是 40 钢、45 钢在机械零件中应用更广泛。

（4）弹簧钢。弹簧钢主要有 60 钢、65 钢、70 钢、75 钢、80 钢、85 钢等，其经过热处理后可获得较高的规定塑性延伸强度，主要用于制造尺寸较小的弹簧，如图 1-15 所示。

图 1-14　齿轮

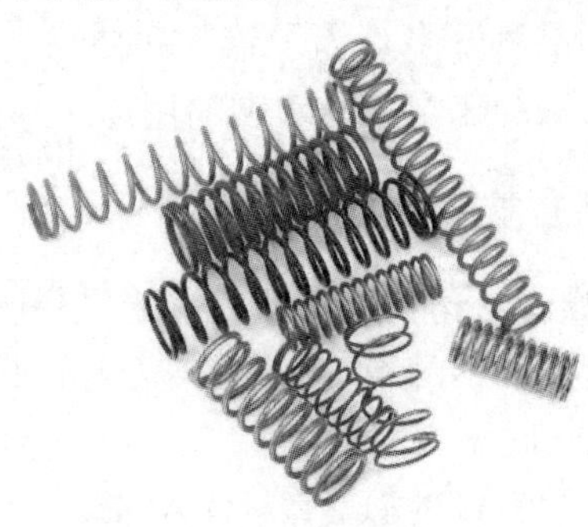

图 1-15　弹簧

3. 易切削结构钢的牌号及用途

易切削结构钢是在钢中加入一种或几种元素，利用其自身或与其他元素形成一种对切削加工有利的夹杂物，来改善钢材的切削加工性的钢材。易切削结构钢中常加入的元素有硫（S）、磷（P）、铅（Pb）、钙（Ca）、硒（Se）、碲（Te）、锰（Mn）等。这些元素可以在钢内形成大量的夹杂物（如 MnS 等），切削时这些夹杂物可起断屑作用，从而减少动力消耗。另外，硫化物在切削过程中还有一定的润滑作用，可以减少刀具和零件表面的摩擦，延长刀具的使用寿命。

易切削结构钢的牌号以“Y+数字”表示。Y 是“易”字的汉语拼音首位字母，数字是易切削结构钢中平均碳的质量分数的万分之几，如 Y12 表示其平均碳的质量分数 w_C=0.12%的易切削结构钢。易切削结构钢主要用于制造受力较小的零件，如齿轮轴（图 1-16）、花键轴、螺钉、螺母、垫圈、垫片等。

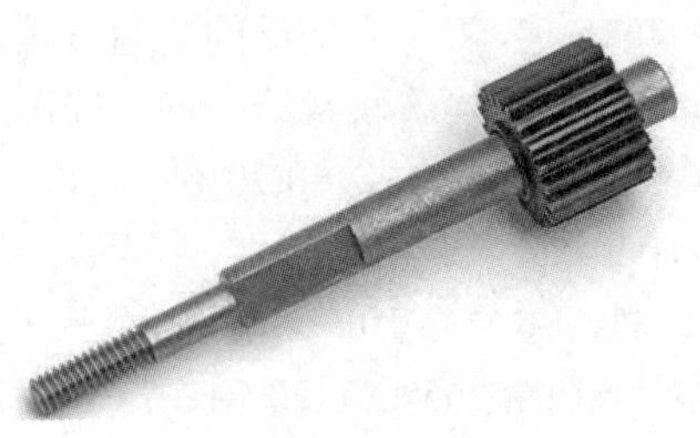

图 1-16　齿轮轴

4. 碳素工具钢的牌号及用途

碳素工具钢是高级优质钢中应用最多的钢种之一。碳素工具钢中碳的质量分数 w_c>0.7%，有害杂质元素（S、P）含量较少，冶金质量较高，属于优质钢或高级优质钢。它主要用于制造刀具、模具和量具等。碳素工具钢一般经过淬火后具有高硬度和高耐磨性。

碳素工具钢的牌号以“碳”字的汉语拼音字母 T 开头。例如 T8 表示平均碳的质量分数是 w_c=0.80%的碳素工具钢。如果是高级优质碳素工具，则在钢的牌号后面标以字母 A，如 T12A 表示平均碳的质量分数是 w_c=1.20%的高级优质碳素工具钢。碳素工具钢随着碳的质量分数的增加，其硬度和耐磨性会提高，塑性和韧性会下降，常用碳素工具钢的牌号有 T7 或 T7A、T8 或 T8A、T10 或 T10A、T12 或 T12A、T13 或 T13A 等。碳素工具钢主要用于制造高硬度、高耐磨性的工具及耐磨零件，如制作木工工具、风动工具、切削工具等。

5. 一般工程用铸造碳钢的牌号及用途

一般工程用铸造碳钢，其牌号用 ZG 表示，代表“铸钢”二字的汉语拼音首位字母，后面第一组数字为屈服强度数值，第二组数字为抗拉强度。例如 ZG200-400，表示屈服强度 R_{eL}≥200MPa，抗拉强度 R_m≥400MPa 的一般工程用铸造碳钢。

在生产中有许多形状复杂的零件，很难用锻压等方法成型，用铸铁铸造又难以满足力学性能要求，这时可选用铸钢，并采用铸造成型方法来获得铸钢件。

1.2.6 低合金钢和合金钢的分类、牌号及用途

一些高强度、高淬透性、高耐磨性或特殊性能要求的零件，非合金钢是不能满足要求的，因此必须选用低合金钢和合金钢，低合金钢和合金钢中加入的合金元素主要有硅（Si）、锰（Mn）、铬（Cr）、镍（Ni）、钨（W）、钼（Mo）、钒（V）、钛（Ti）、铌（Nb）、钴（Co）、铝（Al）、硼（B）、稀土元素（RE）等。通常钢中加入合金元素都能提高钢的强度、硬度、耐磨性、耐回火性。合金元素对钢的有利作用主要是通过热处理发挥出来的，因此，合金钢大多在热处理状态下使用。

稀土是镧（La）、铈（Ce）、钕（Nd）、镝（Fu）、钇（Y）等 17 种金属元素的总称。稀土可以显著地提高耐热钢、不锈钢、工具钢、磁性材料、超导材料、铸铁等的使用性能，所以，材料专家称稀土是金属材料的“维生素”和“味精”，是制造高精度传感器的重要元素。

1. 低合金钢的分类

低合金钢是指合金元素的种类和含量低于国家标准规定范围的钢，它的分类是按其主要质量等级和主要性能及使用特性划分的。

（1）按主要质量等级分类。低合金钢按其主要质量等级进行分类，可分为普通质量低合金钢、优质低合金钢和特殊质量低合金钢三大类。

1）普通质量低合金钢。是指不规定在生产过程中需要特别控制质量要求的供一般用途的低合金钢。种类有一般用途低合金结构钢、低合金钢筋钢，铁道用一般低合金钢，矿用一般低合金钢等。

2）优质低合金钢。是指生产过程中需要特别控制质量以达到比普通质量低合金钢特殊的质量要求的低合金钢。

3）特殊质量低合金钢。是指在生产过程中需要特别严格控制质量和性能（特别是严格控制硫、磷等杂质含量和纯洁度）的低合金钢。

（2）按主要性能及使用特性分类。低合金钢按其主要性能及使用特性进行分类，可分为可焊接的低合金高强度结构钢、低合金耐候钢、低合金钢筋钢、铁道用低合金钢、矿用低合金钢和其他低合金钢。

2. 合金钢的分类

合金钢是指合金元素的种类和含量高于国家标准规定范围的钢。合金钢是按其主要质量等级和主要性能及使用特性分类的。

（1）按主要质量分类。合金钢按其主要质量等级进行分类，可分为优质合金钢和特殊质量合金钢两大类。

1）优质合金钢。在生产过程中需要特别控制其质量和性能，但其生产控制和质量要求不如特殊质量合金钢严格。例如一般工程结构用合金钢、铁道用合金钢，地质、石油钻探用合金钢，耐磨钢和硅锰弹簧钢。

2）特殊质量合金钢。在生产过程中需要严格控制质量和性能的合金钢。除优质合金钢以外的所有其他合金钢都是特殊质量合金钢，如压力容器用合金钢、经热处理的合金钢筋钢、合金结构钢、合金弹簧钢、不锈钢、耐热钢、合金工具钢、高速工具钢和轴承钢。

（2）按主要性能及使用特性分类。合金钢按主要性能及使用特性分类，可分为：①工程结构用合金钢，如一般工程结构用合金钢、合金钢筋钢、高猛耐磨钢；②机械结构用合金钢，如调质处理合金结构钢、表面硬化合金结构钢、合金弹簧钢等；③不锈、耐蚀和耐热钢，如不锈钢、抗氧化钢和热强钢等；④工具钢，如合金工具钢、高速工具钢；⑤轴承钢，如高碳铬轴承钢，不锈轴承钢等；⑥特殊物理性能钢，如软磁钢、永磁钢、无磁钢。

3. 低合金钢和合金钢的牌号

（1）低合金高强度钢的牌号。低合金高强度结构钢的牌号由代表屈服强度的汉语拼音首位字母 Q、屈服强度数值、质量等级符号（A、B、C、D、E）等三部分按顺序组成。例如 Q460E 表示屈服强度不小于 460MPa，质量等级为 E 级的低合金高强度结构钢。如果是专用结构钢，一般在低合金高强度结构钢牌号表示方法的基础上附加钢产品的用途符号，如 Q345HP 表示焊接气瓶用钢等。

（2）合金结构钢（包括部分低合金结构钢）的牌号。合金结构钢的牌号是按照合金结构钢中碳的质量分数及所含合金元素的种类和其质量分数来编制的。牌号的首部是表示钢中平均碳的质量分数的数字，表示钢中平均碳的质量分数的万分之几。当合金钢中某种合金元素（如 Me）的质量平均分数 $w_{Me}<1.5\%$时，牌号中仅标出合金元素符号，不标明其含量；当 $1.5\%\leqslant w_{Me}<2.49\%$时，在该元素后面相应地用整数 2 表示其平均质量分数；当 $2.5\%\leqslant w_{Me}<3.49\%$时，在该元素后面相应地用整数 3 表示其平均质量分数，依此类推。例如 60Si2Mn 表示 $w_c=0.60\%$、$w_{Si}=2\%$、$w_{Mn}<1.5\%$的合金结构钢；09Mn2 表示 $w_c=0.09\%$、$w_{Mn}=2\%$的合金结构钢。如果钢中含有微量的钒、钛、铝、硼、稀土等合金元素时，即使含量很少，仍然需要标出合金元素符号，如 20MnVB 钢、40B 钢、40MnVB 钢、25MnTiBRE 钢等。

（3）合金工具钢和高速钢的牌号。合金工具钢和高速钢的牌号表示方法基本上与合金结构钢类似。当合金工具钢中，$w_c<1\%$，牌号前的“数字”以千分之几（一位数）表示其碳的质量分数；当合金工具钢中 $w_c>1\%$时，为了避免与合金结构钢混淆，牌号前不标出碳的质量分数的数字。例如 $9Mn_2V$ 表示 $w_c=0.9\%$、$w_{Mn}=2\%$、$w_V<1.5\%$的合金工具钢；CrWMn 表示 $w_c\geqslant1\%$、$w_{Cr}<1.5\%$、$w_W<1.5\%$、$w_{Mn}<1.5\%$的合金工具钢。一般在高速钢的牌号中不标出碳

的质量分数值，如 W18Cr4V 钢、W6Mo5Cr4V2 钢等。

（4）高碳铬轴承钢的牌号。对于高碳铬轴承钢来说，其牌号前面冠以汉语拼音字母 G，其后是铬元素符号 Cr，铬的质量分数以千分之几表示，如 GCr4 钢、GCr15 钢、GCr15SiMn 钢等。

（5）不锈钢和耐热钢的牌号。不锈钢和耐热钢的牌号表示方法与合金结构钢基本相同，当 $w_c \geqslant 0.04\%$时，推荐取两位小数，如 10Cr17Mn9Ni4N 钢；当 $w_c \leqslant 0.03\%$时，推荐取 3 位小数，如 022Cr17Ni7N 钢。

4. 低合金钢的用途

低合金钢主要包括低合金高强度结构钢、低合金耐候钢和低合金专业用钢等。此类钢具有良好的焊接性，大多数在热轧或正火状态下使用。

（1）低合金高强度结构钢。低合金高强度结构钢的合金元素是以锰、钒、钛、铝、铌等元素为主。低合金高强度结构钢具有较好的强度、韧性、耐腐蚀性及良好的焊接性，而且其价格与非合金钢接近。低合金高强度结构钢广泛用于制造桥梁、车辆、船舶、建筑等。常用牌号有 Q345、Q390、Q420、Q460、Q500、Q550、Q620、Q690。

（2）低合金耐候钢。耐候钢是指耐大气腐蚀钢。我国目前使用的耐候钢分为焊接结构用耐候钢和高耐候性结构钢两大类。焊接结构用耐候钢的牌号由“Q+数字+NH”组成，其中 Q 是“屈”字的汉语拼音首字母，数字表示钢的最低屈服强度数值，字母 NH 是“耐候”两字的汉语拼音首字母，牌号后缀质量等级代号（C、D、E），如 Q355NHC 表示屈服强度大于 355MPa，质量等级为 C 级的焊接结构用耐候钢。焊接结构用耐候钢适用于桥梁、建筑及其他要求耐候性的钢结构。高耐候性结构钢适用于机车车辆、建筑、塔架和其他要求高耐候性的钢结构，并可根据不同需要制成螺栓连接、铆接和焊接结构件。

（3）低合金专业用钢。低合金专业用钢包括锅炉用钢、压力容器用钢、船舶用钢、桥梁用钢、自行车用钢、矿山用钢等。

5. 合金钢的用途

合金钢通常是钢材中冶炼质量最优、强度和硬度较高的钢材，主要用于制造重要的零部件。一般来说，采用合金钢制造的零部件大多数需要经过热处理后才能投入使用。

（1）高锰耐磨钢。耐磨钢是指具有良好耐磨损性能的钢铁材料的总称。其牌号有 ZGMn13-2、ZGMn13-3 等。高锰耐磨钢常用于制造拖拉机与坦克的履带板、球磨机衬板、挖掘机铲齿与履带板、破碎机颚板、铁路道岔等。

（2）机械结构用合金钢。机械结构用合金钢主要用于制造机械零件，如轴、连杆、销、套、齿轮、弹簧、轴承等。此类钢按其用途和热处理特点进行分类，可分为合金渗碳钢、合金调质钢、合金弹簧钢和超高强度钢。

（3）高碳铬轴承钢。高碳铬轴承钢主要用于制造滚动轴承的滚动体、内圈、外圈，如图 1-17 所示，也可用于制作量具、模具、低合金刃具等。这些零件都要求钢具有均匀的组织、高硬度、高耐磨性、高耐压强度和高疲劳强度等。对于大型滚动轴承，还需在钢中加入 Si、Mn 等合金元素，以进一步提高钢的淬透性。最常用的高碳铬轴承钢是 GCr15。

（4）合金工具钢。合金工具钢是指用于制造量具、刃具、耐冲击工具、模具等的钢种。

1）制作量具及刃具用的合金工具钢。此类合金工具钢主要用于制造金属切削刀具（刃具）、量具和冷冲模等。常用的制作量具及刃具用的合金工具钢主要有 9SiCr 钢、9Cr2 钢、CrWMn

钢、Cr2 钢和 9Mn2V 钢等。它们主要用来制造淬火变形小、精度高的低速切削工具、冷冲模、量具和耐磨零件等，如板牙、丝锥、铰刀等零件。丝锥如图 1-18 所示。

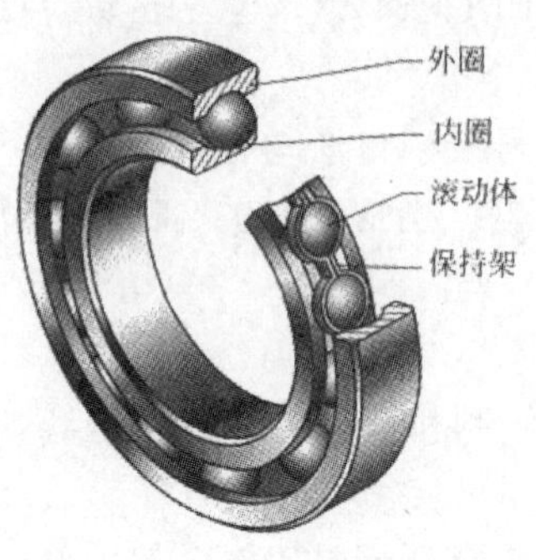

图 1-17　滚动轴承

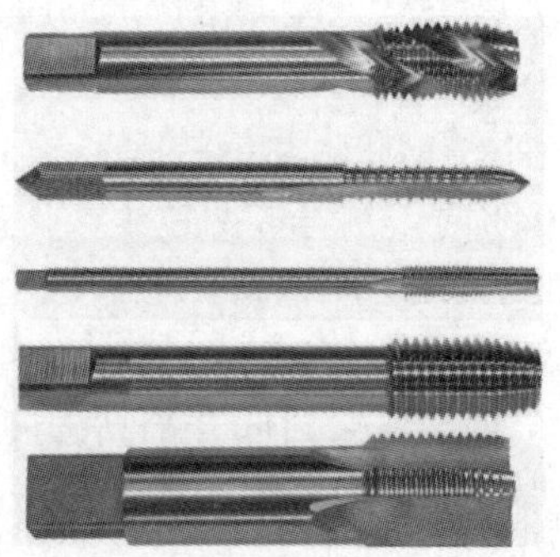

图 1-18　丝锥

2）制作耐冲击工具的合金工具钢。耐冲击工具主要是指风镐钎（图 1-19）、錾、冲裁切边复合模、冲孔冲头及小型热作模具等。

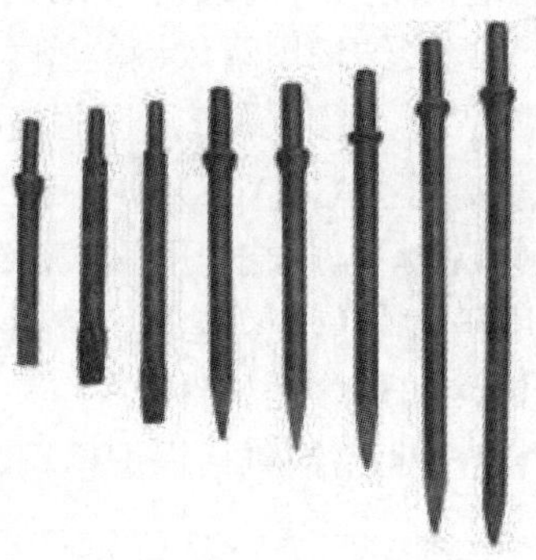

图 1-19　风镐钎

3）制作冷作模具的合金工具钢（或冷作模具钢）。冷作模具主要是指冷冲模（图 1-20）、拉丝模、冷挤压模等。常用的制作冷作模具的合金工具钢主要有 Cr12Mo 钢、Cr12 钢、CrWMn 钢、9CrMn 钢等。冷作模具要求高硬度和高耐磨性，还要求有一定的冲击韧性和抗疲劳性。

图 1-20　冷冲模

4）制作热作模具用的合金工具钢（或热作模具钢）。热作模具主要是指热锻模、压铸模、热挤压模等。

5）高速工具钢（简称高速钢）。高速工具钢是指用于制作中速或高速切削刀具（车刀、铣刀、麻花钻头、齿轮刀具、拉刀等）的高碳合金钢。牌号有 W18Cr4V 等。

（5）不锈钢。不锈钢是指以不锈、耐蚀性为主要特性的合金钢。不锈钢化学成分的主要特点是铬和镍的质量分数较高，这样可以使不锈钢中的铬元素在氧化性介质中形成一层致密的具有保护作用的 Cr_2O_3 薄膜，覆盖住整个不锈钢表面，防止不锈钢被不断地氧化和腐蚀。

不锈钢按其使用时的组织特征进行分类，可分为奥氏体型不锈钢（如 12Cr18Ni9 钢等）、铁素体型不锈钢（如 10Cr17 钢等）、马氏体型不锈钢（如 12Cr13 钢等）、奥氏体—铁素体型不锈钢（如 022Cr19Ni5Mo3Si2N 钢等）和沉淀硬化型不锈钢（如 05Cr17Ni4Cu4Nb 钢）5 类。不锈钢主要用于制作建筑装饰品、电器、医疗器械、食品设备等。

（6）耐热钢。耐热钢是指在高温下具有良好的化学稳定性或较高强度的钢。耐热钢分为抗氧化钢和热强钢。抗氧化钢是指在高温下能够抵抗气体腐蚀而不会使氧化皮剥落的钢，主要用于长期在高温下工作但强度要求较低的零件，如渗碳炉构件、加热炉传送带料盘、燃气轮机的燃烧室等。热强钢是指在高温下具有良好抗氧化能力且具有较高的高温强度的钢。在室温下，钢的力学性能与加热时间无关，但在高温下，钢的强度及变形量不但与时间有关，而且与温度有关。

（7）特殊物理性能钢。特殊物理性能钢是指在钢的定义范围内具有特殊磁性、电性、弹性、膨胀性等物理特性的钢，包括软磁钢、永（硬）磁钢、无磁钢、特殊弹性钢、特殊膨胀钢、高电阻钢及合金等。

（8）铸造合金钢。铸造合金钢分为一般工程与结构用低合金铸钢、大型低合金铸钢、特殊铸钢三类。

1.2.7 常用铸铁

铸铁包括白口铸铁、灰铸铁、可锻铸铁、球墨铸铁、蠕墨铸铁、合金铸铁等。铸铁具有良好的铸造性能、减磨性能、吸振性能、切削加工性能及低的缺口敏感性，生产工艺简单、成本低，合金化后还具有良好的耐热性和耐腐蚀性等，广泛应用于机械装备、汽车制造等行业。但铸铁强度较低，塑性和韧性较差，不能进行锻造、轧制、拉丝等加工。

1. 灰铸铁的牌号、性能及用途

灰铸铁是指碳主要以片状石墨形式析出的铸铁，因断口呈灰色，故称为灰铸铁。灰铸铁牌号由 HT 及数字组成，其中 HT 是“灰铁”两字汉语拼音的第一个字母，其后的数字表示灰铸铁的最低抗拉强度，如 HT250 表示最低的抗拉强度为 250MPa 的灰铸铁。

常用灰铸铁的牌号有 HT100、HT150、HT250、HT350 等。灰铸铁主要用于制造承受低载荷（或中等载荷）的零件，如外罩、手轮、支柱、支架、底座、床身、齿轮箱、工作台、阀体、轴承座、活塞、带轮、齿轮、凸轮、泵体、管路附件及一般工作条件要求的零件。

2. 球墨铸铁的牌号、性能及用途

球墨铸铁是指铁液经过球化处理而不是在凝固后经过热处理，使石墨大部分或全部呈球状，有时少量石墨呈团絮状的铸铁。

球墨铸铁的牌号用符号 QT 及其后面的两组数字表示。QT 是“球铁”两字汉语拼音的第一个字母，两组数字分别代表其最低抗拉强度和最低断后伸长率，如 QT400-15 表示最低抗拉强度是 400MPa、最低断后伸长率是 15%的球墨铸铁。

目前球墨铸铁主要用于制造一些受力复杂，强度、韧性和耐磨性要求较高的零件，如曲轴、连杆、齿轮、飞轮、链轮等零件。常用球墨铸铁的牌号有 QT450-10、QT500-7、QT700-2、QT900-2 等。

3. 蠕墨铸铁的牌号、性能及用途

蠕墨铸铁是指金相组织中石墨形态主要为蠕虫状的铸铁。蠕墨铸铁是用高碳、低硫、低磷的铁液加入蠕化剂（稀土镁钛合金、稀土镁钙合金、稀土硅铁合金等），经蠕化处理后获得的高强度铸铁。

蠕墨铸铁的牌号用符号 RuT 及其数字表示。RuT 是“蠕铁”两字汉语拼音的部分字母，其后数字表示最低抗拉强度，如 RuT380 表示最低抗拉强度是 380MPa 的蠕墨铸铁。常用蠕墨铸铁的牌号有 RuT260、RuT300、RuT340、RuT380、RuT420 等。

4. 可锻铸铁的牌号、性能和用途

可锻铸铁俗称玛钢、马铁，是由一定化学成分的白口铸铁经石墨化退火，使渗碳体分解而获得团絮状石墨的铸铁。可锻铸铁按其退火方法进行分类，可分为黑心可锻铸铁、珠光可锻铸铁和白心可锻铸铁。

可锻铸铁的牌号是由三个字母及两组数字组成。其中前两个字母 KT 是“可铁”两字汉语拼音的第一个字母；第三个字母代表类型，H 表示“黑心”（即铁素体基体），Z 表示珠光体基体，B 表示白心（铸件中心是珠光体，表面是铁素体）；后两组数字分别表示可锻铸铁的最低抗拉强度和最低断后伸长率。例如 KTH350-10 表示抗拉强度是 350MPa、最低断后伸长率是 10%的黑心可锻铸铁。

5. 合金铸铁

常规元素硅、锰高于普通铸铁规定含量或含有其他合金元素，具有较高力学性能或某种特殊性能的铸铁，称为合金铸铁。常用的合金铸铁有耐磨铸铁、耐热铸铁和耐蚀铸铁。

1.3 钢的热处理

热处理是采用适当的方式对金属材料或工件进行加热、保温和冷却以获得预期的组织结构与性能的工艺。热处理是钢铁材料和机械零件制造过程中的中间工序，其目的是改善钢材表面或内部的组织状态，获得需要的工艺性能和使用性能，提高钢制零件的使用寿命，节约钢材，充分发挥钢材潜力。热处理设备主要有加热设备（图 1-21 所示的箱式电阻炉）、冷却设备和辅助设备等。

图 1-21　箱式电阻炉

1.3.1 热处理的原理

热处理的基本原理是借助铁碳合金相图（图 1-22），通过钢在加热和冷却时内部组织发生相变的基本规律，使钢材（或零件）获得人们需要的组织和使用性能，从而实现改善钢材性能的目的。热处理的工艺过程通常由加热、保温、冷却三个阶段组成，如图 1-23 所示。“加热”和“保温”是为“冷却”提供组织准备，“冷却”是借助不同的冷却速度，促使钢材发生不同的相变，从而使钢材获得需要的组织和性能。零件进行热处理的基本过程就是确定科学合理的加热温度、保温时间和冷却介质参数。

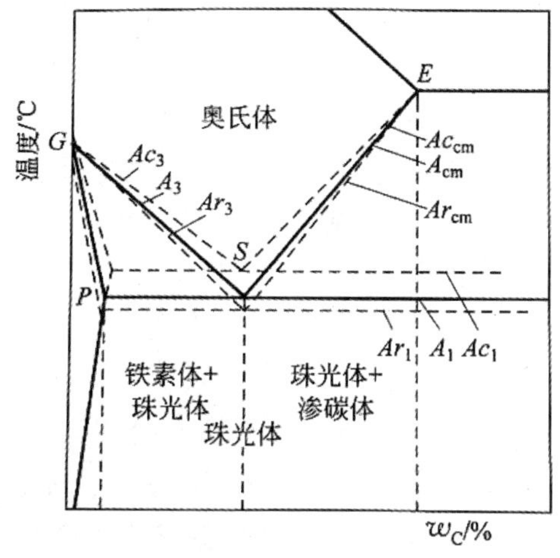

图 1-22 铁碳合金相图在各相变点的位置

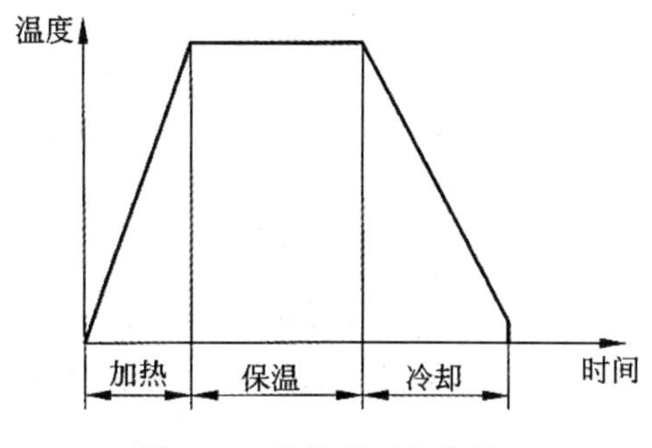

图 1-23 热处理工艺曲线

金属材料在加热或冷却过程中，发生相变的温度称为相变点（或临界点）。在铁碳合金相图中，A_1、A_3、A_{cm} 是平衡点的相变点。铁碳合金相图中的相变点是在缓慢加热或缓慢冷却条件下测得的，但是在实际生产过程中，由于加热过程或冷却过程并不是非常缓慢地进行，所以实际生产中钢铁材料发生相变的温度和铁碳合金相图中所示的理论相变点 A_1、A_3、A_{cm} 之间有一定的偏离。实际生产过程中钢铁材料随着加热速度或冷却速度的增加，其相变点的偏离程度将逐渐增大。钢铁材料在实际加热时的相变点可标注为 Ac_1、Ac_3、Ac_{cm}；钢铁材料在实际冷却时的临界点可标注为 Ar_1、Ar_3、Ar_{cm}。

大多数零件的热处理都是将其先加热到临界点以上某一温度区间，使其全部或部分得到均匀的奥氏体组织，但奥氏体一般不是人们最终需要的组织，在随后的冷却过程中采用合理的冷却方法（或冷却速度），使零点发生相变来获得预期需要的组织，如马氏体（M）、贝氏体（B）、索氏体（S）、珠光体（P）、铁素体（T）、渗碳体（Fe_3C）等组织。

1.3.2 热处理的分类和应用

根据零件热处理的目的、加热和冷却方法的不同，热处理工艺可分为整体热处理、表面热处理和化学热处理三大类。

（1）整体热处理是对工件整体进行穿透加热的热处理。它包括退火、正火、淬火、回火、调制、固溶处理和时效。

（2）表面热处理是指为改变工件表面的组织和性能，仅对其表面进行热处理的工艺。它包括表面淬火、回火、物理气相沉积、化学气相沉积、等离子体化学气相沉积、激光辅助化学气相沉积、火焰沉积、盐浴沉积、离子镀等。

（3）化学热处理是将工件置于适当的活性介质中加热、保温，使一种或几种元素渗入到它的表层，以改变其化学成分、组织和性能的热处理工艺。它包括渗碳、碳氮共渗、渗氮、氮碳共渗、渗其他非金属、渗金属、多元共渗、溶渗等。

热处理按其工序位置和目的不同，又可分为预备热处理和最终热处理。预备热处理是指为调整原始组织，以保证工件最终热处理或切削加工质量，预先进行的热处理工艺，如退火、正火、调制等；最终热处理是指使钢件达到使用性能要求的热处理，如淬火与回火、表面淬火、渗氮等。

热处理是机械制造行业重要的加工工艺，对于机械零件来说，大部分都需要进行热处理，例如机床中60%～70%的零件需要进行热处理，汽车、拖拉机中70%～80%的零件需要进行热处理，飞机中近100%的零件需要进行热处理，如齿轮、轴承、轴、连杆、模具、弹簧以及耐磨件等都需要经过热处理后才能投入使用。

1.3.3 退火与正火

退火与正火主要用来处理毛坯件（如铸件、锻件、焊接件等），为以后的切削加工和最终热处理做组织准备。钢材适宜切削加工的硬度范围通常是170～270HBW。如果钢材的硬度低于170HBW，容易发生“粘刀”现象，并影响工件表面的切削质量和切削效率。如果钢材的硬度高于270HBW，则不容易进行切削，并加剧切削刀具的磨损。可以通过合理的退火工艺或正火工艺使钢材获得适宜切削加工的硬度范围。一般来说，选择退火，可以降低钢材的硬度；而选择正火，则可以提高钢材的硬度。

1. 退火

退火是将工件加热到适当温度，保持一定时间，然后缓慢冷却的热处理工艺，根据钢材的化学成分和退火目的进行分类，退火通常分为完全退火、不完全退火、等温退火、球化退火、去应力退火、均匀化退火等。常用退火工艺曲线如图1-24所示。

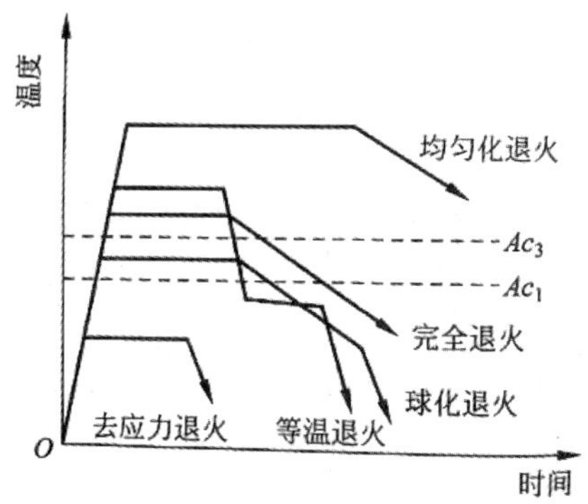

图 1-24 常用退火工艺曲线示意图

退火的目的：第一，消除钢铁材料的内应力；第二，降低钢铁材料的硬度，提高其塑性；第三，细化钢铁材料的组织，均匀其化学成分，并为最终热处理做好组织准备。退火广泛应用于机械零件的加工过程中。退火属于预备热处理工序，通常安排在锻造、铸造、焊接等工序之后，粗切削加工之前，主要用来消除前一工序中产生的某些组织缺陷或残余内应力，为后续工序做好组织准备。

2. 正火

正火是指工件加热至奥氏体化后在空气中或其他介质中冷却获得珠光体组织的热处理工艺。正火的目的是细化晶粒，提高钢材硬度，消除钢材中的网状碳化物（或渗碳体），并为淬火、切屑加工等后续工序做组织准备。

正火与退火相比具有如下特点：加热温度比退火高；冷却速度比退火快，过冷度较大；正火后得到的室温组织比退火细，强度和硬度比退火稍高些；正火比退火操作简便、生产周期短、生产效率高、能源消耗少、生产成本低。

1.3.4 淬火

淬火是指工件加热至奥氏体化后以适当方式冷却获得马氏体和（或）贝氏体组织的热处理工艺。马氏体硬度较高，用符号 M 表示。

1. 淬火的目的

淬火的主要目的是使钢铁材料获得马氏体（或贝氏体）组织，提高钢材的硬度和强度，并与回火工艺合理配合，获得需要的使用性能。一些重要的结构件，特别是在动载荷与摩擦力作用下的零件以及各种类型的重要工具（如刀具、钻头、丝锥、板牙等）及重要零件（销、套、轴、滚动轴承等）都要进行淬火处理。

2. 淬火介质

淬火冷却时所用的物质称为淬火介质。不同的淬火介质具有不同的冷却特性。淬火时为了保证获得马氏体（或贝氏体）组织，需要选用合理的淬火介质或冷却速度，保证钢件淬火过程中不能产生较大的内应力、淬火变形以及开裂。常用的冷却淬火介质有水、油、水溶液（如盐水、碱水等）、熔盐、熔融金属、空气等。

3. 常用淬火方法

选择淬火方法时，需要根据钢材的化学成分，对钢材组织、性能和钢件尺寸精度的要求，在保证预期技术要求的前提下，尽量选择简便、经济的淬火方法。目前，常用的淬火方法有单液淬火、双液淬火、马氏体分级淬火和贝氏体等温淬火。

1.3.5 回火

回火是指工件淬硬后，加热到 Ac_1 以下的某一温度，保温一定时间（通常为 1～3h），然后冷却到室温的热处理工艺。钢件淬火后，其内部存在很大的内应力，脆性大、韧性低，一般不能直接使用，如果不及时清除，将会引起钢件变形，甚至开裂。回火是安排在淬火之后进行的工序，通常也是钢件进行热处理的最后一道工序。回火的主要目的是降低钢件的脆性，消除或减小工件的内应力，稳定钢的内部组织，调整钢的性能以获得较好的强度和韧性，改善切削加工性能。

一般来说，淬火钢件随回火温度的升高，强度和硬度降低而塑性和韧性提高。根据淬火钢件在回火时的加热温度进行分类，回火可分为低温回火、中温回火和高温回火三种。淬火钢件回火结束后，一般在空气中冷却。对于部分性能要求较高的工件，在保证不变形和不开裂的前提下，可采用油冷或水冷。

1.3.6 时效

时效是指合金件经固溶处理或铸造、冷塑性变形（或锻造）、焊接及机械加工之后，将工件在较高温度放置或室温保持一定时间后，工件的性能、形状和尺寸等随时间而变化的热处理工艺。在时效过程中金属材料的显微组织并不发生明显的变化。其目的是消除工件的内应力，稳定工件的组织和尺寸，改善工件的力学性能等。常用的时效方法主要有自然时效、人工时效、热时效、变形时效、振动时效和沉淀硬化时效等。

例如自然时效是工件在室温或自然条件下长时间存放而发生的时效，主要用于处理大型钢铁铸件、锻件、焊接件等。

1.3.7 表面热处理

表面热处理是为了改变工件表面的组织和性能，仅对其表面进行热处理的工艺。例如齿轮、曲轴、花键轴、活塞销、凸轮等零件的表面所受到的应力和磨损比芯部都高，这就要求其表面具有高硬度、高耐磨性、高耐腐蚀性和高疲劳强度，而芯部则应具备良好的塑性和韧性。

在表面热处理中，最常用的工艺之一是表面淬火。表面淬火是指仅对工件表层进行淬火的工艺。表面淬火的目的是使工件表面获得高硬度和高耐磨性，而芯部保持较好的塑性和韧性，以提高其使用寿命。

表面淬火不改变工件表面化学成分，只改变工件表面的组织和性能。表面淬火的原理是采用快速加热方式使工件表面迅速达到淬火温度，在热量未传递到工件芯部时立即淬火冷却，从而实现表面淬火或局部表面淬火。

表面淬火按加热方法的不同，可分为感应淬火、火焰淬火、接触电阻加热淬火、激光淬火、电子束淬火等。目前应用最广泛的是感应淬火和火焰淬火。

1.3.8 化学热处理

化学热处理是指工件置于适当的活性介质中加热、保温，使一种或几种元素渗入到它的表层，以改变其化学成分、组织和性能的热处理工艺。化学热处理与表面淬火相比，其特点是不仅改变表层的组织，而且改变表层的化学成分。

化学热处理方法主要有渗碳、渗氮、碳氮共渗、渗硼、渗硅、渗金属等。

由于渗入元素不同，工件表面处理后获得的性能也不相同，渗碳、碳氮共渗的主要目的是提高工件表面的硬度、耐磨性和疲劳强度；渗氮的主要目的是提高工件表面的硬度、耐磨性、热硬性、耐腐蚀性和疲劳强度；渗金属的主要目的是提高工件表面的耐腐蚀性和抗氧化性等。

1.4 非铁金属

非铁金属具有钢铁材料所不具备的某些物理性能和化学性能，例如飞机、导弹、火箭、卫星、核潜艇等尖端武器以及原子能、电视、通信、雷达、计算机等所需的元器件大多是由非铁金属中的轻金属和稀有金属制成的。常用的非铁金属主要有铝及铝合金、铜及铜合金、钛及钛合金、镁及镁合金、滚滑动轴承合金、硬质合金等。

1.4.1 铝及铝合金

铝及铝合金是非铁金属中应用最广的金属材料，包括纯铝和铝合金。铝及铝合金广泛用于电气、汽车、化工、航空、建筑等行业。

1. 纯铝的性能及用途

纯铝分为工业高纯铝（$w_{Al} \geqslant 99.85\%$）和工业纯铝（$99.85\% > w_{Al} \geqslant 99.0\%$）。铝的密度是 2.7g/cm^3，属于轻金属；纯铝的熔点是 660℃，无铁磁性；纯铝的导电和导热性仅次于银和铜；纯铝与氧的亲和力强，容易在其表面形成致密的 Al_2O_3 薄膜，该薄膜能有效地防止内部金属继续氧化，故纯铝在非工业污染的大气中具有良好的耐腐蚀性，但纯铝不耐碱、酸、盐等介质的腐蚀；纯铝塑性好，但强度低；纯铝不能用热处理进行强化，冷变形是提高其强度的主要手段。纯铝主要用于熔炼铝合金，制造电线、电缆、器皿以及质轻、导热、导电、耐大气腐蚀但强度要求不高的机电构件中。

2. 铝合金的性能及用途

铝合金是以铝为基础，加入一种或几种其他元素（如铜、镁、硅、锰、锌等）构成的合金。铝合金经过冷加工或热处理，其抗拉强度可提高到 500MPa 以上。铝合金具有比强度（抗拉强度比密度的比值）高、良好的耐腐蚀性和可加工性，在航空和航天工业中应用广泛。

铝合金分为变形铝合金和铸造铝合金。变形铝合金是指塑性高、韧性好，适合于压力加工的铝合金；铸造铝合金是指塑性差，适合于铸造成型的铝合金。

3. 铝合金的热处理

铝合金常用的热处理方法有退火、淬火加时效等。退火可消除铝合金的加工硬化，恢复其塑性变形能力，也可消除铝合金铸件的内应力和化学成分偏析。淬火加时效是铝合金强化的主要方法。

1.4.2 铜及铜合金

目前，在国民经济生产中使用的铜及其合金主要有加工铜（纯铜）、黄铜、青铜及白铜。

1. 加工铜（纯铜）的性能及用途

加工铜呈玫瑰红色，故俗称为紫铜，也称为电解铜。加工铜的熔点是 1083℃，密度是 8.91g/cm^3，属于重金属。加工铜具有良好的导电性和导热性，而且无磁性。加工铜在含有 CO_2 的湿空气中，其表面容易生成碱性碳酸盐类的绿色薄膜[$CuCO_3 \cdot Cu(OH)_2$]，俗称绿铜。加工铜在大气、淡水等介质中均有良好的耐腐蚀性，在非氧化性酸溶液中也能耐腐蚀，但在氧化性酸（如 HNO_3、浓 H_2SO_4 等）溶液以及各种盐类溶液（包括海水）中则容易受到腐蚀。加工铜的强度不高，硬度较低，塑性与低温韧性较好，容易进行压力加工，不宜作为结构材料使用。

2. 铜合金的性能及用途

在纯铜中加入其他合金元素形成的合金，称为铜合金。铜合金按其化学成分进行分类，可分为黄铜、白铜和青铜三类。

（1）黄铜。黄铜包括普通黄铜和特殊黄铜。普通黄铜是由铜和锌组成的铜合金；特殊黄铜是在普通黄铜中再加入其他合金元素所形成的铜合金，如钱黄铜（HPb59-1）、锰黄铜（如 HMn58-2）、铝黄铜（如 HAl77-2）等。根据生产方法的不同，黄铜又可分为加工黄铜与铸造黄铜两类。

普通黄铜色泽美观，具有良好的耐腐蚀性和加工性能。常用普通黄铜有 H96、H90、H85、H80、H70、H68、H65、H63、H62、H59 等，主要用于制作导电零件、双金属片、艺术品、证章、弹壳等。普通黄铜的牌号是用“黄”字汉语拼音首字母 H 加数字表示，其中数字表示平均铜的质量分数，如 H90 表示 w_{Zn}=10%的普通黄铜。

（2）白铜。白铜是指以铜为基体金属，以镍为主加元素的铜合金。白铜包括普通白铜和特殊白铜。普通白铜是由铜和镍组成的铜合金；特殊白铜是在普通白铜中再加入其他合金元素所形成的铜合金，如锌白铜、锰白铜、铝白铜等。根据生产方法的不同，白铜又可分为加工白铜和铸造白铜两类。

（3）青铜。青铜是指以除锌和镍以外的合金元素为主添加元素的铜合金。例如以锡为合金元素的青铜称为锡青铜，以铝为主要合金元素的青铜称为铝青铜。其他青铜主要有铍青铜、硅青铜、锰青铜等。根据生产方法的不同，青铜可分为加工青铜和铸造青铜两类。

1.4.3 钛及钛合金

钛合金是金属中的佼佼者，除了具有密度小、强度高、比强度高、耐高温、耐腐蚀和良好的冷热加工性能等优点外，还具有特殊的记忆功能。钛及钛合金广泛应用于航空、航天、化工、医疗卫生、国防、新能源开发等领域，制造塑性高、有适当的强度、耐腐蚀和可焊接的零件。

1. 加工钛（纯钛）的性能及用途

加工钛呈银白色，密度为 4.51g/cm^3，熔点为 1668℃，热膨胀系数小，塑性好，强度低，容易加工成型。钛与氧和氮的亲和力较强，非常容易与氧和氮结合形成一层致密的氧化物和氮化物薄膜，其稳定性高于铝及不锈钢的氧化膜，在许多介质中钛的耐腐蚀性比大多数不锈钢更好，尤其是抗海水的腐蚀能力非常突出。

2. 钛合金

为了提高加工钛的强度和耐热性能等，可加入铝、锆、钼、钒、锰、铬、铁等合金元素，形成不同类型的钛合金。钛合金按其退火后的组织形态进行分类，可分为 α 型钛合金、β 型钛合金和（α+β）型钛合金。

1.4.4 镁及镁合金

1. 纯镁的性能及用途

纯镁具有金属光泽，呈亮白色。纯镁的熔点是 650℃，密度是 1.738g/cm^3。其密度是钢的 1/4，是铝的 2/3，也是最轻的非铁金属。镁具有较高的比强度，切削加工性能比钢铁材料好，能够进行高速切削，抗冲击能力强，尺寸稳定性高，但塑性比铝低得多，$A_{11.3}$=10%。镁的化学活性很强，耐腐蚀性差，在潮湿的大气、淡水、海水及大多数酸、盐溶液中很容易受到腐蚀。

纯镁的牌号有 3 个，分别是 1 号纯镁、2 号纯镁、3 号纯镁。镁主要用于制作合金以及作为保护其他金属的牺牲阴极。

2. 镁合金的性能及用途

镁合金是以镁为基体加入其他元素组成的合金。在实用金属中，镁合金是最轻的金属。目前镁合金中使用最广、最多的是镁铝合金，其次是镁锰合金和镁锌锆合金。镁合金主要用于航天、航空、国防、交通运输、化工等工业部门。

1.4.5 滑动轴承合金

滑动轴承一般由轴承体和轴瓦构成，如图 1-25 所示。滑动轴承承压面积大、承载能力强、工作平稳、噪声小，检修方便，应用广泛。滑动轴承合金适用于制造滑动轴承轴瓦及其内衬的铸造合金，具有良好的耐磨性、磨合性、抗咬合性、减振性、导热性和耐腐蚀性等，主要用于制造汽轮机、柴油机、发动机、压缩机、电动机、空压机、减速器中的滑动轴承等。

图 1-25 滑动轴承

常用滑动轴承合金有锡基、铅基、铜基、铝基等滑动轴承合金，它们一般采用铸造方式成型。例如 ZCnSb11Cu6 铸造锡基滑动轴承合金。

1.5 工程塑料和复合材料

1.5.1 工程塑料

塑料是指以合成树脂高分子化合物为主要成分，加入某些添加剂之后且在一定温度、压力下塑制成型的材料或制品的总称。由于塑料制品原料丰富、成型容易、制作成本较低，性能和功能具有多样性，因此塑料广泛应用于电子工业、交通、航空工业、农业等部门。目前塑料正逐步替代部分金属、木材、水泥、皮革、陶瓷、玻璃及搪瓷等材料。常用塑料主要有聚乙烯（PE）、聚丙烯（PP）、聚氯乙烯（PVC）、聚苯乙烯（PS）、聚酰胺（PA）、聚甲醛（POM）、聚碳酸酯（PC）、酚醛塑料（PF）、环氧塑料（EP）等。

1. 塑料的分类

塑料的品种很多，根据树脂在加热和冷却时所表现的性质进行分类，可将塑料分为热塑性塑料和热固性塑料两类。

热塑性塑料受热软化，冷却后变硬，再次加热又软化，冷却后又硬化成型，可多次重复。它的变化只是一种物理变化，化学结构基本不变。热塑性塑料加工成型简便，具有较好的力学性能，废品可回收再利用，但耐热性和刚性较差。常用的热塑性塑料有聚乙烯、聚丙烯、聚氯乙烯、聚酰胺（即尼龙）、ABS 塑料、聚甲醛、聚碳酸酯、聚苯乙烯、聚四氟乙烯、聚砜等。

热固性塑料加热时软化，可塑制成型，但固化后的塑料既不溶于溶剂，也不再受热软化（温度过高时则发生分解），只能塑制一次。热固性塑料耐热性好、抗压性好，但脆性大、韧性差、弹性差，废品不可回收利用。常用的热固性塑料有酚醛塑料、氨基塑料、环氧塑料等。

2. 塑料的特性

与金属材料相比，塑料具有密度小、比强度高（抗拉强度除以密度）、化学稳定性好、电绝缘性好、减振、耐磨、隔音性能好、自润滑性好等特性。另外，塑料在绝热性、透光性、工艺性能、加工生产率、加工成本等方面也比一般金属材料优越。

3. 工程塑料

塑料按其应用范围进行分类，可分为通用塑料、工程塑料和耐高温塑料等。其中工程塑料是指能在较宽温度范围内和较长使用时间内保持优良性能，能承受机械应力并作为结构材料使用的一类塑料。工程塑料耐热性高、耐腐蚀、自润滑性好和尺寸稳定性良好，具有较高的强度和刚度，在部分场合可替代金属材料。常用的工程塑料主要有聚碳酸酯、聚酰胺、聚甲醛、ABS 塑料、聚砜、酚醛塑料等。

1.5.2 复合材料

1. 复合材料的分类

复合材料是由两种或两种以上不同性质的材料，通过物理或化学的方法，在宏观（微观）上组成具有新性能的材料。各种材料在性能上互相取长补短，产生协同效应，使复合材料的综合性能不仅优于原组成材料，而且还能满足各种不同的要求。自然界中有许多天然材料可看作复合材料，如树木是由纤维素和木质素复合而成的，纸张是由纤维物质与胶质物质组合的复合材料，动物的骨骼也可看作是由硬而脆的无机磷酸盐和软而韧的蛋白质骨胶组成的复合材料。人类在很早以前就开始仿制天然复合材料了，如利用水泥、沙子、石子、钢筋形成钢筋混凝土，以及由沥青、石子、水泥形成的柏油马路等。

不同材料复合后，通常是其中一种材料作为基体材料，起黏结作用，另一种材料作为增强剂材料，起承载作用。复合材料的基体材料分为金属和非金属两大类。金属基体主要有铝、镁、铜、钛及其合金等。非金属基体主要有合成树脂、橡胶、陶瓷、石墨、碳等。增强材料主要有玻璃纤维、碳纤维、硼纤维、芳纶纤维、碳化硅纤维、石棉纤维、晶须、金属丝和硬质细粒等。复合材料按其增强剂种类和结构形式进行分类，可分为纤维增强复合材料、层叠增强复合材料和颗粒增强复合材料三类，如图 1-26 所示。

2. 复合材料的性能和应用

复合材料一般是由强度和弹性模量较高、但脆性大的增强剂与韧性好但强度和弹性模量低的基体组成，它是将增强材料均匀地分散在基体材料中，以克服单一材料的某些弱点。例如汽车上普通使用的玻璃纤维挡泥板，就是由玻璃纤维与有机高分子材料复合而成的；光导纤维是由石英玻璃纤维和塑料组成的复合材料。

（a）纤维增强复合材料

（b）层叠增强复合材料

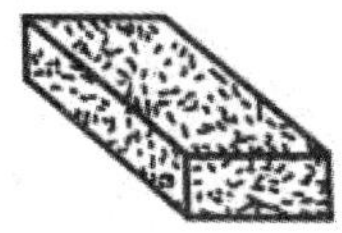

（c）颗粒增强复合材料

图 1-26 复合材料结构形式

复合材料的最大优点是可根据人的要求来改善材料的使用性能。材料专家预言 21 世纪是复合材料的时代。目前，应用最多的复合材料是纤维增强复合材料，如玻璃钢（玻璃纤维增强热固性树脂复合材料）和碳纤维增强树脂基复合材料。

1.6 其他新型工程材料

新型工程材料是指新出现的，建立在新思想、新概念、新工艺的基础上，具有传统工程材料所不具备的优异性能和特殊功能的材料，如特殊陶瓷、高温合金、非晶态合金、形状记忆合金、超导材料、纳米材料等。严格地说，传统工程材料和新型工程材料两者之间并无严格的界限，因为传统工程材料也在不断地提高质量、降低成本、扩大品种，在加工工艺和技能方面不断地得到更新和提高。

1.6.1 特种陶瓷材料

特种陶瓷主要指采用高纯度人工合成化合物，如 Al_2O_3、ZrO_2、MgO、BeO、SiC、Si_3N_4、BN 等，制成具有特殊物理化学性能的新型陶瓷（包括功能陶瓷）。特种陶瓷包括金属陶瓷（如硬质合金）、氧化物陶瓷（如氧化铝陶瓷）、氮化物陶瓷（如氮化硅陶瓷、氮化硼陶瓷）、硅化物陶瓷（如二硅化钼陶瓷）、碳化物陶瓷（如碳化硅陶瓷）、半导体陶瓷、磁性陶瓷等，其生产工艺过程与普通陶瓷相同。特种陶瓷除了具有普通陶瓷的性能外，还至少具有一种适应工程上需要的特殊性能，如高强度、高硬度、耐腐蚀、导电、绝缘、磁性、透光、半导体、超导等。特种陶瓷主要用于制造高温容器、熔炼金属坩埚、热电偶套管、内燃机火花塞、切削高硬度材料的刀具（图 1-27）等。

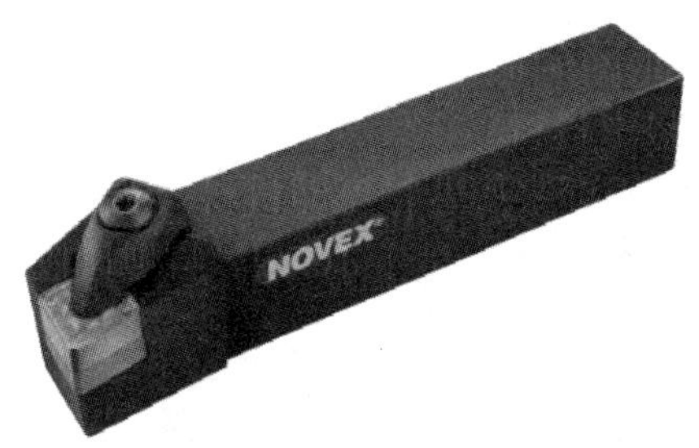

图 1-27 氮化硼陶瓷刀具

1.6.2 新型高温合金

新型高温合金是在高温下具有足够的持久强度、热疲劳强度及高温韧性，又具有抵抗氧化或气体腐蚀能力的合金。如果金属构件的工作温度超过 640℃，一般就不能选择普通的耐热钢了，而要选择高温材料或高温合金。高温材料一般是指在 600℃以上，甚至在 1000℃以上能满足使用要求的材料，这种材料在高温下能承受较高的应力并具有相应的使用寿命。目前，已开发并进入实用状态的高温合金主要有铁基高温合金、镍基高温合金、钴基高温合金。例如镍基高温合金主要用于制造现代喷气发动机的涡轮叶片（图 1-28）、导向叶片和涡轮盘等。

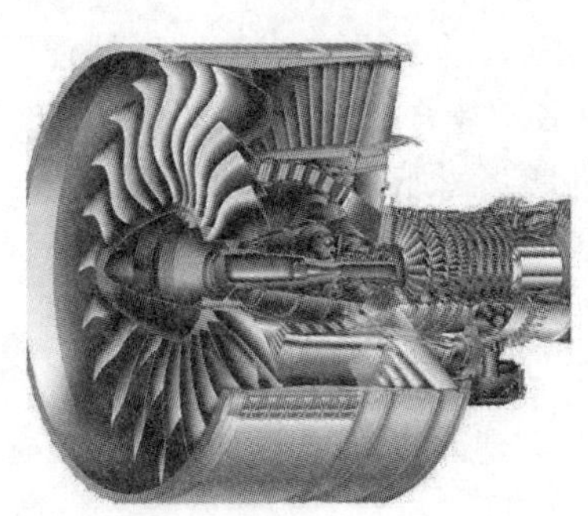

图 1-28 喷气发动机的涡轮叶片

1.6.3 非晶态合金

非晶态合金是一种没有原子三维周期性排列的固体合金。由于非晶态合金在结构上与玻璃相似，又称为金属玻璃。非晶态合金可采用液相急冷法、气相沉积法、注入法等工艺制成。具有实用意义的非晶态合金系是以 Fe、Ni、Co 为主体的金属-非金属合金系。

非晶态合金具有较高的强度和硬度，还具有很高的韧性和塑性。许多非晶态合金薄带可以反复弯曲，即使弯曲到 180°也不会断裂，因此，非晶态合金既可以进行冷扎弯曲加工，也可编织成各种网状物。

与晶态合金相比，非晶态合金的电阻率显著增高，一般要高 2～3 倍。这一特性显示了其在仪表测量中的应用前景。此外，非晶态合金制成的磁性材料具有高导磁率、低损耗等软磁性能，其抗腐蚀性也十分优异。例如我国用非晶铁芯替代硅钢片制作变压器，每年可节省相当于两个葛洲坝水电站的发电量。

1.6.4 形状记忆合金

形状记忆材料是指具有形状记忆效应的材料。形状记忆效应是指将材料在一定条件下进行一定限度以内的变形后，在对材料施加适当的外界条件（如加热）时，材料的变形会随之消失，并恢复到变形前的形状的现象。目前已成功开发的形状记忆合金有 Ti-Ni 系形状记忆合金、Cu 系形状记忆合金、Fe 系形状记忆合金等。

其中，Ti-Ni 系形状记忆合金是有实用前景的形状记忆材料，其室温抗拉强度可达 1000MPa 以上，密度是 6.45g/cm^3，疲劳强度高达 480MPa，而且具有很好的耐腐蚀性。形状记忆合金的形状记忆效应本质是利用合金的马氏体相变与其逆转变的特性，即热弹性马氏体相变产生的低温相在加热时向高温相进行可逆转变的结果。

图 1-29 显示了形状记忆合金在形状记忆过程中晶体结构的变化过程。形状记忆合金具有广泛的应用前景，利用形状记忆合金可以制造防滑轮胎、温度控制仪器、脊柱矫形棒、牙齿矫形唇弓丝、人工关节、人造骨骼、骨折部位的固定板、人造心脏、血栓过滤器、特殊场合下的管接头与铆钉以及作为智能材料等。

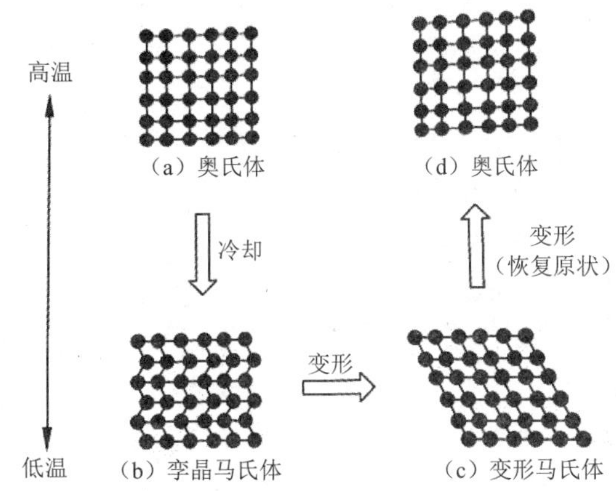

图 1-29　形状记忆合金在形状记忆过程中晶体结构的变化模型

1.6.5　超导材料

超导材料是在一定温度下材料的电阻变为零，并且磁力线不能进入其内部，材料呈现完全抗磁性的材料。超导材料一般分为超导合金、超导陶瓷、超导聚合物三类。

超导材料的出现为人类提供了十分诱惑的工业前景。利用超导材料输电，电力损耗几乎为零，可节省大量的电能；利用超导材料可制造发电机中的超导线圈，提高电机中的磁感应强度，提高发电机的输出功率，使发电效率提高约 50%；利用超导材料的抗磁性，可制造时速达 550km/h 的磁悬浮列车，如图 1-30 所示。

图 1-30　磁悬浮列车

1.6.6 纳米材料

纳米是一种度量单位，1 纳米（nm）等于 10^{-9}m。目前国际上将处于 1～100nm 尺度的超微颗粒及其致密的聚集体，以及由纳米微晶构成的材料，统称为纳米材料，它包括金属、非金属、有机、无机和生物等多种粉末材料。

纳米材料具有四大效应，即小尺寸效应、量子效应（含宏观量子隧道效应）、表面效应和界面效应，还具有传统材料所不具备的物理性能、化学性能，表现出独特的光、电、磁、波和化学特性。

（1）纳米材料具有高比热、高导电率、高扩散率，对电磁波具有强吸收特性，据此可制造出具有特定功能的产品，如电磁波屏蔽、隐形飞机、涂料等。

（2）纳米材料对光的反射能力非常低，低到仅为原非纳米材料的 1%。

（3）气体在纳米材料中的扩散速度比在普通材料中快几千倍。

（4）纳米材料的力学性能成倍增加，具有高强度、高韧性及超塑性，如纳米铁材料的断裂应力比一般铁材料高 12 倍。

（5）纳米材料与生物细胞结合力很强，为人造骨质的应用拓展了途径。

（6）纳米材料的熔点大大降低，如纯金的熔点是 1064℃，但 2nm 的金粉末熔点只有 327℃。

（7）纳米材料具有特殊的磁学性质。纳米粒子尺寸小，用它制成的磁记录材料的音质、图像和信噪比好。磁记录密度可比普通的磁性材料提高 10 倍。

纳米结构材料具有十分优异的力学性能及热力学性能，可使结构件重量大大减轻；纳米光学材料可用于制作多种具有独特性能的光电子器件，如蓝光二极管、量子激光器、单电子晶体管等；纳米技术电子器件工作速度快，是硅器件的 1000 倍，可大幅度提高产品性能；纳米生物与医学材料可清除心脏动脉脂肪沉积物，甚至还能吞噬病毒、杀死癌细胞；纳米硬质合金具有极高的硬度和韧性，可拓宽硬质合金的应用范围。

1.7 材料的选用及运用

首先，要全面分析零件的工作条件、受力性质的大小、失效形式等。然后，进行综合分析，并提出可以满足零件工作条件的性能指标。最后，合理选择材料并制订相应的加工工艺。

1.7.1 机械零件失效分析

1．失效概述

失效是指机械零件在使用过程中由于尺寸、形状或材料的组织和性能发生变化而失去规定功能的现象。失效在机械设备使用过程中经常可以遇到，如齿轮在工作过程中由于磨损超标，不能使齿轮正常啮合及传递动力；主轴在工作过程中由于变形超标而失去原有的精度等。机械零件失效的具体表现有：

（1）机械零件完全破坏，不能工作。

（2）机械零件虽然能工作，但达不到设计的规定功能。

（3）机械零件损坏严重，但继续工作时，不能保证安全性和可靠性。

2. 失效的形式

机械零件失效的具体形式是多种多样的，经归纳和分析后，可以将机械零件的失效分为过量变形失效、断裂失效和表面损伤失效三大类。

（1）过量变形失效是指机械零件在外力作用下，零件整体（或局部）发生过量变形的现象。过量变形失效又可分为过量弹性变形失效和过量塑性变形失效。例如弹簧在使用中发生过量弹性变形导致弹簧的功能失效，就属于过量弹性变形失效。再如在高温下工作的螺栓发生松弛现象，就是由过量弹性变形转化为塑性变形而造成的过量塑性变形失效。

（2）断裂失效是指机械零件完全断裂而无法工作的失效，如钢丝绳在吊装中断裂、车轴在运行中发生断裂等，均属于断裂失效。断裂失效可分为塑性断裂、脆性断裂、疲劳断裂、蠕变断裂、腐蚀断裂、冲击载荷断裂、低应力脆性断裂等。其中低应力脆性断裂和疲劳断裂是没有前兆的突然断裂，往往会造成灾难性事故，因此最危险。

（3）表面损伤失效是指机械零件在工作中因机械和化学的作用，使其表面损伤而造成的失效。表面损伤失效可分为表面磨损失效、表面腐蚀失效和表面疲劳失效（疲劳点蚀）三类。例如滑动轴承的轴颈或轴瓦的磨损、齿轮齿面的点蚀或磨损等，就属于表面损伤失效。

通常一个机械零件的失效可能包含几个失效形式，但总有一种失效形式是起主导作用的。例如齿轮失效可能是由轮齿折断、齿面磨损、齿面点蚀、齿面硬化层剥落、齿面过量塑性变形等失效形式造成的，但到底是以哪一个失效形式为主，需要根据实际情况认真分析，并最终确认。

1.7.2 机械零件失效因素分析

1. 机械零件失效因素

引起机械零件失效的因素很多，主要涉及机械零件的结构设计、金属材料选择、加工制造过程、装配、使用保养、服役环境（高温、低温、室温、温度变化）、环境介质（有无腐蚀介质、有无润滑剂等）及载荷性质（静载荷、冲击载荷、循环载荷）等方面。

分析机械零件失效因素是一个复杂和细致的工作。进行失效分析时，应按科学合理的程序进行。第一，应注意及时收集失效零件的残骸，了解机械零件失效的部位、特征、环境、时间等，并查阅有关原始设计资料、加工资料及使用和维修记录等；第二，在了解了机械零件的基本情况后，需要对机械零件进行端口分析（或金相显微组织分析），找出失效起源部位；第三，综合分析失效机械零件的性能指标、材质、化学成分、显微组织及内部缺陷等；第四，如果需要，则可利用各种测试手段或模拟实验进行辅助分析；第五，综合上述分析结果，在排除其他因素后，确定主要失效因素和失效形式；第六，建立失效模型，提出改进措施。

如果造成机械零件失效的主要因素是金属材料的性能指标设定不合理，则需要根据失效模型，提出所需金属材料的牌号及合理的性能指标等。

2. 失效方法分析

进行失效分析的目的是找出机械零件发生失效的本质、产生原因及预防措施，以杜绝或减少类似事件的再次发生。在对失效机械零件进行分析时，通常有两个基本思路：

（1）以机械零件的性能指标为主线进行详细分析。首先找出造成机械零件失效的主要形式和性能指标，然后提出改进的措施和合理的性能指标。

（2）以断口特征为主线进行详细分析。首先找出断裂的主断口，根据主断口的特征确定断裂的主要形式和原因，然后提出改进的措施和合理的性能指标。

1.7.3 选择材料时需要考虑的三个方面

选择材料时需要考虑的三个方面是材料的使用性能（即“质优”）、加工工艺性能（即“易加工”）以及经济性（即“实惠”）。只有对这三个方面进行综合性权衡，才能使材料发挥最佳的社会效益。

1. 材料的使用性能

材料的使用性能是指材料为保证机械零件或工具正常工作而应具备的性能，它包括力学性能、物理性能和化学性能。对于机器零件和工程构件，最重要的是力学性能。

要能正确地分析零件的工作条件，包括受力状态、应力（或载荷）性质、工作温度、环境条件等。其中受力状态有拉、压、弯、扭等；应力（或载荷）性质有静载荷、冲击载荷、循环应力等；工作温度可分为高温和低温；环境条件有加润滑剂的，有接触酸、碱、盐、海水、粉尘、磨粒的。此外，有时还需考虑导电性、磁性、膨胀、导热等特殊要求。

根据上述分析，确定该零件的失效方式，再根据零件的形状、尺寸、载荷确定使用性能指标的具体数值。有时通过改进强化方法，可以将廉价的金属材料制成性能更好的零件。所以，选材时要把材料的化学成分与强化手段紧密结合起来综合考虑。

2. 材料的加工工艺性能

制造每一个零件都要经过一系列的加工过程。因此材料加工成零件的难易程度，将直接影响零件的质量、生产效率和制造成本。

如果零件的加工方法是铸造，则最好选用铸造性能好的铸造合金，以保证获得较好的流动性；如果零件是锻件或冲压件，则最好选择塑性较好的金属材料；如果零件是焊接结构件，则最适宜的材料是低碳钢或低合金高强度结构钢，以保证获得良好的焊接性。

加工工艺性能中最突出的问题是切削加工性和热处理工艺性，因为绝大多数金属材料需要经过切削加工和热处理。为了便于切削，一般希望钢铁材料的硬度控制在 170～260HBW。在化学成分确定后，可借助热处理来改善金属材料的金相组织和力学性能，以达到改善切削加工性的目的。

当材料的工艺性能与力学性能相矛盾时，优先考虑工艺性能。这对于大批量生产的零件特别重要，因为在大量生产时，工艺周期的长短和加工费用的高低常常是生产单位考虑的关键因素。

3. 材料的经济性

在满足使用性能的前提下，选用材料时应注意降低零件的制造成本。零件的制造成本包括材料本身的价格、加工费及其他费用，甚至还包括运费与安装费用。

在金属材料中，非合金钢和铸铁的价格比较廉价，而且加工方便。因此在能满足零件力学性能和工艺性能的前提下，选用非合金钢和铸铁可降低成本。对于一些只要求表面性能好的零件，可选用廉价钢种进行表面强化处理来达到使用要求。另外，在考虑金属材料的经济性时，切记不宜单纯地以单价来比较金属材料的优劣，而应以综合经济效益来评价金属材料的经济性。

此外在选择材料时应立足于我国的资源条件，考虑我国的生产条件和供应情况，以及节能减排和环境保护的规定与要求。对于企业来说，所选材料的种类和规格应尽量少而集中，以便于集中采购和管理。

1.7.4 选择材料的一般程序

（1）对机械零件的工作特性和使用条件进行周密分析，找出零件失效（或损坏）的方式，从而合理地确定材料的主要力学性能指标。

（2）根据机械零件的工作条件和使用环境，对机械零件的设计和制造提出相应的技术要求，对加工工艺性和加工成本等也提出相应的基本要求。

（3）根据所提出的技术条件、加工工艺性和加工成本等方面的指标，借助于各种材料选用手册，对材料进行预选。

（4）对预选材料进行核算，以确定其是否满足使用性能、加工工艺性和加工成本等方面的要求。

（5）对材料进行第二次选择，确定最佳选材方案。

（6）通过试验、试生产和检验，最终确定合理的选材结果。

1.7.5 典型零件选材

1. 齿轮类零件的选材

齿轮在机器中主要担负传递功率和调节速度的任务，有时也起改变运动方向的作用。齿轮在工作过程中，通过齿面的接触传递动力，并周期地承受弯曲应力和接触应力的作用。另外，在啮合的齿面上还要承受强烈的摩擦，有些齿轮在换挡、起动或啮合不均匀时，还要承受冲击力等。因此，要求制造齿轮的材料应具有较高的弯曲疲劳强度和接触疲劳强度；齿面应具有较高的强度和耐磨性；齿轮芯部应具有足够的强度和韧性。通常齿轮毛坯采用钢材锻造成形，所选用的钢种大致有两类：调质钢和渗碳钢。

（1）采用调质钢制造齿轮。调质钢主要用于制造两种齿轮：一种是对耐磨性要求较高而冲击韧性要求一般的硬齿面（硬度＞40HRC）齿轮，如车床、钻床、铣床等机床的变速箱齿轮，通常采用 45 钢、40Cr 钢、42SiMn 钢等制造，齿轮经调制处理后进行表面高频感应淬火和低温回火。另一种是对齿面硬度要求不高的软齿面（硬度≤50HBW）齿轮，这类齿轮一般在低速、低负荷下工作，如车床滑板上的齿轮、车床挂轮架齿轮等，通常采用 45 钢、40Cr 钢、42SiMn 钢、35 SiMn 钢等制造，齿轮经调制处理或正火处理后使用。

（2）采用渗碳钢制造齿轮。渗碳钢主要用于制造高速、重载、冲击比较大的硬齿面（硬度＞55HRC）齿轮，如汽车变速箱齿轮、汽车驱动桥齿轮等，常用 20CrMnTi 钢、20CrMnMo 钢、20CrMo 钢等制造，齿轮经渗碳、淬火和低温回火后获得表面硬而耐磨，芯部强韧、耐冲击的组织。

2. 轴类零件的选材

轴是机器中最基本、最关键的零件之一，轴的主要作用是支承传动零件并传递动力。轴类零件的工作特点是：传递一定的扭矩，要承受一定程度的冲击载荷，可能还承受一定的弯曲应力或拉压应力；需要用轴承支持，在轴的轴颈处应具有较高的耐磨性。用于制造轴类零件的材料一般要求具有多项性能指标。例如应具有优良的综合力学性能，以防轴变形和断裂；具有较高的疲劳抗力，以防轴过早发生疲劳断裂；具有良好的耐磨性，以提高其使用寿命。

轴类零件在选择制造材料时，应根据轴的受力情况进行合理选材。具体的选材情况如下：

（1）承受循环应力和动载荷的轴类零件，如船用推进器轴、锻锤锤杆等，应选用淬透性好的调质钢，如 30CrMnSi 钢、35CrMn 钢、40MnVB 钢、40CrMn 钢、40CrNiMo 钢等，并进行调制处理。

（2）主要承受弯曲和扭转应力的轴类零件，如变速箱传动轴、发动机曲轴、机床主轴等。这类轴在整个截面上所受的应力分布不均匀，表面应力较大，芯部应力较小，这类轴不需要选用淬透性很高的钢种，可选用合金调质钢，如汽车、车床、铣床、磨床的主轴等常采用 40Cr 钢、45Mn2 钢、40MnV 钢、40MnB 钢等制造。热处理工艺一般是调质加轴颈表面淬火。

（3）高精度、高速转动的轴类零件，如高精度磨床的主轴、镗床的主轴与镗杆、多轴自动车床的中心轴等，常选用渗氮钢 38CrMoAl 等，并进行调质及渗氮处理。

（4）低速内燃机的曲轴、连杆、凸轮轴，可以选用球墨铸铁制造，不仅满足了力学性能要求，而且制造工艺简单、成本低。

3. 箱体类零件的选材

主轴箱、变速箱、进给箱、滑板箱、缸体、缸盖、机床床身等都可视为箱体类零件。由于箱体零件大多结构复杂，通常采用铸造方法进行生产。

对于一些受力较大，要求高强度、高韧性，甚至在高温高压下工作的箱体类零件，如汽轮机机壳，可选用铸钢制造；对一些受冲击力不大，而且主要承受静压力的箱体可选用灰口铸铁（如 HT150、HT200 等）制造；对于受力不大，要求自重轻或导热性良好的箱体类零件，可选用铸造铝合金制造，如汽车发动机的缸盖；对于受力很小，要求自重轻而耐腐蚀的箱体类零件，可选用工程塑料制造；对于受力较大、形状简单的箱体类零件，可采用型钢（如 Q235 钢、20 钢、Q345 钢等）用焊接方式制造。

4. 案例分析

如图 1-31 所示为检修车辆时经常使用的螺旋起重器。其用途是将车架顶起，以便维修人员对车辆进行检修。该起重器的承载能力为 4t，工作时依靠手柄带动螺杆在螺母中转动，以便推动托杯顶起车辆。螺母装在支座上。起重器中主要零件的选材和加工工艺分析如下：

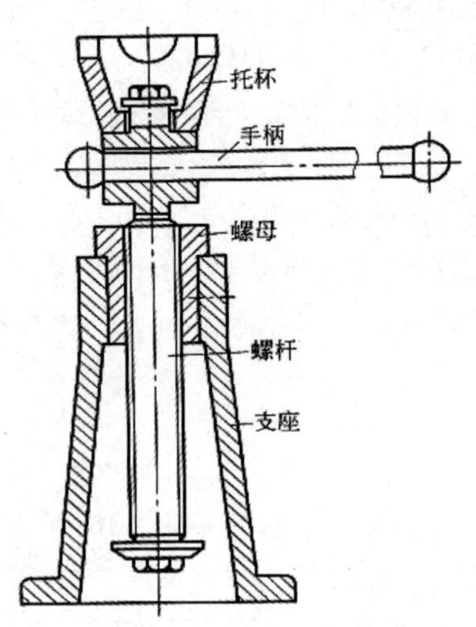

图 1-31　螺旋起重器结构图

（1）托杯。托杯工作时直接支撑车辆，承受压应力，宜选用灰铸铁（如 HT200）等制造。由于托杯具有凹槽和内腔结构，形状较复杂，所以采用铸造方法成型。如果采用中碳钢制造托杯，则可采用模锻进行生产。

（2）手柄。手柄工作时承受弯曲应力。受力不大，且结构形状较简单，可直接选用非合金钢材料（Q235 钢）制造。

（3）螺母。螺母工作时沿轴线方向承受压应力，螺纹还承受弯曲应力和摩擦力，受力情况较复杂。但为了保护比较贵重的螺杆，以及降低摩擦阻力，宜选用较软的材料（如青铜 ZCuSn10Pb1）。毛坯生产可以采用铸造方法成型，螺母孔尺寸较大时可直接铸出。

（4）螺杆。螺杆工作时受力情况与螺母类似，但毛坯结构形状比较简单、规则，宜选用中碳钢（如 45 钢）或合金调质钢（如 40Cr 钢）进行制造，毛坯生产方法可以采用锻造成型方法。

（5）支座。支座是起重器的基础零件，承受静载荷压应力，宜选用灰铸铁（如 HT200）等制造。由于支座具有锥度和内腔，结构形状较复杂，因此采用铸造成型方法比较合理。

练习题

一、名词解释

1．工程材料　2．金属　3．合金　4．钢铁材料　5．铁碳合金相图
6．灰铸铁　7．热处理　8．失效

二、简答题

1．高锰耐磨钢常用牌号有哪些？高耐磨钢有何用途？
2．高速工具钢有何性能特点？高速工具钢主要应用在哪些方面？
3．说明下列钢材牌号属于哪一类钢，其数字和符号各表示什么。
20CrMnTi　9CrSi　50CrVA　10Cr17
4．滑动轴承合金的组织状态有哪些类型？
5．正火与退火相比，主要有何区别？
6．淬火的目的是什么？
7．选择材料时需要考虑哪三个方面？

2

杆件的静力分析与变形

机器的运行是由于力的作用引起的，构件的受力情况直接影响机器的工作能力。因此在设计或使用机器时需要对构件进行受力分析。机器平稳工作时，许多构件的运动处于相对静止或匀速运动的状态，即平衡状态。

力是物体间相互的机械作用。力的作用有两种效应：使物体的机械运动状态发生变化和使物体的形状发生改变，前者称为运动效应，后者称为变形效应。力系是指作用于被研究物体上的一组力。若物体处于平衡状态，则作用于物体上的力系会满足一定的条件，这些条件将物体视为刚体。所谓刚体就是指在力系作用下不会变形的物体。因为微小变形对研究平衡问题不起主要作用，可以略去不计。

2.1　力的概念与基本性质

2.1.1　平面机构概述

1. 机器和机构

图 2-1 所示为单缸内燃机示意图，它工作时把燃料油燃烧时产生的热能转化为机械能，其内部各部分之间做复杂有序的运动，是典型的机器。当燃料油和空气喷入活塞 2 的上方空间（气缸 1）时，由点火器 10 引爆燃料油和空气的混合体，混合体推动活塞 2 下行，这是机器的原动部分。活塞 2 带动连杆 3，连杆 3 又带动曲轴 5 转动，即活塞的移动转变为曲轴的转动，这是机器的传动部分。曲轴 5 的轴端头装有大齿轮 4，它作为机器的执行部分驱动车轮运动。曲轴 5 的另一端装有小齿轮 6，它带动齿轮 7，通过齿轮 7 带动凸轮 8 转动，凸轮 8 推动推杆 9，从而实现对进燃料油、空气和排废气的控制，以保证内燃机能周而复始地工作，这是机器的控制部分。

由此可见，一般意义上的机器是由原动部分、传动部分、执行部分和控制部分组成的。机器是人类用来减轻或代替体力劳动和提高劳动生产率的主要生产工具，它具备以下三个特征：

（1）人为的诸个实物的组合体。

（2）各个实物之间具有确定的相对运动。

（3）代替或减轻人类的劳动去完成机械功或转换机械能。

并不是所有的机器都具有四个组成部分。有的机器比较简单，如电风扇没有传动部分，但同样具备机器的三个特征，仍然称为机器。大多数机器都具有传动部分，不涉及其具体用途，从传递运动和动力的角度出发，只具备机器的前两个特征，而不具备机器的第三个特征的共性部分称为机构。机构在机器中起着改变运动形式、速度或方向以及传递动力的作用，是具有确定的相对运动的实体。

由于机器和机构在组成和运动方面是一样的，故把机器和机构统称为机械。

2. 构件和零件

任何机械都是由若干单独加工制造的零件组装而成的，零件是机器制造的单元。图 2-1 所示的内燃机，是由气缸、活塞环、活塞体、活塞销、连杆体、连杆头、曲轴等一系列零件装配而成的。但是，并不是每个零件都能独立起到实现预期运动和功能的作用。每一个独立影响机器功能并能独立运动的单元体称为构件。构件可以是一个独立运动的零件，也可以是几个零件刚性联接的组合。图 2-2 所示的内燃机连杆就是由连杆体 1、连杆头 2、螺栓 3、螺母 4 等不产生相对运动的零件刚性联接而成的构件，它们组成了一个不可分割的运动单元。

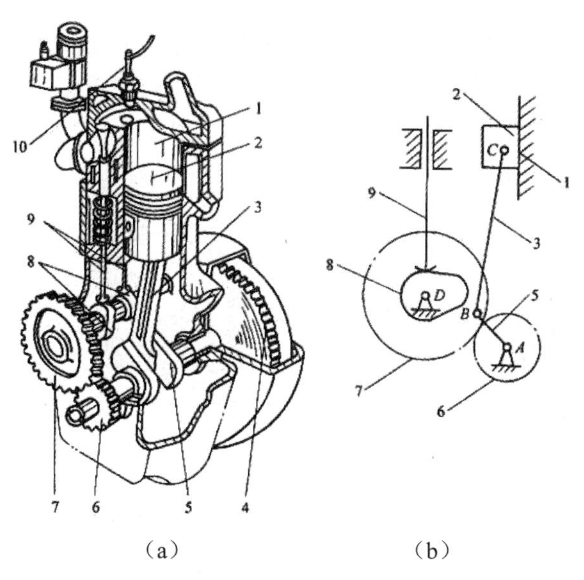

图 2-1　单缸内燃机示意图

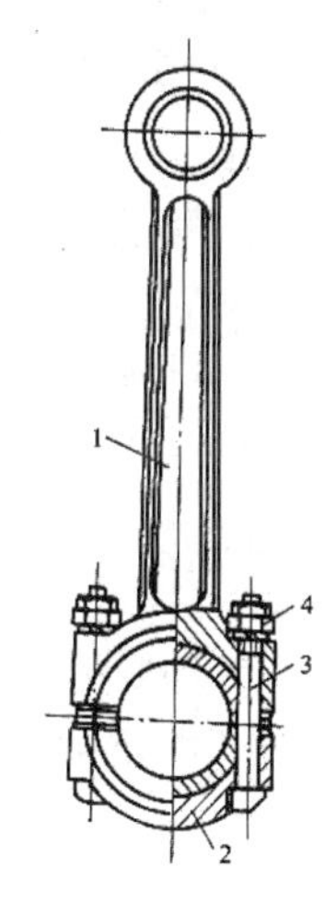

图 2-2　内燃机连杆

3. 构件的自由度

一个在平面内自由运动的构件，有三个独立运动的可能性。如图 2-3 所示，不受约束的构件 AB 可随构件上任一点 A 沿 x 轴方向、沿 y 轴方向移动和绕 A 点转动。构件做独立运动的可能性，称为构件的自由度。所以，一个在平面内自由运动的构件有三个自由度。这三个独立运动可用三个独立运动的参数 x、y 和 φ 来表示。

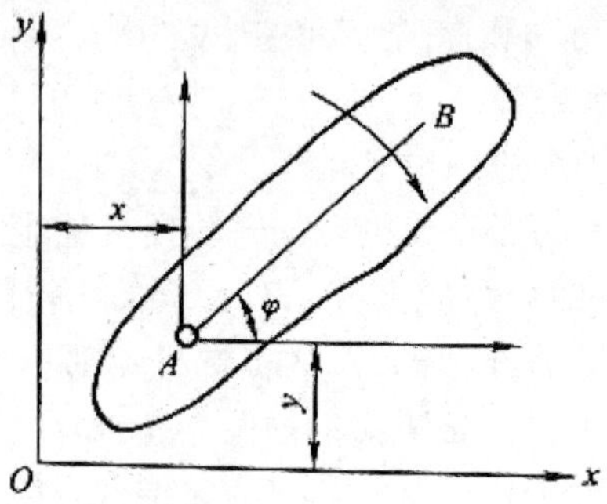

图 2-3　构件的自由度

4. 构件的分类

机构中的构件可分为三类（以图 2-1 所示的内燃机为例）：

（1）机架是机构中相对固定不动的构件，起支承其他活动构件的作用，如内燃机的箱体。

（2）原动件是机构中接受外部给定运动规律的活动构件，如内燃机的活塞。

（3）从动件是机构中随原动件运动的活动构件，如内燃机中的大齿轮。

必须强调的是，一个机构只能有一个机架，它可以是一个整体，也可以是几个零件的刚性组合。机构中的原动件一般是与机架相联接的，它可以是一个或多个。

5. 运动副

机构是由构件组合而成的，其中每个构件都是以某种方式与其他构件相互联接的。对于两构件的直接接触，既保持联系又能做相对运动的可动联接称为运动副。例如图 2-4（a）所示的门窗与铰链，图 2-4（b）所示的齿轮与轮齿的啮合，图 2-4（c）所示的车轮与钢轨，图 2-4（d）所示的轴与轴承、活塞与气缸、连杆与曲轴等形成的联接，都构成了运动副。

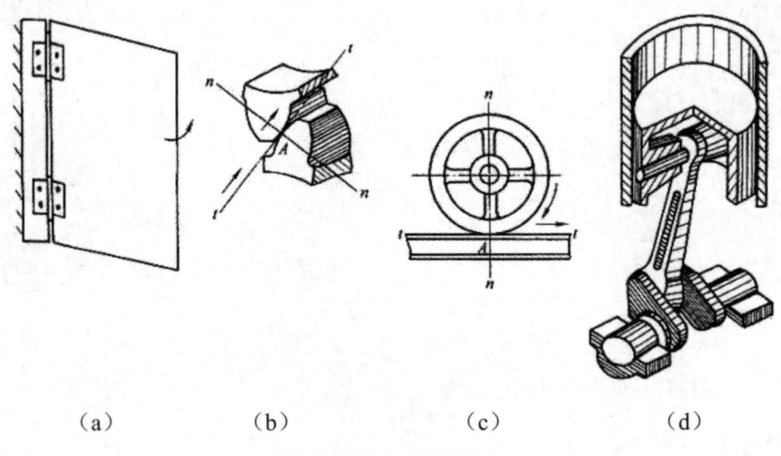

（a）　（b）　（c）　（d）

图 2-4　运动副的形成

6. 运动副的分类

平面机构中的运动副，按接触特性分为低副和高副。低副是指构件间通过面接触的运动副，按两构件相对运动关系又可分为移动副和转动副。高副是指构件间通过点或线接触的运动副。常见的平面运动副类型、符号及特点见表 2-1。

表 2-1 常见的平面运动副类型、符号及特点

运动副类型		实例	表示符号	相对运动关系	构件的自由度	运动副特点
平面低副	转动副	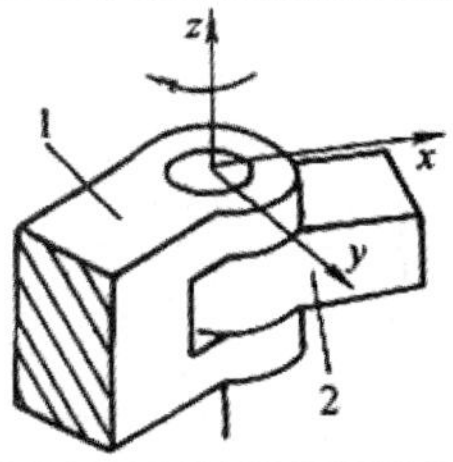	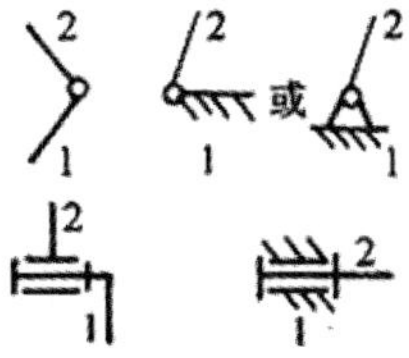	运动副限制构件沿 x 和 y 方向的移动，使构件只能绕销的轴线相对转动	构件的自由度为 1（转动）	表面应力小，能承受较大的压力，易于润滑，经久耐用
	移动副	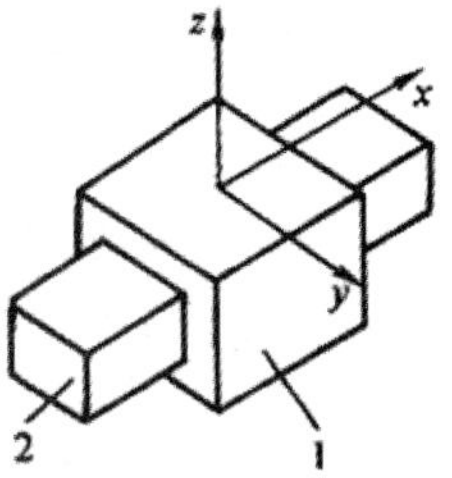	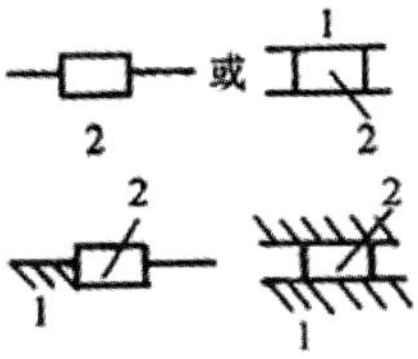	运动副限制构件沿 y 方向的移动和绕运动平面内任意点的转动，使构件只能沿滑道（即 x 轴）移动	构件的自由度为 1（移动）	
平面高副		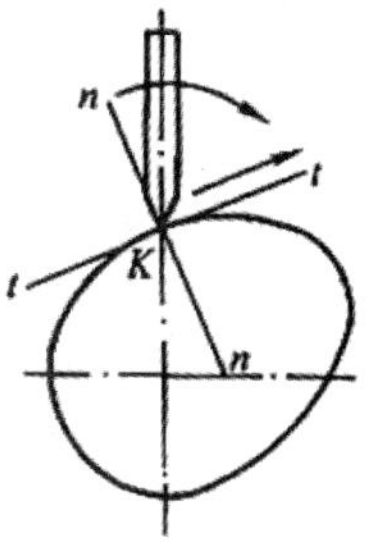 	 	运动副只限制构件沿接触点处的公法线方向的移动，使构件能沿公切线方向移动和绕接触点 K 转动	构件的自由度为 2（移动和转动）	表面应力大，易磨损，寿命低，但有较多的自由度，在实现复杂运动规律时比低副强

2.1.2 平面机构运动简图

无论分析现有机构，还是构思新机器的运动方案，都需要一种表示机构的简明图形。由于机构中各构件之间的相对运动与构件和运动副的结构形状无关，所以，把忽略构件和运动副结构形状，用国家标准规定的简单符号和线条代表运动副和构件，并按一定的比例尺表示机构中构件和运动副相对位置、运动关系和尺寸，而绘制成的表示机构的简明图形称为机构运动简图。它应该能完全表达原机器所具有的运动特性。

若只是为了表明机器的组成状况和机构特征，也可不严格按比例绘制简图，这种简图称为机构示意图。

机构运动简图中构件的表达方法见表 2-2。机器中常见的凸轮机构、齿轮机构及原动机的简图符号见表 2-3。

表 2-2 一般构件运动简图

名称	常用符号
轴、轴类构件	
固定构件	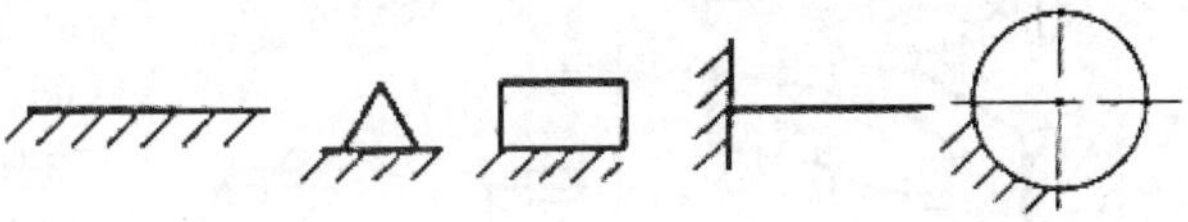
同一构件	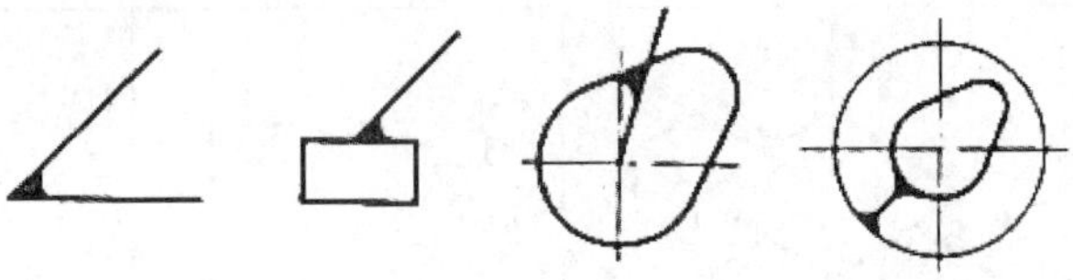
两副构件	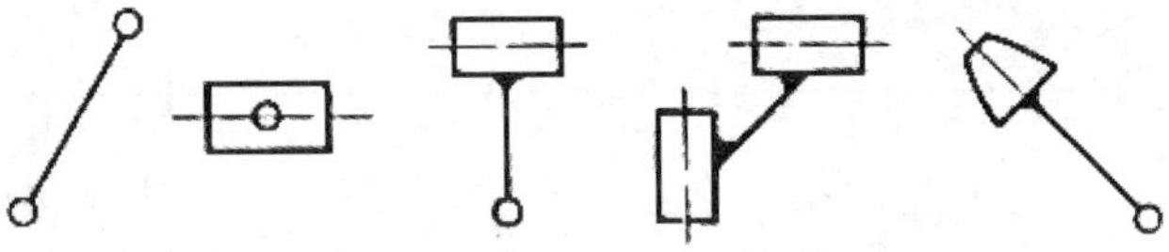
三副构件	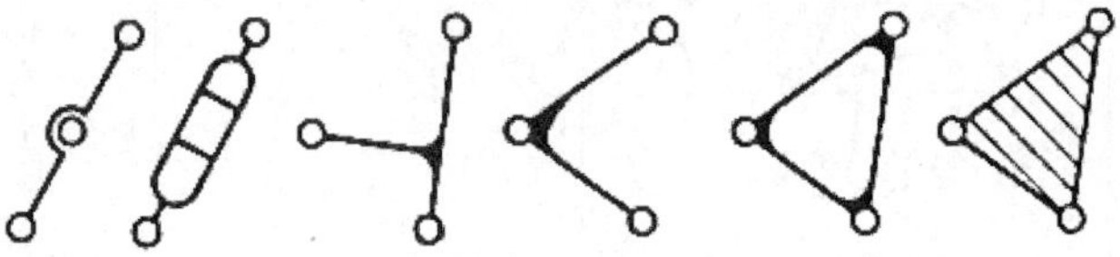

表 2-3 常见的凸轮机构、齿轮机构及原动机的简图符号

名称		实物图形	基本符号	可用符号
凸轮机构（平面凸轮）	盘形凸轮		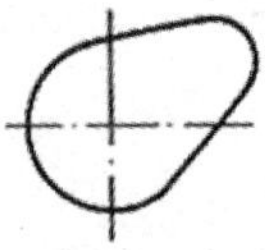	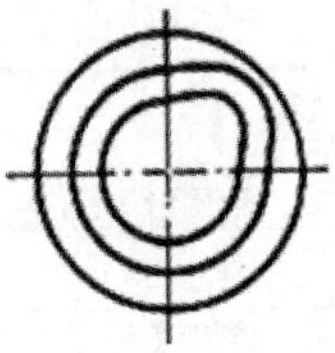
	移动凸轮	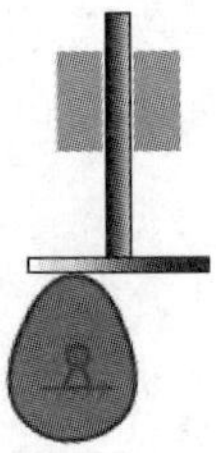	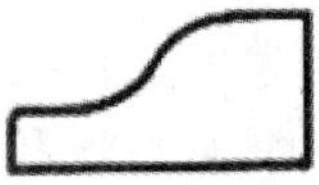	

续表

名称		实物图形	基本符号	可用符号
齿轮机构	圆柱齿轮机构		外啮合 内啮合 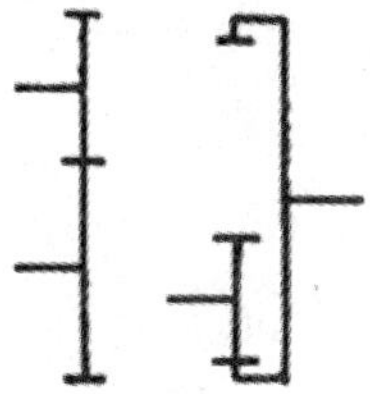	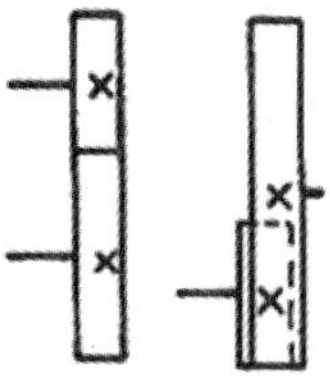
	非圆柱齿轮机构		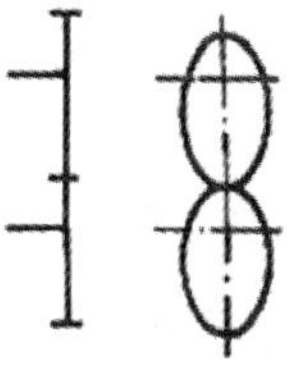	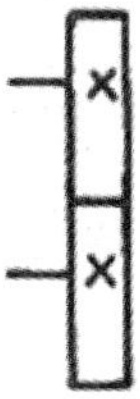
	锥齿轮机构	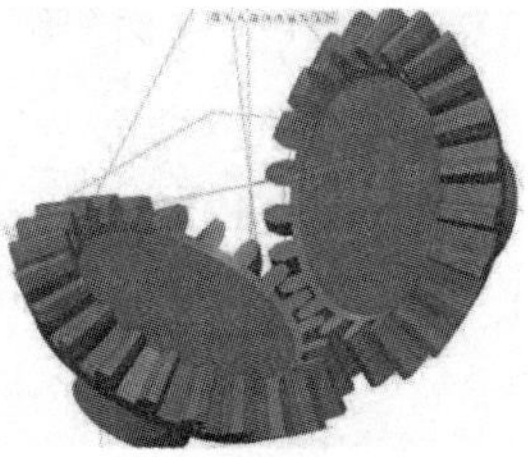	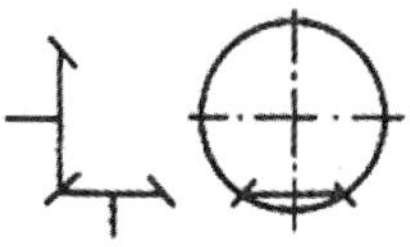	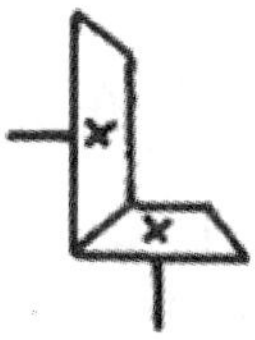
	交错轴斜齿轮机构		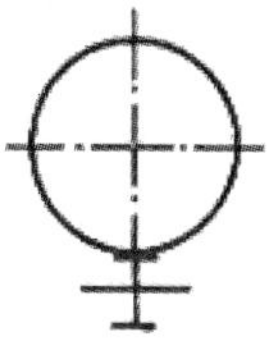	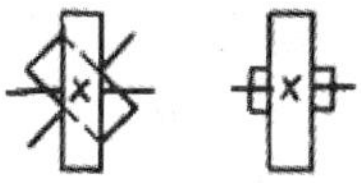
齿轮机构	蜗轮蜗杆机构		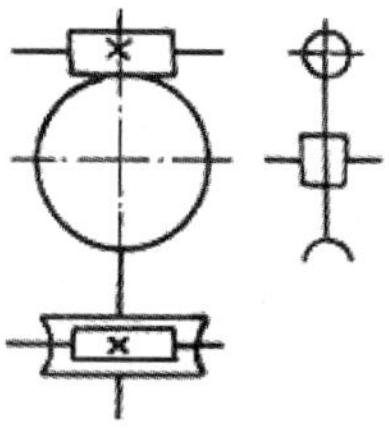	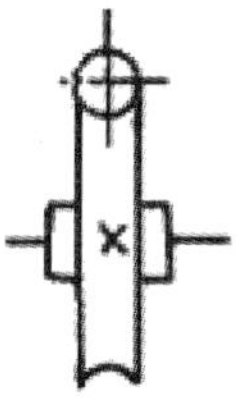
	齿轮齿条机构		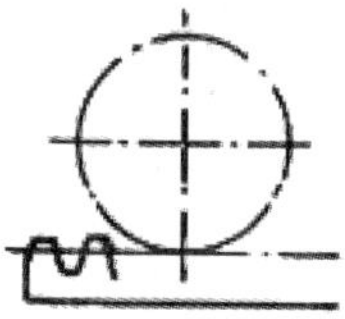	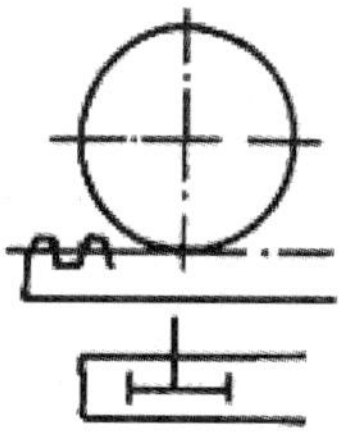

续表

名称	实物图形	基本符号	可用符号
原动机 (a) 通用符号（不指明类型） (b) 电动机（一般符号） (c) 装在支架上的电动机			

2.1.3 机构运动简图的绘制

绘制机构运动简图的一般步骤为：

（1）分析机构的运动，找出组成机构的机架、原动件和从动件，并确定原动件的运动方向。

（2）沿着运动传递路线，逐一分析各构件间相对运动的性质，确定运动副的类型和数目。

（3）合理选择运动简图的视图平面，通常可选择机构运动的一般位置和运动所在的平面为视图平面。必要时也可选择两个或两个以上的视图平面，然后将其绘制到同一平面上。

（4）选择适当的比例尺，确定各运动副的相对位置，并用运动副的代表符号、常用机构的运动简图符号和简单的线条绘制机构运动简图。从原动件开始，按传动顺序标出各构件的编号和运动副代号。在原动件上标出箭头以表示其运动方向。

常用的长度比例尺为：u_1=构件的实际尺寸 / 构件的图样尺寸（m/mm 或 mm/mm）。

例 2-1 绘出图 2-5（a）所示液压泵的机构运动简图。

解：（1）分析机构的组成和工作原理。泵的原动件为偏心轴 1，其几何轴线绕固定轴线 *A* 做圆周运动。圆套 2 空套在偏心轴 1 上，可相对转动。隔板 3 的下端呈圆弧状与构件 2 铰接，通过隔板 3 把泵内空间分隔为Ⅰ、Ⅱ两腔。工作时，Ⅰ、Ⅱ两腔的压力发生变化，形成吸液和排液过程。

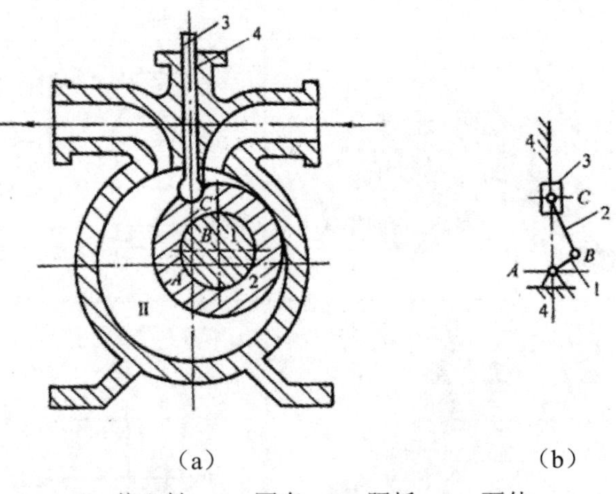

1—偏心轴；2—圆套；3—隔板；4—泵体

图 2-5　液压泵及其运动简图

（2）分析各联接构件之间相对运动的性质，确定各运动副的类型。泵体 4 为机架，偏心轴 1 为原动件，构件 2、3 为从动件。偏心轴 1 与泵体 4 以 A 点为中心构成转动副；圆套 2 与偏心轴 1 以 B 点为中心构成转动副，同时又与隔板 3 以 C 点为中心构成转动副；隔板 3 与泵体 4 构成移动副，移动的导路可由其转动副中心 C 的轨迹线表示。偏心轴上两转动副之间的距离 l_{AB} 为其运动尺寸，l_{BC} 为圆套的运动尺寸。

（3）选择液压泵的图示位置为视图平面，根据各构件的运动尺寸，确定适当的比例尺，用规定的运动简图符号绘制出机构运动简图，如图 2-5（b）所示。

特别要指出的是，在计算机技术飞速发展和计算机应用日益普及的今天，利用计算机绘制机构运动简图不仅非常方便，而且可以通过动态仿真来观察机构的运动情况。

2.2　静力分析基本概念

2.2.1　力的概念

力是物体间相互的机械作用。这种作用的效应是使物体的运动状态发生变化，同时使物体的形状发生变化。前者称为力的外效应或运动效应，后者称为力的内效应或变形效应。静力学部分仅研究力的外效应。

若将两物体间相互作用力之一称为作用力，另一个则称为反作用力，且作用力与反作用力等值、反向、共线，分别作用于两个相互作用的物体上。力学上习惯于将作用力与反作用力用同一字母表示，在反作用力上加“′”以示区别。如图 2-6 所示，若绳对重物的拉力 F_1 为作用力，则绳所受的力 F_1'为反作用力。

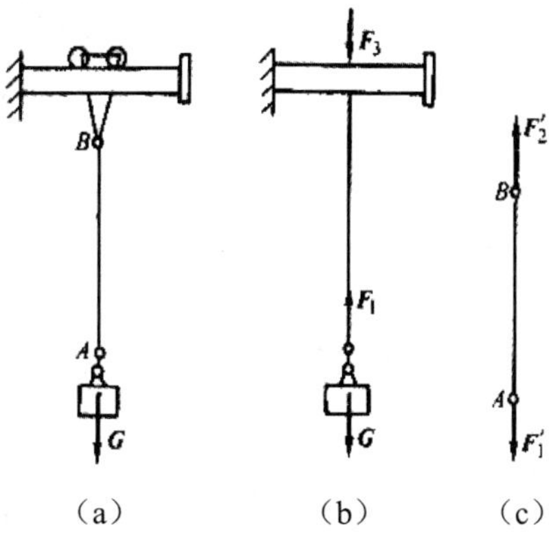

图 2-6　作用力与反作用力

实践表明，力对物体的作用效应取决于力的大小、方向和作用点，这三个因素称为力的三要素。

只有大小的量称为标量，如长度、时间、重量都是标量。既有大小又有方向的量称为矢量，如力和速度都是矢量。

力是矢量，用一有向线段表示，如图 2-7 所示，线段 AB 的长度按一定比例画出，表示力的大小，线段的方位和指向表示力的方向，线段的起点 A 或终点 B 表示力的作用点，故力是矢量。本书中用黑体字母表示矢量，如 **F** 表示一个力矢量；而用相应的明体字母表示该矢量的大小，如 F 表示这个力的大小。通过力的作用点沿力的矢量方位画出的直线 KL，称为力的作用线。

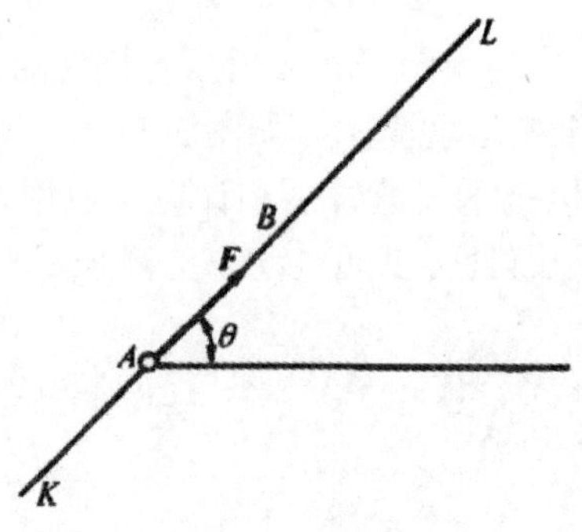

图 2-7　力的表示

我国法定计量单位规定，力的单位是牛顿或千牛顿，简称为牛（N）或千牛（kN），其换算关系为 1kN=1000N。

2.2.2　刚体的概念

在日常生活和工程实际中，许多物体在力的作用下，其变形一般都很小。在大多数情况下，物体的微小变形与其实际尺寸相比很小。在所研究的力学问题中，如忽略这种变形而不会产生较大的误差时，就可以把这个物体抽象化为刚体，从而使研究的问题简化。所谓刚体，是指在外力的作用下，大小和形状始终保持不变的物体。刚体是从实际物体抽象得来的一种理想的力学模型。

必须指出，在所研究的问题中，当变形因素转化为主要因素时，如在研究力所产生的内效应时，就不能再把物体视为刚体了。

2.2.3　静力学基本公理

公理是人类在长期的实践中所积累的经验，经过抽象、归纳出来的客观规律。静力学公理是关于力的基本性质的概括和总结，是静力学以及整个力学的理论基础。

公理一：二力平衡公理

作用于同一刚体上的二力使刚体平衡的必要与充分条件是：此二力大小相等、方向相反且作用于同一直线上。

该公理是关于平衡的最简单、最基本的性质，是各种力系平衡的理论依据。

凡是只在两个点受力，且不计自重的平衡物体称为二力构件或二力杆。由二力平衡公理可知，无论二力杆是直的还是弯的，其所受的二力必沿两受力点的连线且等值反向。如图 2-8（a）中的 BC 杆就是二力杆，其受力如图 2-8（b）所示。

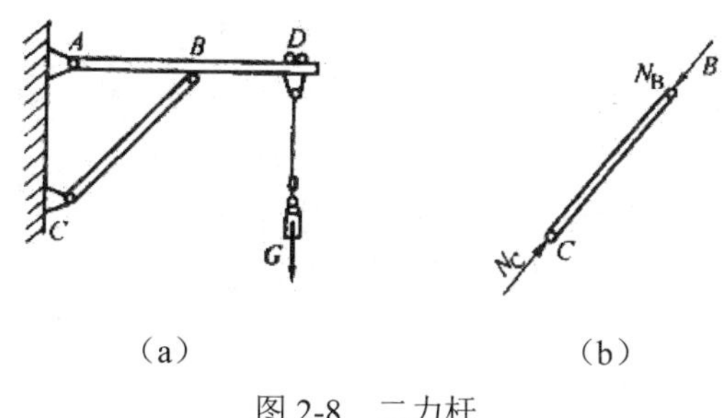

（a） （b）

图 2-8 二力杆

公理二：加减平衡力系公理

在作用于刚体上的已知力系中，加上或减去任意一个平衡力系，并不改变原力系对刚体的作用效应。

如图 2-9 所示，力 F 作用于 A 点，若在其作用线上的任意一点 B 处加上一等值、反向的平衡力系 F'和 F''，且 $F'=F''=F$，根据加减平衡力系公理，此时力系对刚体的作用效应不变。由于 F'' 与 F 也构成平衡力系，同理去掉 F'' 与 F 也不改变力系对刚体的作用效应，于是刚体就只受余下的 F'的作用，且与 F 等效。由此可得到如下推论：

力的可传性原理：作用于刚体上的力，可沿其作用线移至刚体上的任一点，而不改变它对刚体的作用效应。

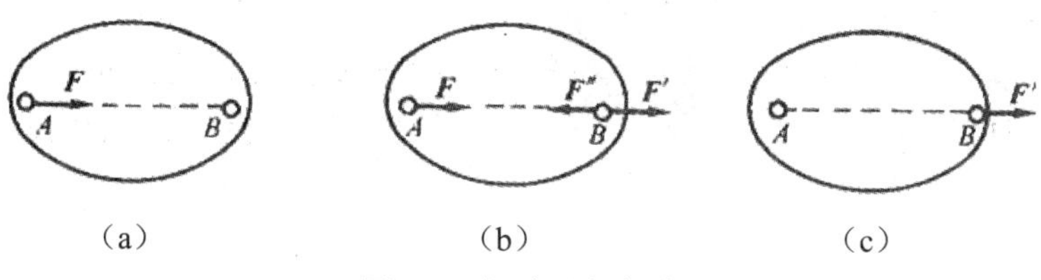

（a） （b） （c）

图 2-9 加减平衡力系

公理二及其推论是力系等效变换的依据。由力的可传性原理可知，对于刚体而言，力的三要素为：力的大小、方向、作用线。

需要说明的是，公理一、二及其推论仅适用于刚体。

公理三：力的平行四边形法则

作用于物体上的同一点的两个力的合力仍作用于该点，其大小和方向由以此二力为邻边所构成的平行四边形的对角线来表示。

在图 2-10 中，分力 $\boldsymbol{P}_1$、$\boldsymbol{P}_2$ 以矢量 AB、AC 表示，平行四边形 $ABCD$ 的对角线 AD 就表示合力 $\boldsymbol{R}$，这个公理表明矢量加法法则，可用矢量等式表示为：$\boldsymbol{R}=\boldsymbol{P}_1+\boldsymbol{P}_2$。

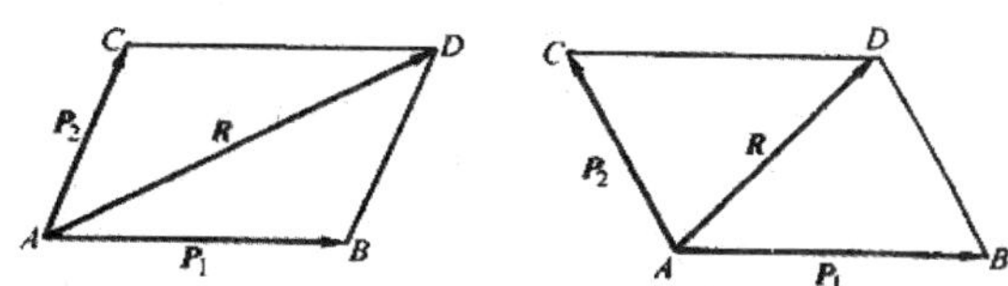

图 2-10 平行四边形法则

应该注意：矢量等式中的矢量都应该写成黑体字，矢量等式的意义不同于数量等式 $R=$

P_1+P_2，因为数量相加是代数和，而矢量相加则是几何和。

平行四边形法则又称为矢量加法，它不仅适用于力的合成，对所有矢量（如速度等）的合成均适用。

该公理是力系简化的基本依据。由公理三可得出如下推论：

三力平衡汇交定理：刚体受三个共面但不平行的力作用而处于平衡时，此三个力的作用线必然汇交于一点。

公理四：作用与反作用公理

两物体间的相互作用力总是大小相等、方向相反、沿同一直线，且分别作用在这两个物体上。

该公理说明，力总是成对出现的，有作用力就必有反作用力，二者同时存在同时消失。作用力和反作用力分别作用在两个物体上，与二力平衡有本质的区别。

为了说明公理四与公理一的区别，对放在地面上的重物的受力情况进行分析，如图 2-11 所示。

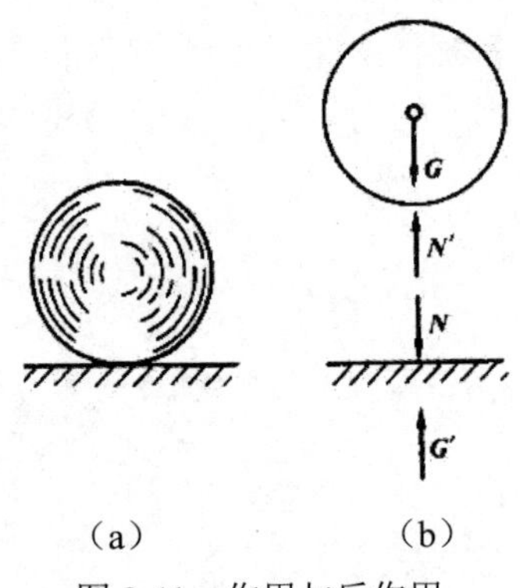

图 2-11　作用与反作用

重物受到地球的吸引，地球给重物以作用力 G（即重力），重物必以反作用力 G'（也就是重物对地球的吸引力）作用于地球。这两个力 G 和 G'符合公理四。重物压地面的作用力 N 作用在地面，地面必有反作用力 N'承重物，这两个力 N 和 N'也符合公理四。重物是受力 G 和 N' 作用而平衡，这是符合公理一。地球受力 N 和 G'作用而平衡，这也是符合公理一的。

还应注意，作用力和反作用力的关系只存在于相互作用的两个物体之间，而与第三者无关。因此，分析物体受力时，应判明作用力和反作用力是发生在哪两个物体之间。

2.3　力矩和力偶

2.3.1　力矩

1. 力对点之矩

如图 2-12 所示，当我们用扳手拧螺母时，力 F 使螺母绕 O 点转动的效应不仅与力 F 的大小有关，而且还与转动中心 O 到 F 的作用线的距离 d 有关。实践表明，转动效应随 F 或 d 的增加而增强，可用 F 与 d 的乘积来度量。另外，转动效应与转动方向有关，为了表示不同的转动方向，在乘积前加上适当的正负号。其正负号的规定为：力使物体绕矩心逆时针转动时，取正号；反之，取负号。

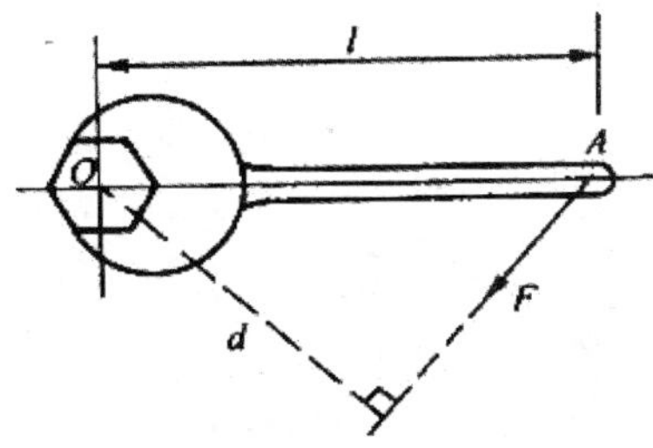

图 2-12　力对点之矩

为度量力使物体绕某点（矩心 O）转动的效应，以力 F 对 O 点之矩表示，简称力矩，记作 $M_O(F)$，即

$$M_O(F) = \pm Fd \tag{2-1}$$

力对点之矩是一个代数量，其单位为牛顿米（N • m）或千牛顿米（kN • m）。

由力矩的定义可知，力矩具有以下性质：

（1）力矩的大小和转向与矩心位置有关，同一力对不同矩心的力矩不同。

（2）力沿其作用线滑移时，力对点之矩不变，因为力的大小、方向未变，力臂也未变。

（3）当力的作用线通过矩心时，力臂为零，力矩也为零。

2. 合力矩定理

可以证明，若

$$\boldsymbol{R} = \boldsymbol{F}_1 + \boldsymbol{F}_2 + \cdots + \boldsymbol{F}_n$$

则

$$M_O(R) = M_O(F_1) + M_O(F_2) + \cdots + M_O(F_n) \tag{2-2}$$

即合力对平面内任意一点之矩，等于各分力对同一点之矩的代数和。此关系称为合力矩定理。该定理不仅适用于平面汇交力系，而且对任何有合力的力系都成立。

3. 力对点之矩的求法

求力对点之矩的方法一般有以下两种：

（1）由式（2-1）直接求出。这种方法的关键是求力臂 d。需要特别注意的是，力臂是矩心到力的作用线的距离，而点到线段的距离是垂线段的长度，即力臂一定要垂直于力的作用线。

例 2-2　如图 2-13 所示，已知 F_1=40N，F_2=30N，F_3 =50N，F_4=40N，OA=0.5m, 试求图中各力对 O 点之矩。

解：各力的力臂分别为：

$d_1=OA \cdot \cos30° = 0.5\times0.866 = 0.433\text{m}$

$d_2=OA \cdot \sin30° = 0.5\times0.5 = 0.25\text{m}$

$d_3=OA \cdot \sin75° = 0.5\times0.966 = 0.483\text{m}$

$d_4=0$

由式（2-1）得，各力对 O 点之矩分别为：

$$M_O(F_1) = F_1 d_1 = 40\times0.433 = 17.3\,\text{N}\cdot\text{m}$$

$$M_O(F_2) = -F_2 d_2 = -30\times0.25 = 7.5\,\text{N}\cdot\text{m}$$

$$M_O(F_3) = -F_3 d_3 = -50 \times 0.483 = -24.2\,\text{N}\cdot\text{m}$$

$$M_O(F_4) = F_4 d_4 = 40 \times 0 = 0$$

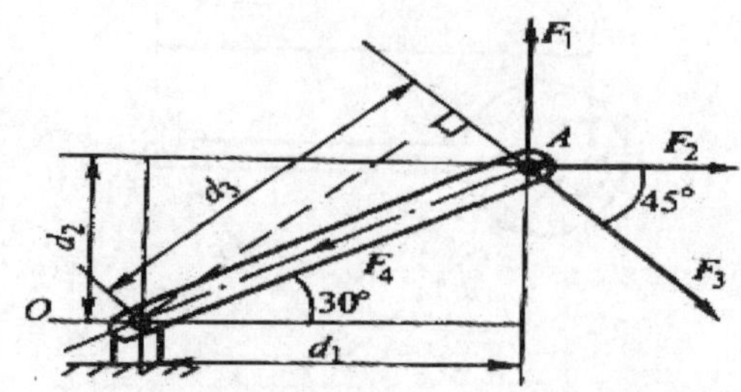

图 2-13　力对点之矩的直接求法

（2）用合力矩定理求出。在计算力矩时，有时力臂的计算较繁琐，可将力分解为两个互相垂直的分力，分别求出分力对矩心之矩，然后，应用合力矩定理求原力对矩心之矩。采用这种方法时，应选择图中标出力臂值或力臂值容易求出的方向对力进行分解，这样才能简化计算过程。

例 2-3　如图 2-14（a）所示，圆柱齿轮的齿面受一啮合角 α=20°的法向压力 P=1kN，齿轮分度圆直径 D=60mm，试求力 P 对轴心 O 之矩。

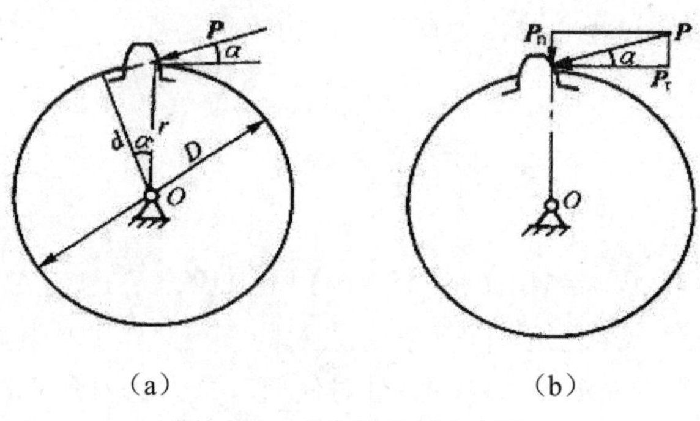

（a）　　　　（b）

图 2-14　合力矩定理求力矩

解一：如图 2-14（a）所示，根据定义可得

$$d = r\cos\alpha = D/2\cos\alpha = 60\times10^{-3}/2\cos20^\circ = 28.2\times10^{-3}\,\text{m}$$

由力对点之矩的定义式得

$$M_O(P) = Pd = 1\times10^3\times28.2\times10^{-3} = 28.2\,\text{N}\cdot\text{m}$$

解二：根据合力矩定理，将力 P 沿分度圆的切向和法向分解，如图 2-14（b）所示，有

$$P_\tau = P\cos\alpha$$

$$P_\text{n} = P\sin\alpha$$

显然，$M_O(P_n)=0$（P_n 通过 O 点，力臂为零），就有

$$M_O(P) = M_O(P_n) + M_O(P_\tau) = M_O(P_\tau) = P\cos20^\circ\times r = 28.2\,\text{N}\cdot\text{m}$$

2.3.2　力偶及力偶矩

作用在同一物体上，大小相等、方向相反、作用线平行的一对平行力系称为力偶，记作

(F,F')。力偶中两个力的作用线之间的垂直距离 d 称为力偶臂，两个力所在的平面称为力偶的作用面。

在工程实际和日常生活中，物体受力偶作用而转动的现象十分常见，例如司机两手转动方向盘[图 2-15（a）]，双手用丝锥攻丝[图 2-15（b）]，用两个手指拧动水龙头、开门锁等所施加的都是力偶。

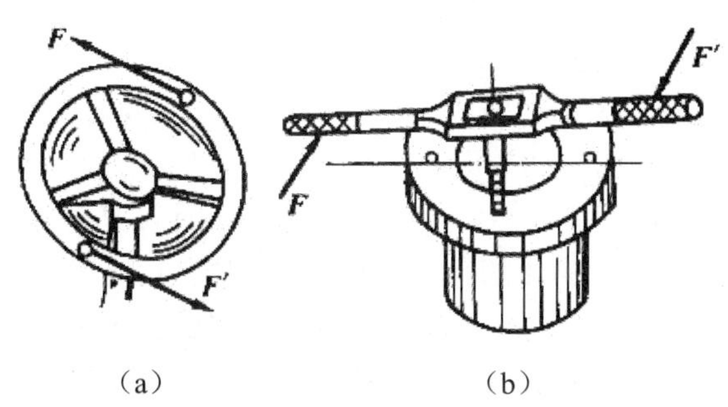

图 2-15 力偶

力偶中的两个力不满足二力平衡条件，不能平衡，也不能对物体产生移动效应，只能对物体产生转动效应。而且，力偶对物体的转动效应与力的大小 F 和力偶臂 d 的大小有关，用二者的乘积 $F\cdot d$ 冠以适当的正负号所得的物理量来度量力偶对物体的转动效应，称之为力偶矩，记作 $M(F,F')$或 M，即

$$M(F,F') = \pm F\cdot d \tag{2-3}$$

在平面内，力偶矩与力矩一样，也是代数量，正负号表示力偶的转向，其规定与力矩相同，即逆时针转向为正，反之为负。力偶的单位与力矩相同，常用的有 N•m 和 kN•m。力偶对物体的转动效应取决于力偶矩的大小、转向和力偶的作用面的方位，这称为力偶的三要素。改变任何一个要素，力偶的作用效应就会改变。

1. 力偶的性质

可以证明，力偶具有以下性质：

（1）力偶在任意坐标轴上的投影为零。如图 2-16 所示，在力偶作用面内任取一坐标轴 x，力偶的两个力在 x 轴上的投影的代数和为：

$$\sum F_x = -F\cos\alpha + F'\cos\alpha = 0$$

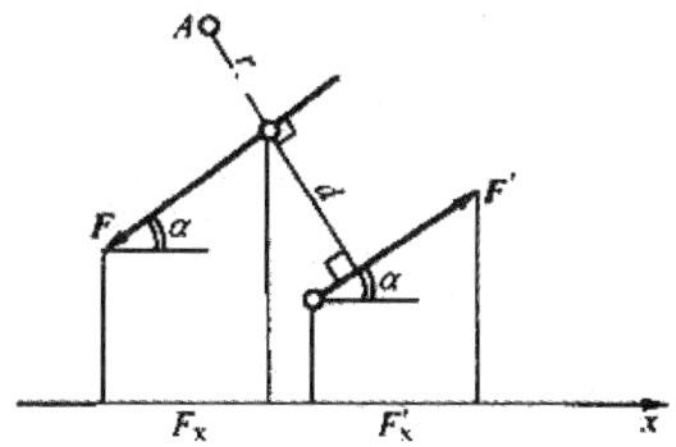

图 2-16 力偶在坐标轴上的投影

可见，力偶无合力，即不能与一个力等效，也不能与一个力平衡，力偶只能与力偶来平衡。力偶和力是组成力系的两个基本物理量。

（2）力偶对其作用面内任意一点之矩，恒等于其力偶矩，而与矩心的位置无关。例如图 2-16 中的力偶(F,F')的力偶矩为$M=F\cdot d$，在力偶作用面内任取一点 A 为矩心，力偶对 A 点之矩为：

$$M_A(F')+M_A(F)=F'(d+r)-F\cdot r=F'\cdot d=M$$

（3）凡是三要素相同的力偶，彼此等效，可以相互替代。力偶的这一性质称为力偶的等效性。由力偶的等效性，可以得出以下两个推论：

推论一：力偶对物体的转动效应与它在作用面内的位置无关，力偶可以在其作用面内任意移动或转动，而不改变它对物体的转动效应。

推论二：在保持力偶矩的大小和转向不变的情况下，可同时改变力偶中力的大小和力偶臂的长短，而不改变它对物体的转动效应。

应当注意：力偶的等效性及其推论，只适用于刚体，而不适用于变形体。

在平面力系中，由于力偶对物体的转动效应完全取决于力偶矩的大小和转向，因此，在表示力偶时，没有必要表明力偶的具体位置以及组成力偶的力的大小、方向和力偶臂的值，仅以一个带箭头的弧线来表示，并标出力偶矩的值即可，如图 2-17 所示。

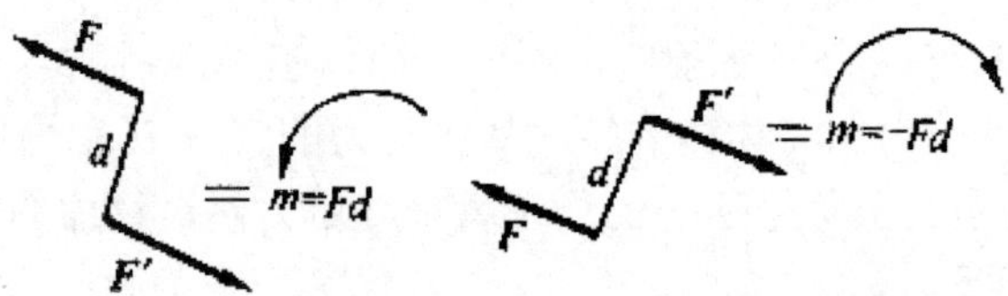

图 2-17　力偶的等效

2. 平面力偶系的合成

作用于同一物体上的若干个力偶组成一个力偶系，若力偶系中各力偶均作用在同一平面，则称为平面力偶系。

可以证明，平面力偶系合成的结果为一合力偶，其合力偶矩等于各分力偶矩的代数和，即

$$M=M_1+M_2+\cdots+M_n=\sum M_i \qquad (2\text{-}4)$$

例 2-4　如图 2-18 所示，某物体受三个共面力偶的作用，已知 F_1=9kN，d_1=1m，F_2=6kN，d_2=0.5m，M_3=－12kN·m，试求其合力偶。

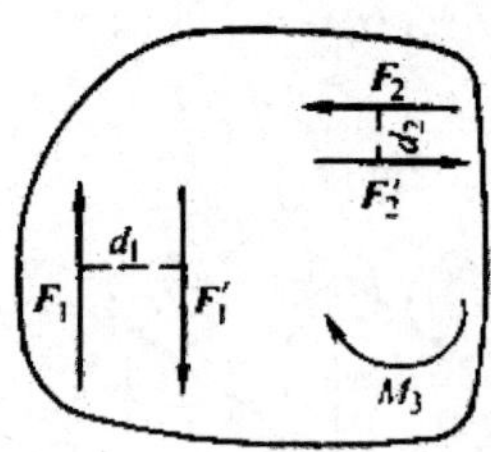

图 2-18　三个共面力偶

解：由式（2-1）得：

$$M_1=-F_1d_1=-9\times1=-9\,\text{kN}\cdot\text{m}$$
$$M_2=F_2d_2=6\times0.5=3\,\text{kN}\cdot\text{m}$$

合力偶矩为：

$$M = M_1 + M_2 + M_3 = -9 + 3 - 12 = -18\ \text{kN} \cdot \text{m}$$

因此，此力偶系的合力偶是一个顺时针转向、力偶矩大小为 18kN・m 的力偶。

2.3.3　力的平移定理

如图 2-19 所示，当力 F 作用于轮子的 A 点并通过其轮心 O 时，轮子并不转动；而力 F 的作用线平移至 B 点后，轮子则转动。显然，力的作用线从 A 点平移到 B 点后，其效应发生了改变。

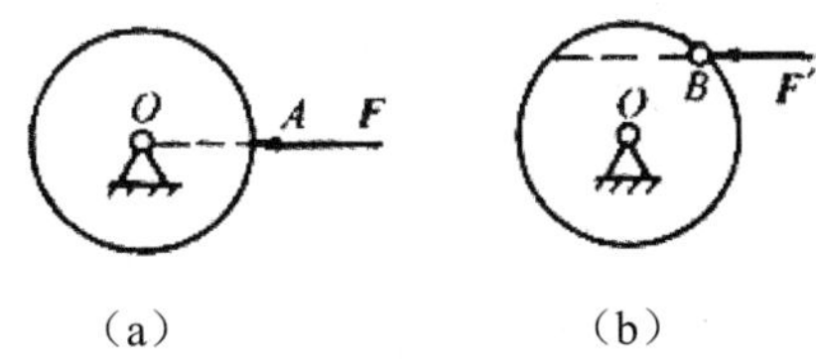

图 2-19　力的平移效果

可以证明，将作用于刚体上的力平移到刚体内任意一点，而又不改变它对刚体的作用效应时，必须附加一个力偶才能与原力等效，附加力偶的力偶矩等于原力对平移点之矩，此即为力的平移定理。

如图 2-20 所示，将作用于刚体上 A 点的力 F 平移到平面内任意一点 O，而又不想改变它对刚体的作用效应，可以在 O 点加上一对平衡力 F'和 F''，且令 $F' = F'' = F$，由于在力系中加上或减去一个平衡力系不会改变对刚体的作用效应，因此，力系 F'、F''、F 的共同作用效应与力 F 单独作用的效应是相同的，而 F'和 F''可组成一个力偶(F，F'')，其力偶矩为：

$$M(F,F'') = M_O(F) = F \cdot d$$

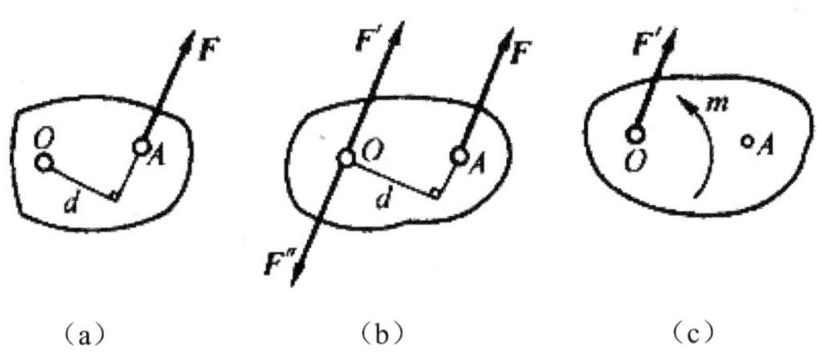

图 2-20　力的平移定理

而作用在 O 点的力 F'与作用于 A 点力的大小相等、方向相同、作用线平行，于是把力 F 从 A 点平移到了 O 点，同时附加了一个力偶。

应用力的平移定理时必须注意：

（1）力的作用线平移时所附加的力偶矩的大小、转向与平移点的位置有关。

（2）力的平移定理只适用于刚体，对变形体不适用，并且力的作用线只能在同一刚体内平移，不能移到另一刚体。

（3）力的平移定理的逆定理也成立。

力的平移定理不仅是力系简化的依据，也是分析力对物体作用效应的一个重要方法，能解释许多工程中和生活中的现象。例如用丝锥攻丝时，为什么单手操作时容易断锥或攻偏；打乒乓球时，为什么搓球能使乒乓球旋转等。

2.3.4 约束类型与约束反力

1. 约束的概念

在空间中可以自由运动的物体，如空中飞行的飞机、炮弹等，称为自由体。如果物体的运动或运动趋势受到周围物体的限制，使其在某些方向上不能运动，则称这类物体为非自由体。如列车只能沿轨道行驶，门、窗由于合页的限制只能绕固定轴转动等，所以列车、门、窗就是非自由体。

在工程实际中，每个构件都以一定的形式与周围物体相联接，因而其运动受到一定的限制。凡是对非自由体的运动起限制作用的其他物体，称为该非自由体的约束。例如放在地面上的物体，其向下的运动受到地面的限制，地面就是物体的约束。

约束之所以能限制被约束物体的运动，是因为约束对被约束物体有力的作用。约束作用于被约束物体的力称为约束反力，简称约束力或反力。约束力的方向总是与约束限制物体运动的方向相反，约束力的作用点在约束与被约束物体的接触处。

作用在物体上促使物体运动或有运动趋势的力，称为主动力，如重力、风力、水压力和物体所受的推力、拉力等都是主动力。主动力在工程中也称为载荷。

2. 工程中常见的约束及其反力的特点

（1）柔性约束。由柔软的绳索、胶带、链条等所形成的约束，称为柔性约束。柔性约束的约束力只能是拉力，方向沿着柔性体的中心线且背离被约束物体，作用点在接触点处。例如用钢丝绳吊起一减速器箱盖，如图 2-21（a）所示，钢丝绳对减速器箱盖的约束力 F_B、F_C 分别作用于 B、C 两点，沿着钢丝绳中心线而背离减速器箱盖。链条或皮带也只能承受拉力，当它们绕过轮子时，如图 2-21（b）所示，约束力沿轮缘的切线方向。

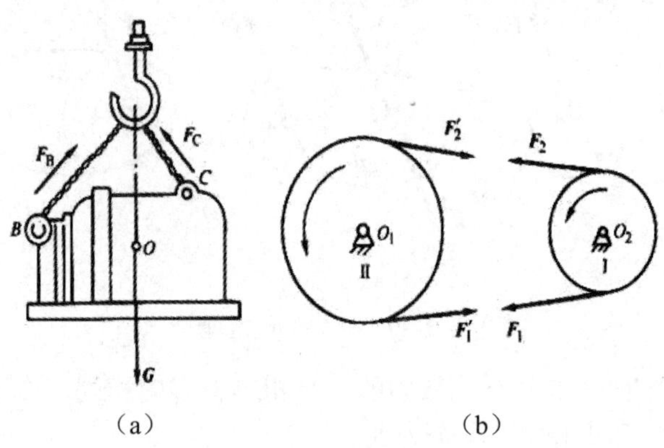

（a）　　　　（b）

图 2-21　柔性约束

（2）光滑面约束。当两个物体的接触面被视为理想光滑时，不论支承面的形状如何，只能限制物体沿着接触面的公法线而指向支承面的运动。所以光滑面约束的约束力作用在接触处，方向沿着接触面在接触处的公法线并指向被约束的物体，即物体受压力。图 2-22（a）表示圆球受光滑面约束，约束力沿接触处的公法线指向球心；图 2-22（b）表示齿轮啮合时一个轮齿受到约束；图 2-22（c）表示物体受光滑地面约束；图 2-22（d）表示直杆 A、B、C 三处受到的约束。这类约束力又称为法向反力。

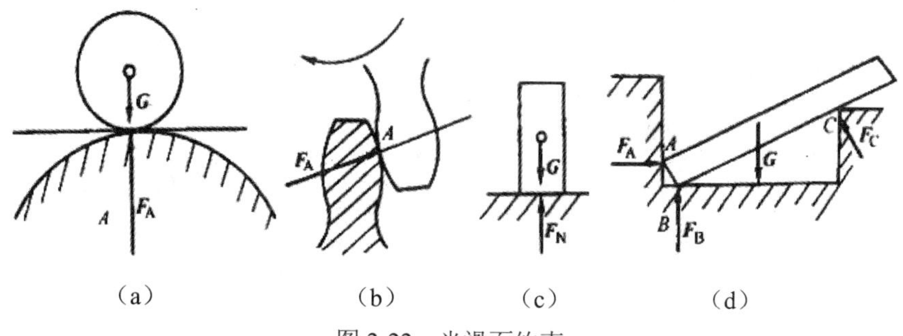

图 2-22 光滑面约束

（3）铰链约束。

1）中间铰链。图 2-23（a）所示的圆柱销钉限制了所连接构件的相对移动，不限制构件绕销钉轴线的相对转动，这种约束称柱形铰链约束，其运动简图如图 2-23（b）所示。通常用来连接两个或两个以上构件且处在结构物的内部的铰链约束称为中间铰链。

2）固定铰支座。将圆柱销钉连接的两构件中的一个固定起来的铰链约束称为固定铰支座，如图 2-23（c）所示。起重机与机架的连接、钢桥架同固定支承面的连接就应用了这种支座。这种约束限制了构件的移动，不限制构件绕圆柱销的转动。

图 2-23（d）所示的圆柱销与销孔，构件在主动力作用下是两个圆柱光滑面的点接触，其约束力必沿接触点的公法线过铰链的中心。由于主动力的作用方向不同，构件销钉的接触点就不同，所以约束力的方向不能确定。

中间铰链和固定铰支座约束的约束力过铰链的中心，方向不确定，通常用两个正交的分力 F_{Nx}、F_{Ny} 来表示，如图 2-23（b）和图 2-23（e）所示。

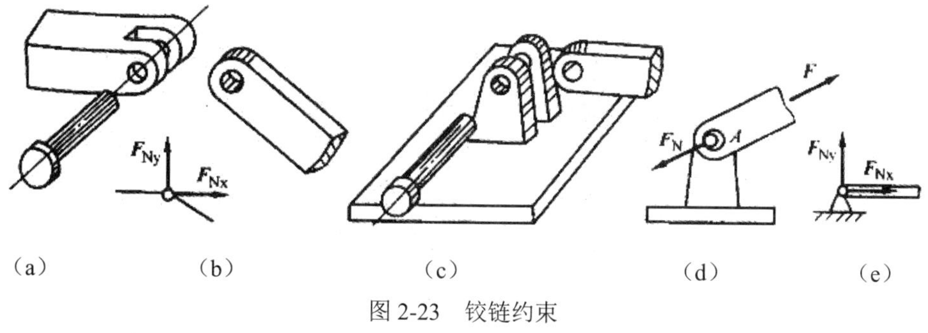

图 2-23 铰链约束

当中间铰链或固定铰链连接的是二力构件时，其约束力的作用线可由二力平衡条件确定，如图 2-24 所示，不用两正交分力表示。

3）活动铰支座。如图 2-25（a）所示，在铰支座的下边安装上辊轴的称为活动铰支座。活动铰支座只限制构件沿支承面法线方向的移动，所以活动铰支座约束力的作用线过铰链中心，垂直于支承面，指向未知，用符号 F_N 表示。图 2-25（b）为活动铰支座的几种力学简图及约束力的画法。

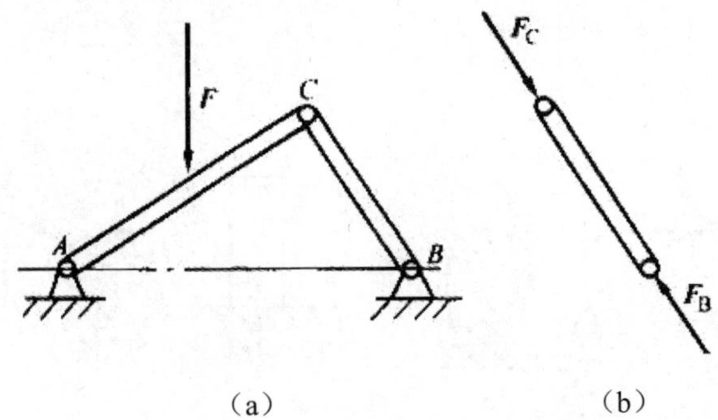

（a）　　　　　　（b）

图 2-24　二力杆受铰链约束的表示

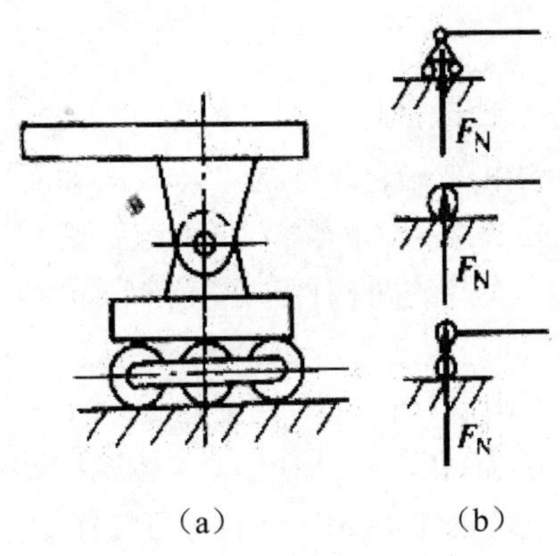

（a）　　　（b）

图 2-25　活动铰约束

图 2-26（a）所示的杆件 A、B 两端分别为固定铰支座和活动铰支座，在主动力 F 作用下其约束力如图 2-26（b）所示。

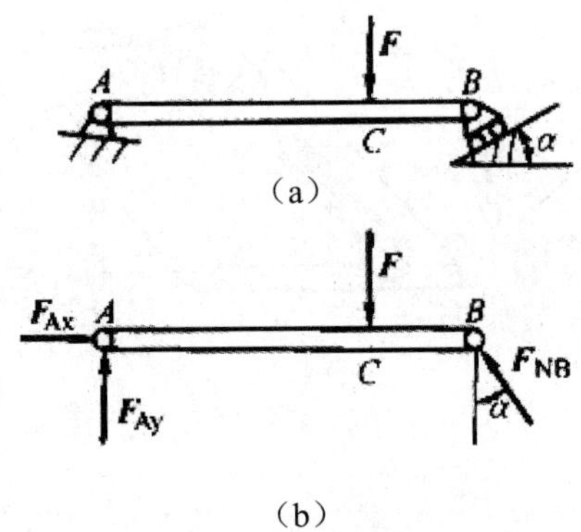

（b）

图 2-26　简支梁受力

4）空间球铰链。空间球铰链是固连于物体的球嵌入另一物体上的球窝面内构成的一种约束，如图 2-27（a）所示。这种铰链在空间问题中的应用比较广泛。例如机床上照明灯具的固定、汽车上变速操纵杆的固定以及照相机与三脚架之间的接头等。在不计摩擦的情况下，构成铰链的两个物体之间是光滑面接触，物体只能绕球心相对转动，因而约束力必通过球心且垂直于球面（即沿半径方向）。由于预先不能确定接触点的位置，故约束力在空间的方位不能确定。

图 2-27（b）所示是球铰链简图的表示方法。约束力一般以三个正交分量 F_{Ax}、F_{Ay}、F_{Az} 来表示。

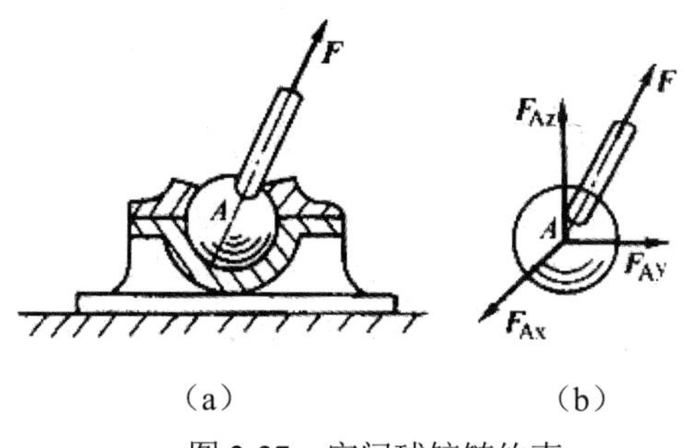

（a）　　　　（b）

图 2-27　空间球铰链约束

5）固定端约束。固定端约束是工程中常见的一种约束类型，如图 2-28（a）和图 2-28（b）所示，一端牢固地嵌入墙内的物体 *AB* 和夹紧在刀架上的车刀等。这种约束能限制物体在平面内任意方向的移动和转动。

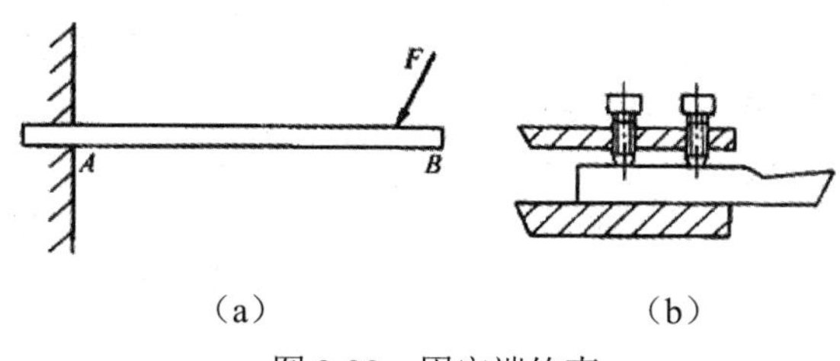

（a）　　　　（b）

图 2-28　固定端约束

图 2-29（a）所示是固定端约束的计算简图。*A* 端约束既能限制杆 *AB* 的移动，也能限制其转动，所以固定端 *A* 点的约束力有一个 F_A 和一个反力偶 M_A，F_A 的方向一般不能预先确定，可分解为 F_{Ax}、F_{Ay} 两正交分力，M_A 的转向事先无法确定，可先假设，如图 2-29（b）和图 2-29（c）所示。

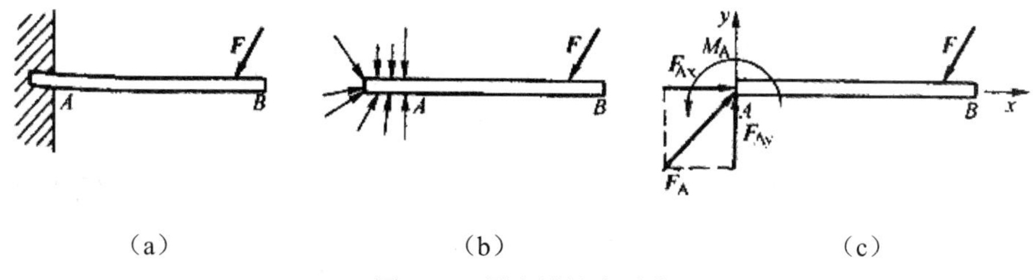

（a）　　　　（b）　　　　（c）

图 2-29　固定端约束受力

（4）轴承。

1）径向轴承。如图 2-30（a）所示，径向轴承只能限制轴沿径向的移动，其计算简图如图 2-30（b）所示。

2）推力轴承。如图 2-31（a）所示，推力轴承一般用来支承轴并限制轴沿轴向及径向的移动。不考虑摩擦时，轴径与轴承的接触实际上也是光滑面接触，但由于接触点随着轴的转动不能预先确定，故约束力在空间的方位也就不能确定。其约束力一般用三个正交分力 F_x、F_y、F_z 来表示，如图 2-31（b）所示。

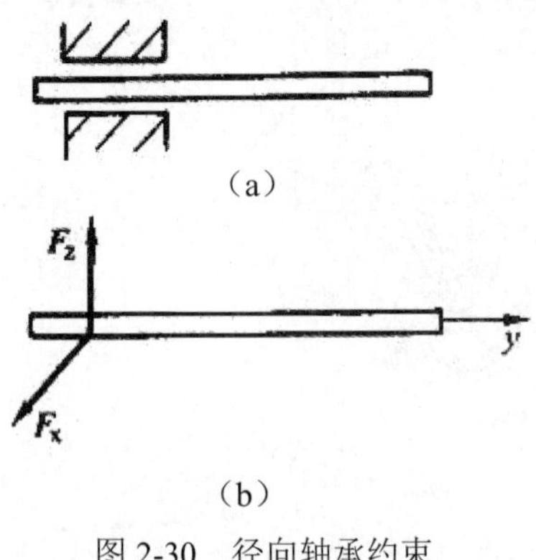

图 2-30 径向轴承约束

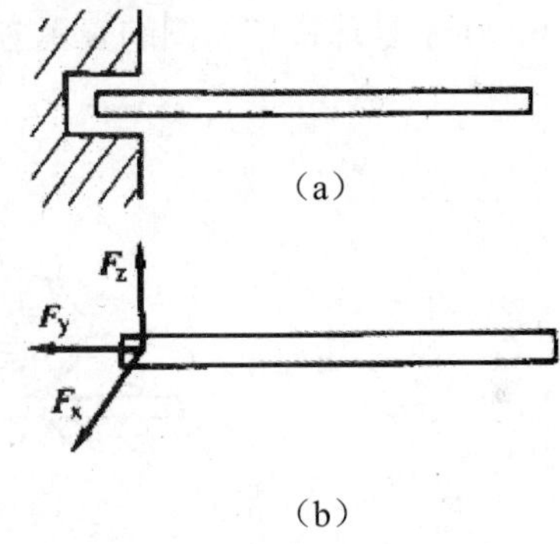

图 2-31 推力轴承约束

2.3.5 物体的受力分析

1. 物体的受力分析

在对物体进行力学分析时，首先要明确研究对象，然后分析研究对象受到哪些力的作用及各力作用线的位置，这一过程称为物体的受力分析。

进行受力分析时，必须先解除研究对象的全部约束（即从与它相联系的周围物体中分离出来），并单独画出其轮廓图，这一步骤称为取分离体（隔离体）。然后将研究对象受到的全部主动力和约束力画在分离体图上，得到表示物体受力情况的简明图形，称为研究对象的受力图。

画受力图的步骤如下：

（1）明确研究对象，画出分离体。

（2）在分离体上画出全部主动力。

（3）在分离体上画出全部约束力。

恰当地选取研究对象、正确地分析其受力并画出受力图是解决力学问题的关键步骤，必须认真对待，反复练习，熟练掌握。

2. 单个物体的受力图

例 2-5 一运货小车由钢绳牵引沿轨道匀速上升。小车和货物共重为 G，重心在 C 点，如图 2-32（a）所示。略去摩擦及钢绳重量，试画出运货小车的受力图。

解：取小车为研究对象，解除约束。小车和货物的重力 G 作用在重心处，方向铅垂向下。约束力有钢绳的拉力 F，方向沿钢绳中心线背离小车；轨道的法向反力 F_A、F_B，沿接触处的公法线指向小车。小车的受力图如图 2-32（b）所示。

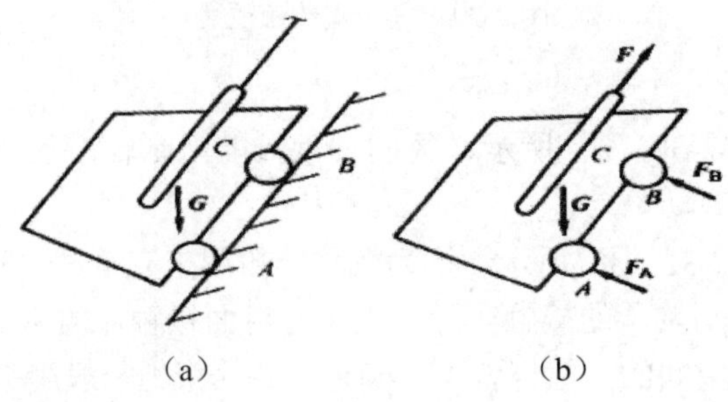

图 2-32 小货车受力分析

例 2-6　物体 AB 的 A 端为固定铰支座，B 端为活动铰支座，中点 C 受力 F 作用，如图 2-33（a）所示。不计物重，试画出 AB 的受力图。

解：取物体 AB 为研究对象，解除约束，将 AB 单独画出。C 点作用有主动力 F；B 端为活动铰支座，其约束力作用线必垂直于支承面，其指向可假设；A 端为固定铰支座，其约束力用两个互相垂直的分力 F_{Ax}、F_{Ay} 表示，其指向可假设，如图 2-33（b）所示。

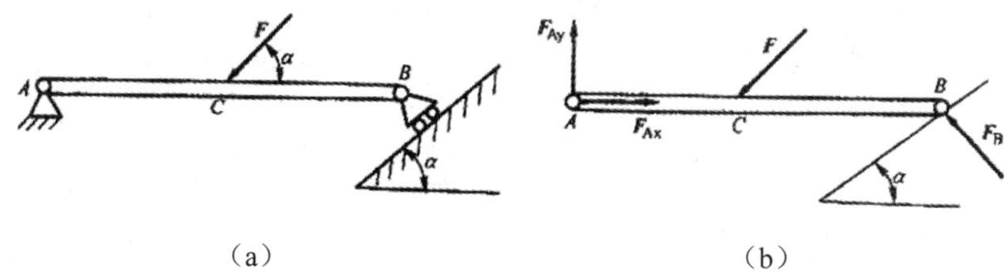

图 2-33　简支梁受力分析

3. 物体系统的受力图

所谓物体系统，就是由几个物体以适当的约束互相联系所组成的系统，简称为物系。图 2-34（a）所示的三铰拱即是由左半拱 AC 和右半拱 CB 通过铰链 C 连接，并在 A、B 处用固定铰支座支承而组成的物系。

在研究物系的受力时，把物系以外的物体作用于物系的力称为物系的外力，如图 2-34（b）中的主动力 F_1、F_2 和约束力 F_{Ax}、F_{Ay}、F_{Bx}、F_{By} 都是外力；把物系内各物体间相互作用的力，称为物系的内力。对物系而言，内力总是成对出现的，无须画出。如图 2-34（b）所示，取物系 ABC 整体为研究对象时，铰链 C 处左右两半拱间相互的作用力与反作用力是物系的内力，并在 C 点形成一对平衡力，根据加减平衡力系公理，该对约束力不必画出。但需指出，内力和外力是相对的。当取物系中某一物体为研究对象时，物系中其他物体对该物体的作用力就转化为外力。如取左半拱 AC 为研究对象时，铰链 C 处的内力就转化为外力 F_{Cx}、F_{Cy}，如图 2-34（c）所示。

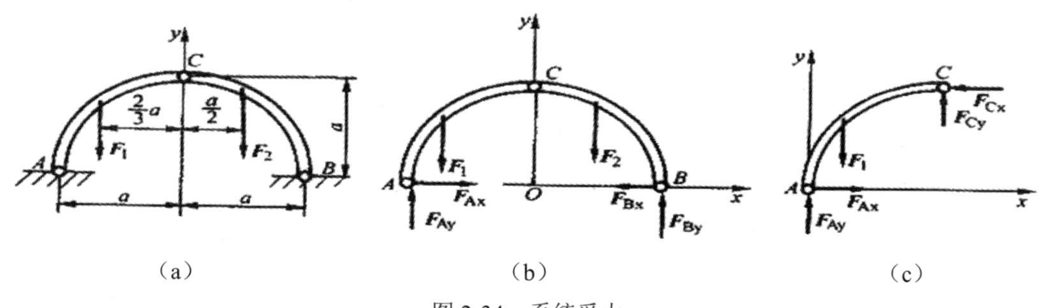

图 2-34　系统受力

例 2-7　如图 2-35（a）所示的三铰拱桥，由左、右两半拱铰接而成，设各半拱自重不计，在半拱 AC 上作用有载荷 F。试分别画出半拱 AC 和 CB 的受力图。

解：（1）画半拱 CB 的受力图。以半拱 CB 为研究对象并画出分离体，半拱 CB 上没有主动力，只在 B、C 处受到铰链的约束力 F_B 和 F_C 的作用。如果进一步考虑到半拱 CB 只在 F_B 和 F_C 两个力作用下处于平衡，则根据二力平衡条件，这两个力必定沿同一直线，且等值、反向。由此可确定 F_B 和 F_C 的作用线应沿 B 与 C 的连线，指向可假定，如图 2-35（b）所示。

（2）画半拱 AC 的受力图。以半拱 AC 为研究对象并画出分离体，先画出主动力 F，再画出约束力（铰链 A 处的反力 F_{Ax}、F_{Ay}），铰链 C 处可根据作用力与反作用力的关系画出 $F'_C=-F'_C$，如图 2-35（c）所示。

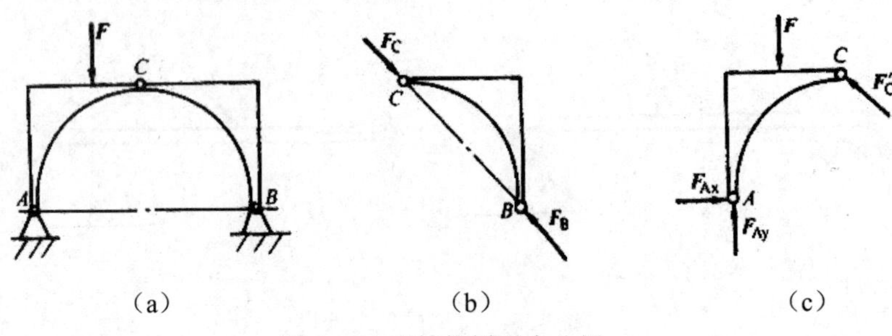

图 2-35　三铰拱桥受力分析

通过上面的实例分析，将物体的受力分析及画受力图的一般方法、步骤和应注意的问题归纳如下：

（1）首先必须根据所研究的问题，恰当地确定研究对象。研究对象可以是单个物体，也可以是几个物体的组合。然后把研究对象所受的约束解除，从而将研究对象分离出来（即取分离体），单独画出其轮廓简图（即分离体图）。

（2）正确分析、确定研究对象所受的力。对每一个力都应明确它是哪一个施力物体施加于研究对象的；同时，凡是研究对象（受力体）与周围物体（施力物体）的接触处，一般情况下必定存在着约束力。

（3）画约束力时，一定要根据约束类型正确地画出相应的约束力。

（4）若取出由几个物体组成的物系为研究对象，则该物系中的内力不要画出，只需要画出物系的外力。

（5）分别画两个互相作用物体的受力时，要特别注意作用力与反作用力的关系，当其中一个力（作用力）的方向已经确定（或假定），则另一个力（反作用力）必与其反向，不能再假定。

2.4　直杆件的变形

2.4.1　内力截面法

物体在受到外力作用而变形时，其内部各质点间的相对位置将有变化。同时，各质点间相互作用的力也发生了变化。我们所研究的内力就是这种力的改变量。严格地讲，它是由于外力的作用而引起的“附加内力”，但通常简称为内力。

为了显示内力，可以假想地用一个截面（通常都用横截面）将物体截分为两部分 A 和 B，如图 2-36（a）所示。移去一部分，例如 B，并将 B 对 A 的作用以截平面上的内力代替，如图 2-36（b）所示。

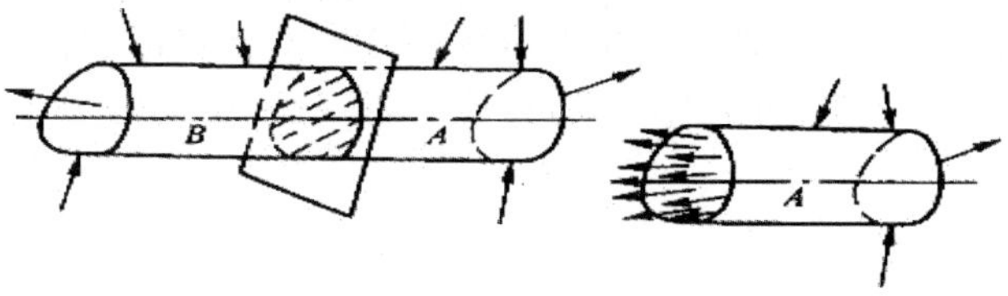

（a）　　　　　　　　（b）

图 2-36　截面法

假设物体是均匀连续的可变形固体，则内力在截面上也假定为连续分布的。今后把这种在截平面上连续分布的内力称为分布内力，而将内力这一名词用来代表分布内力的合力（力或力偶）。

对留下部分 A 来讲，截面上的内力就成为外力（因为这是移去部分对留下部分的作用），而且研究对象仍处于平衡状态，故可以通过对留下部分 A 建立平衡方程式来计算截平面上的内力。若取 B 为留下部分，则由作用与反作用公理，可知 B 部分在截平面上的内力与 A 部分上的内力等值、反向。当然也可以从 B 部分上的平衡方程式来确定此内力。

这种假想地用一个截面将物体截分为二，并对截开后的两部分中之一建立平衡方程式以确定截面上的内力的方法称为截面法，其全部过程可归纳如下：

（1）假想地用一个横截面将物体截分为两部分，并移去其中一部分。

（2）移去部分对留下部分的作用以内力来代替。

（3）对留下部分建立平衡方程式，通过求解平衡方程确定未知的内力。

截面法是构件承载能力分析中的基本方法，今后将经常用到。在研究内力时，力的可传性原理不再适用。考查如图 2-37（a）所示的例子，一杆在自由端受集中力 F 作用。此时，由截面法可算出其任一截面 m-m 上的内力在数值上等于力 F，如图 2-37（b）所示。但若将载荷 F 的作用点沿其作用线移至杆的固定端，如图 2-37（c）所示，则由截面法可知，其任一截面 m-m 上的内力将等于零，如图 2-37（d）所示。由此可见，将力的作用点移动后，杆的内力就改变了。

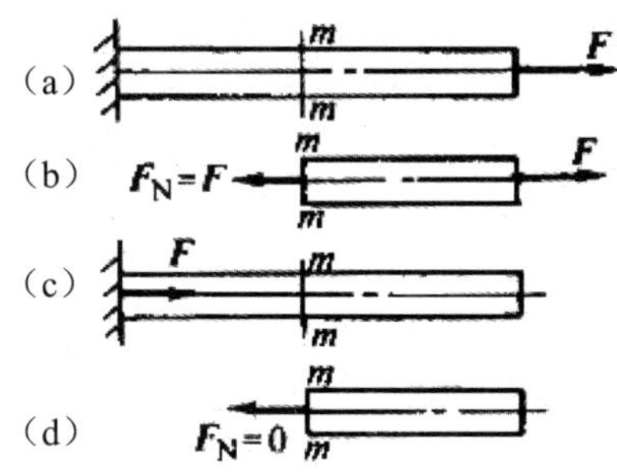

图 2-37　截面法的应用

2.4.2　拉压内力分析

1．工程实例

轴向拉伸与压缩变形是杆件基本变形中最简单、最常见的一种变形。如图 2-38（a）所示的支架中，杆 AB、杆 BC 铰接于 B 点，在 B 点铰接处悬吊重 G 的物体。由静力分析可知：杆 AB 是二力构件，受到拉伸；杆 BC 也是二力构件，受到压缩，如图 2-38（b）所示。

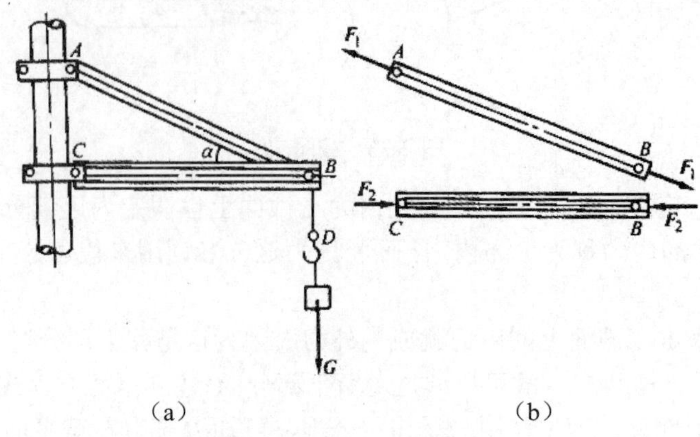

图 2-38　拉压杆工程实例

2. 力学模型

若将如图 2-38（a）中产生拉伸与压缩的杆件 AB、BC 简化，用杆的轮廓线代替实际的杆件，杆件两端的外力（集中力或合外力）沿杆件轴线作用，就得到如图 2-39（a）所示的力学模型；或者用杆件的轴线代替杆件，杆件两端的外力沿杆件轴线作用，如图 2-39（b）所示。

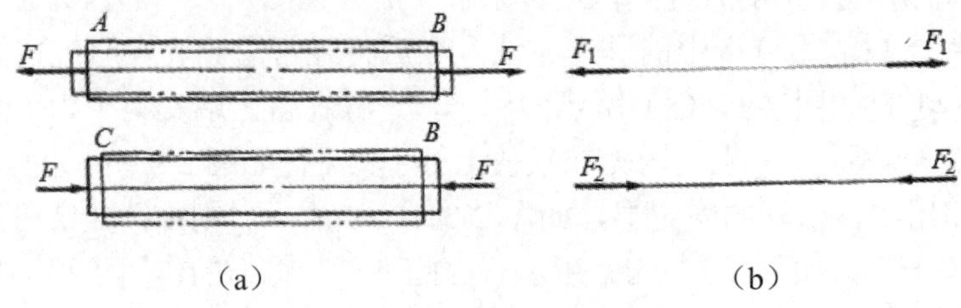

图 2-39　拉压杆的力学模型

从以上分析可以看出，杆件的受力与变形的特点是：作用于杆件上的外力（或合外力）沿杆件的轴线，使杆件轴向伸长（或缩短）、横向缩短（或伸长）。

杆件的这种变形形式称为轴向拉伸或压缩。发生轴向拉伸或压缩的杆件一般简称为拉（压）杆。

3. 拉（压）杆的内力

图 2-40（a）所示为一受拉杆件的力学模型，为了确定其横截面 m-m 的内力，可以假想地用截面 m-m 把杆件截开分为左、右两段，并取其中任意一段作为研究对象。杆件在外力作用下处于平衡，如图 2-40（b）所示，则左、右两段也必然处于平衡。左段上有力 F_1 和截面内力作用，由二力平衡条件可知，该内力必与外力 F 共线，且沿构件的轴线方向，用符号 F_N 表示，称为轴力。由平衡方程可求出轴力的大小：

$$\sum F_x = 0$$

$$F_N - F_1 = 0$$

$$F_N = F_1$$

同理，右侧上有外力 F 和截面内力 F_N'，如图 2-40（c）所示，且满足平衡方程。因 F_N 与 F_N' 是一对作用力与反作用力，必等值、反向、共线。因此，无论是研究截面左段求出轴力 F_N，还是研究截面右段求出轴力 F_N'，都可以用来表示截面 m-m 的内力。轴力 F_N 的方向离开截面，即为拉力，规定为正；轴力指向截面，即为压力，规定为负。

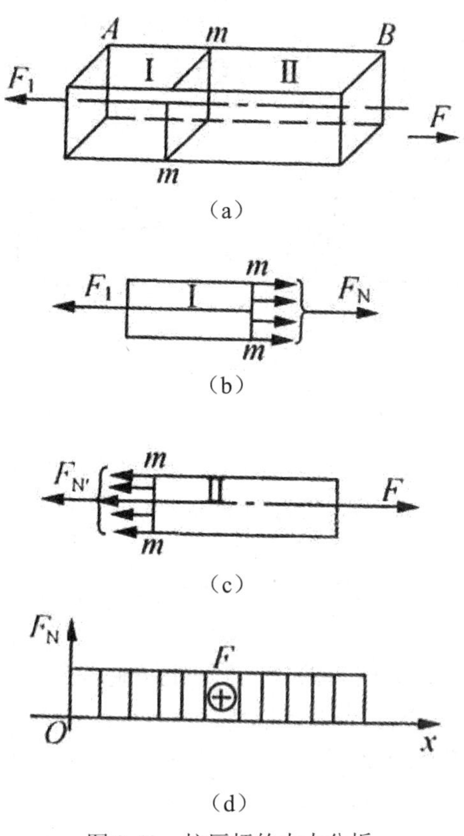

图 2-40　拉压杆的内力分析

4. 轴力图

为了能够形象直观地表示出各横截面轴力的大小，用平行于杆轴线的坐标轴 Ox 表示横截面位置，用垂直于杆轴线的坐标轴表示横截面轴力 F_N 的大小，按选定的比例，把轴力表示在坐标系中，描绘轴力随横截面位置变化的曲线称为轴力图，如图 2-40（d）所示。

2.4.3 拉压应力分析

1. 应力的概念

用同种材料制成粗细不等的两根直杆，在相同的拉力下，虽然轴力相同，但随着拉力的增大，横截面小的必然先破坏。这说明杆件的破坏不仅与轴力的大小有关，还与横截面的面积大小有关，单位面积上的内力为应力。

如图 2-41（a）所示的杆件，在其截面 m-m 上任一点 O 处取一微小面积 ΔA，设在面积 ΔA 上分布内力的合力为 ΔF（一般情况下 ΔF 与截面 O 不垂直），则 ΔF 与 ΔA 的比值称为小面积 ΔA 上的平均应力，用 P_m 表示，即

$$P_m = \frac{\Delta F}{\Delta A}$$

一般情况下，内力在截面上的分布并非均匀，为了更精确地描述内力的分布情况，令面积 ΔA 趋于零，由此所得平均应力的极限值用 P 来表示，即

$$P = \lim_{\Delta A \to 0} \frac{\Delta F}{\Delta A} = \frac{\mathrm{d}F}{\mathrm{d}A}$$

称 P 为 O 点处的应力，它是一个矢量，通常将其分解为与截面垂直的分量 σ 和与截面相切的分量 τ。σ 称为正应力，τ 称为切应力，如图 2-41（b）所示。

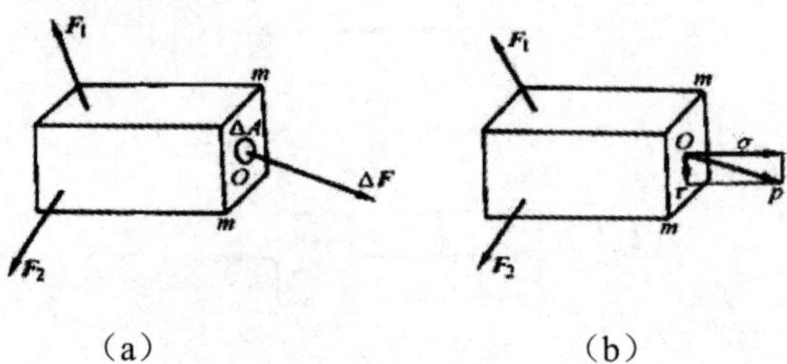

图 2-41　应力分布

我国法定单位制中，应力的单位为帕，单位符号为 Pa，1Pa= 1N/m^2。在工程中，还经常采用兆帕（MPa）和吉帕（GPa）作为应力的单位，即 1MPa =10^{6}Pa，1GPa=10^{9}Pa。

2. 横截面上的正应力

欲求横截面上的应力，必须研究横截面上轴力的分布规律。为此对杆进行拉伸或压缩实验，观察其变形。

如图 2-42（a）所示，取一等截面直杆，在杆上画两条与杆轴线垂直的横向线 *ab* 和 *cd*，并在平行线 *ab* 和 *cd* 之间画两条与杆轴线平行的纵向线，拉力 F 沿杆的轴线作用，使杆件产生拉伸变形。可以观察到：横向线 *ab* 和 *cd* 在变形过程中始终为直线，只是从起始位置平移到 *a'b'*和 *c'd'*的位置，且仍垂直于杆轴线，如图 2-42（b）所示，各纵向线伸长量相等，横向线收缩量也相等。

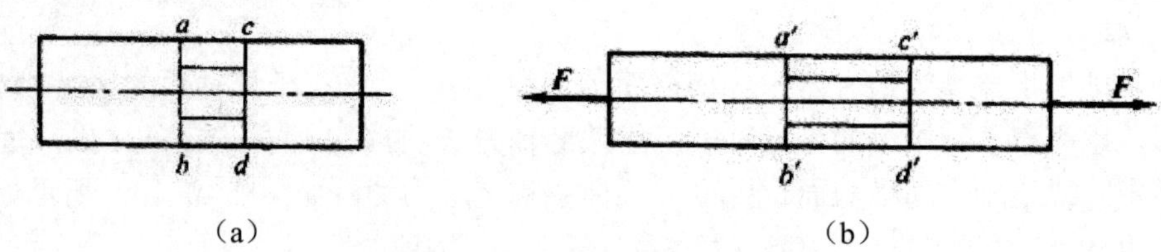

图 2-42　拉压杆截面变化

根据对上述现象的分析，可作如下假设：变形前为平面的横截面，变形后仍为平面，只是各平面沿轴线产生了相对平移，但仍与杆的轴线垂直，这个假设称为平面假设。假想杆件是由无数条纵向纤维组成。由材料的均匀性、连续性假设和平面假设可以推断，内力在横截面的分布是均匀的，即横截面上各点处的应力大小相等，其方向与横截面上的轴力一致，垂直于横截面，故称为正应力，如图 2-43 所示。其计算公式为：

$$\sigma = \frac{F_{\mathrm{N}}}{A} \tag{2-5}$$

式中：A 为截面面积。正应力符号与轴力符号规定一致，即拉应力为正，压应力为负。

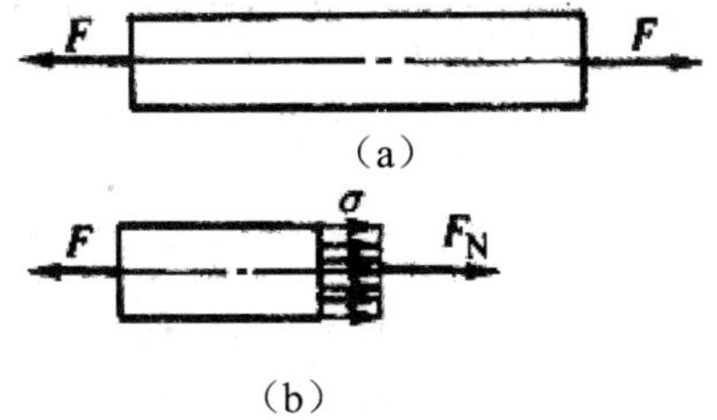

图 2-43　拉压杆应力分布

3. 纵向线应变和横向线应变

设原长为 l，直径为 d 的圆截面杆，承受轴向拉力 F 后，变形为如图 2-44 所示虚线。杆长由 l 变为 l_1，直径由 d 变为 d_1，则杆件的纵向绝对变形为：

$$\Delta l = l_1 - l$$

图 2-44　拉压杆变形

横向绝对变形为：

$$\Delta d = d - d_1$$

在衡量杆件的变形程度时为了消除杆件原尺寸的影响，可用单位长度内杆的变形表示，称为线应变，则与上述两种绝对变形相应的纵向线应变为：

$$\varepsilon = \frac{\Delta l}{l}$$

横向线应变为：

$$\varepsilon' = \frac{\Delta d}{d}$$

以上各式表示了杆件的相对变形。线应变 ε、ε'的正负号与 Δl、Δd 正负号一致。

实验表明：当应力不超过某一限度时，横向线应变与纵向线应变存在正比关系，且符号相反，则：

$$\varepsilon' = v\varepsilon \tag{2-6}$$

式中：比例常数 v 为材料的横向变形系数（或称泊松比）。

4. 胡克定律

轴向拉伸和压缩实验表明：当杆横截面上的正应力不超过某一限度时，正应力与相应的纵向线应变存在正比关系，则：

$$\sigma = E\varepsilon \tag{2-7}$$

式（2-7）称为胡克定律。常数 E 为材料的弹性模量。对于同一种材料，E 为常数。弹性模量与应力具有相同的单位，常用 GPa。由式（2-7）可知，当 σ 一定时，E 值越大，则 ε 值越小，因此，E 的大小反映了材料受拉（压）时抵抗线变形的能力，也就是材料刚性的大小。

若将 $\sigma=\frac{F_\mathrm{N}}{A}$ 和 $\varepsilon=\frac{\Delta l}{l}$ 代入 $\sigma=E\varepsilon$，经整理得胡克定律的另一种形式为：

$$\Delta l=\frac{F_\mathrm{N}l}{EA}$$

此式表明：当杆横截面上的正应力不超过某一限度时，绝对变形与轴力 F_N、杆长 l 成正比，而与横截面积 A、弹性模量 E 成反比。EA 越大，杆件变形越困难；EA 越小，杆件变形越容易。它反映了杆件抵抗变形的能力，故称 EA 为杆件截面的抗拉（压）刚度。

材料的弹性模量 E 和泊松比 ν 都是表示材料特性的常数，其值可由实验测定。几种常用材料的 E、ν 值见表 2-4。

表 2-4 常用材料的 E、ν

材料名称	E/GPa	ν
碳钢	196～216	0.24～0.28
合金钢	186～206	0.25～0.30
灰铸铁	78.5～157	0.23～0.27
铜及铜合金	72.6～128	0.31～0.42
铝合金	70	0.33

例 2-8 图 2-45（a）所示的阶梯轴，试求整个杆的变形量。已知横截面积分别为 A_{CD}=300mm^2，A_{AB}=A_{BC}=500mm^2，L_{AB}=L_{BC}=L_{CD}=100mm，弹性模量 E=200 GPa。

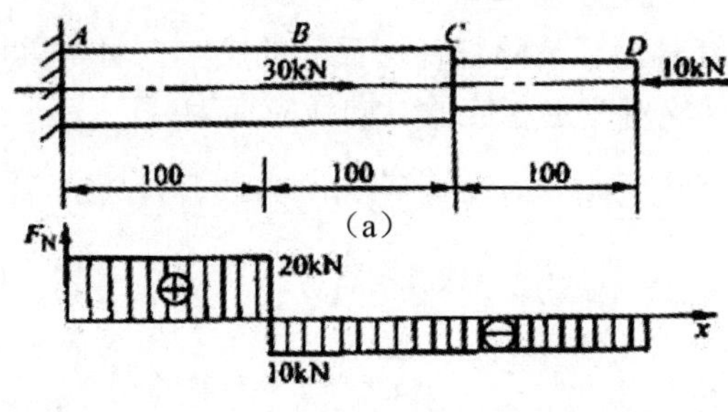

图 2-45 阶梯轴的受力图

解：（1）画出轴力图，如图 2-45（b）所示。

（2）计算各段的变形量：

$$\Delta l_{AB}=\frac{F_{\mathrm{N}AB}l_{AB}}{EA_{AB}}=2\times10^{-5}\,\mathrm{m}$$

$$\Delta l_{BC}=\frac{F_{\mathrm{N}BC}l_{BC}}{EA_{BC}}=-1\times10^{-5}\,\mathrm{m}$$

$$\Delta l_{CD}=\frac{F_{\mathrm{N}CD}l_{CD}}{EA_{CD}}=-1.67\times10^{-5}\,\mathrm{m}$$

（3）计算总的变形量

$$\Delta l = \Delta l_{AB} + \Delta l_{BC} + \Delta l_{CD} = -6.7 \times 10^{-3}\,\text{mm}$$

2.5 圆轴的扭转

工程中许多杆承受扭转变形。例如当钳工攻内螺纹时，两手所加的外力偶 M（F，F'）作用在丝锥杆的上端，工件的反力偶 M_C 作用在丝锥杆的下端，使得丝锥杆发生扭转变形，如图 2-46 所示。图 2-47 所示的方向盘的操纵杆以及一些传动轴等均是扭转变形的实例，它们均可简化为如图 2-48 所示的计算简图。

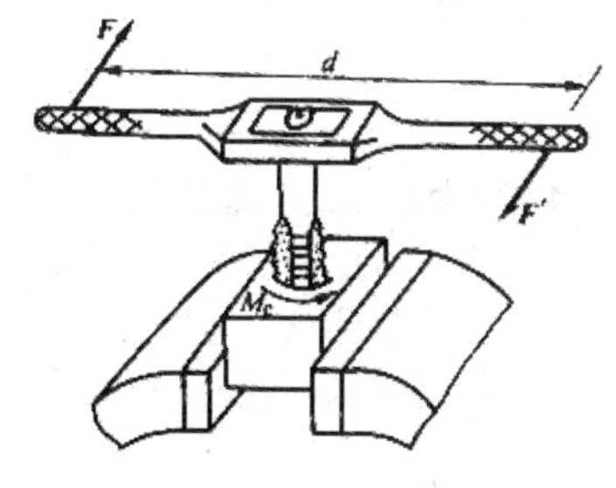

图 2-46 攻内螺纹

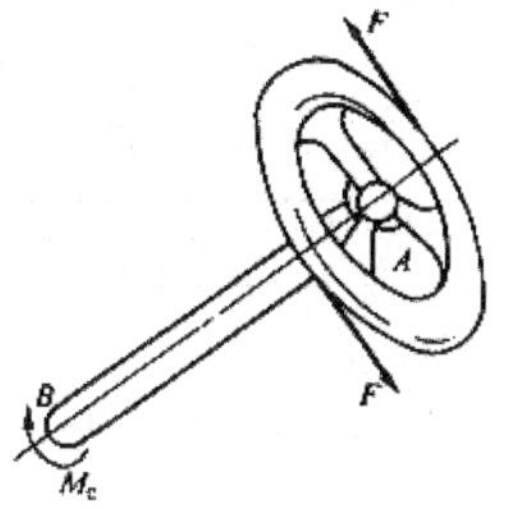

图 2-47 操纵方向盘

图 2-48 扭转简图

从计算简图中可以看出，杆件扭转变形的受力特点是：杆件受到作用面与轴线垂直的外力偶作用，其变形特点是：杆件的各横截面绕轴线发生相对转动。以扭转变形为主要变形的杆件称为轴。本书只研究工程上常见的圆轴扭转变形。

（1）外力偶矩的计算。工程中通常给出传动轴的转速及其所传递的功率，而作用于轴上的外力偶矩并不直接给出，外力偶矩的计算公式为：

$$M = 9549\frac{P}{n} \tag{2-8}$$

式中：M 为外力偶矩，N·m；P 为轴传递的功率，kW；n 为轴的转速，r/min。

（2）扭矩与扭矩图。图 2-49（a）所示为等截面圆轴 AB，两端面上作用有一对外力偶矩 M。现用截面法求圆轴横截面上的内力，将轴从 m-m 处截开，以左段为研究对象，根据平衡条件，截面上必有一个内力偶与 A 端面上的外力偶矩平衡，该内力偶称为扭矩，用 T 表示，单位为 N·m，如图 2-49（b）所示。若取右段为研究对象，求得的扭矩与以左段为研究对象求得的扭矩大小相等、转向相反，如图 2-49（c）所示。它们是作用力与反作用力关系。

为了使不论左段还是右段求得的扭矩符号一致，对扭矩的符号规定如下：按右手螺旋法则，四指顺着扭矩的实际转向握住轴线，大拇指的指向与横截面的外法线方向一致时，扭矩为正，反之为负，如图 2-50 所示。当横截面上的扭矩的实际转向未知时，一般先假定扭矩为正。若求得结果为负则表示扭矩实际转向与假设相反。

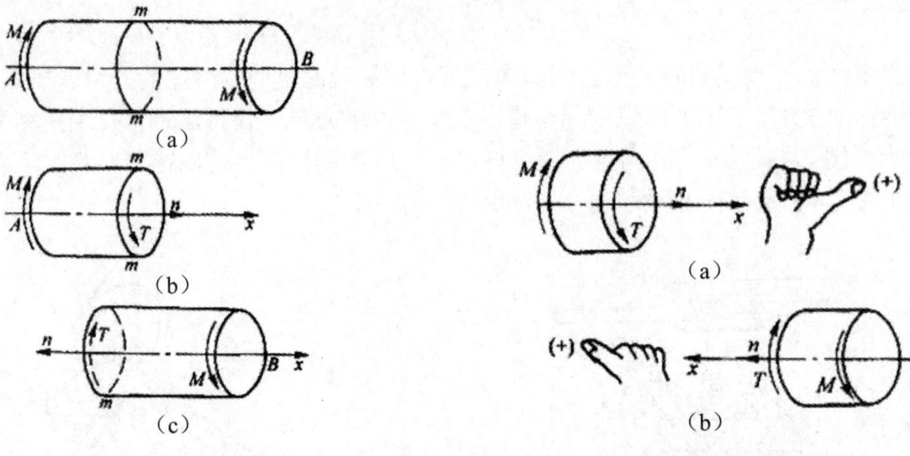

图 2-49　扭转内力　　　　图 2-50　扭矩的方向判定

通常，扭转圆轴各横截面上的扭矩可能是不同的，扭矩 T 是横截面的位置坐标 x 的函数，即

$$T=T(x)$$

若以与轴线平行的 Ox 轴表示横截面的位置，以垂直于 Ox 轴的 OT 轴表示横截面上的扭矩，则由函数 $T=T(x)$绘制的曲线称为扭矩图。

例 2-9　如图 2-51（a）所示之传动轴的转速 n=960r/min，输入功率 P_A= 27.5kW，输出功率 P_B= 20 kW，P_C= 7.5kW，画出传动轴的扭矩图。

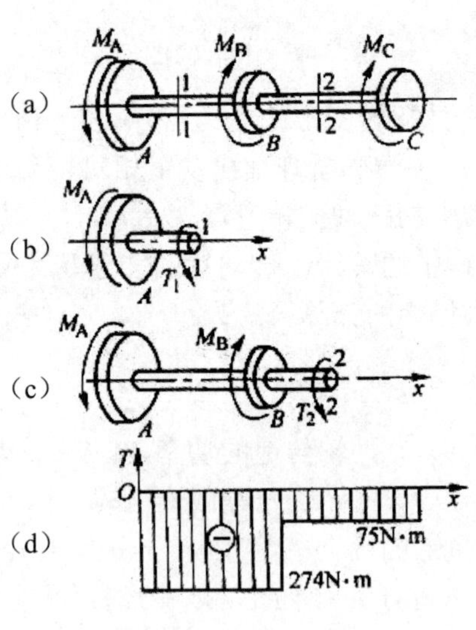

图 2-51　传动轴的扭转

解：（1）计算外力偶矩：

$$M_A = 9549\times\frac{27.5}{960}\ \text{N}\cdot\text{m}\approx 274\text{N}\cdot\text{m}$$

同理可得　$M_B \approx 199N \cdot m$，$M_C \approx 75N \cdot m$

（2）内力分析。将轴分为 AB、BC 两段。在 AB 段，由截面法求出 1-1 截面的扭矩 $T_1=-M_A=-274N \cdot m$，负号表示方向与假定的相反，如图 2-51（b）所示。在 BC 段，由截面法求出 2-2 截面的扭矩 $T_2=-M_A+M_B=(-274+199) N \cdot m=-75N \cdot m$，如图 2-51（c）所示。

（3）画扭矩图。画出扭矩图如图 2-51（d）所示。

2.6 连接件的剪切

1. 剪切的概念

图 2-52（a）所示为剪切床剪断钢板的示意图，在剪切过程中钢板的主要受力及变形如图 2-52（b）所示。

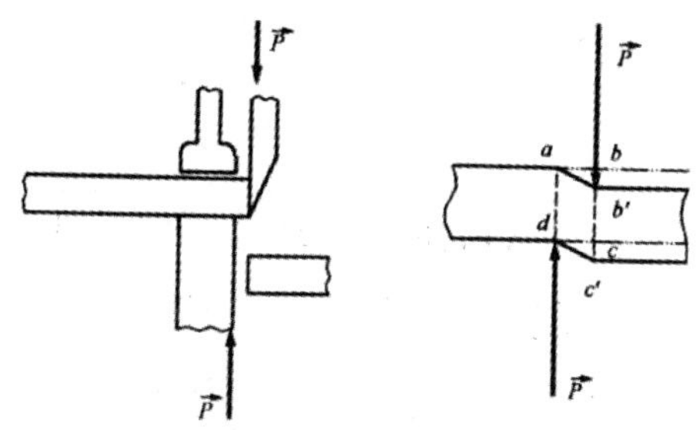

（a）受剪螺旋联接　　（b）剪切面上内力分析

图 2-52　钢板剪切面上的内力

由此可见，剪切变形具有以下特点：

（1）受力特点：受受力用线相距很近的反向平行力的作用。

（2）变形特点：位于两力之间的平行截面发生相对错动（错动的结果是使原来的矩形 *abcd* 变成了平行四边形 *ab'c'd*）。发生相对错动的截面称为剪切面。

2. 剪切面上的内力（剪力）

图 2-53（a）所示为受剪螺栓联接的示意图，由结构特点容易确定螺栓体上的可能相对错动面，即剪切面。用截面法沿剪切面将螺栓联接截开，截取下半部分为研究对象，画出其受力图如图 2-53（b）所示，由平衡条件易得出剪切面上的内力主要是 $\vec{Q}$，与剪切面平行，称为剪力。由平衡条件也可求得剪力 Q 的大小。

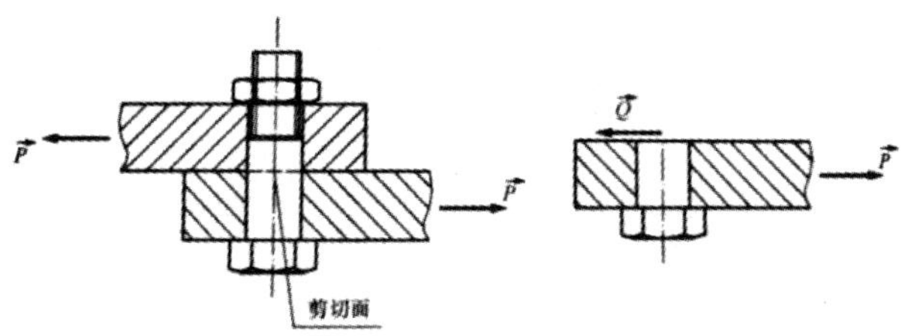

（a）受剪螺栓联接　　（b）剪切面上内力分析

图 2-53　圆柱剪切面上的内力

3. 剪切面上的应力和强度实用计算

剪切面上的剪力 Q 必然在剪切面上产生与剪切面平行的剪应力 τ，但剪应力 τ 在剪切面上的分布比较复杂，在工程计算中常采用近似的计算或称为实用计算，即假定剪应力 τ 在剪切面上的分布是均匀的，于是可得剪应力的计算公式为：

$$\tau = \frac{Q}{A} \tag{2-9}$$

式中：A 为剪切面的面积，Q 为剪切面上的剪力。

相应地，剪切强度条件为：

$$\tau = \frac{Q}{A} \leqslant [\tau] \tag{2-10}$$

式中：$[\tau]$ 为材料的许用剪应力。

练习题

1．按 1:1 的比例尺画出题 1 图所示各机构的机构运动简图。

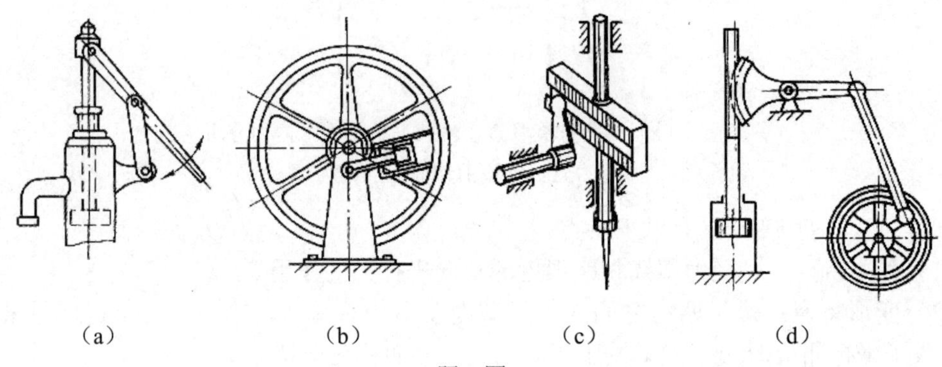

（a）　　（b）　　（c）　　（d）

题 1 图

2．如题 2 图所示，已知 F_1=10N，F_2=6N，F_3=8N，F_4=12N，试求合力的大小。

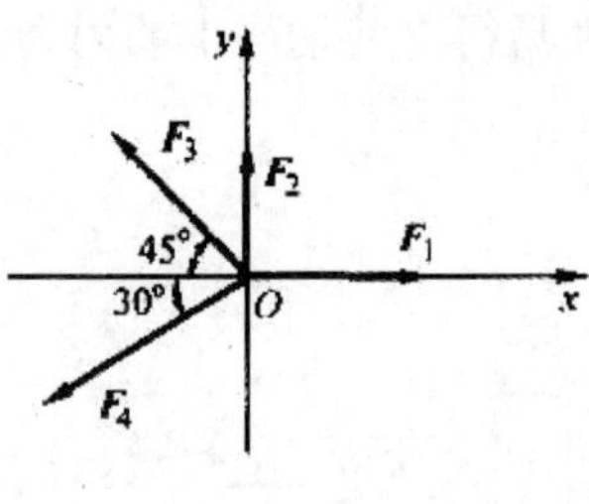

题 2 图

3．题 3 图所示梁 AB 受集中载荷 F 作用，已知 F=20kN，求图示两种情况下支座 A、B 处的约束力。

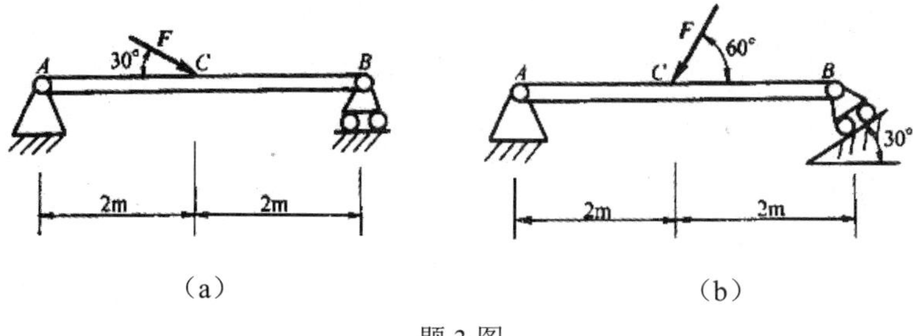

题3图

4．如题4图所示，用截面法计算指定截面的轴力，并画出杆件的轴力图。

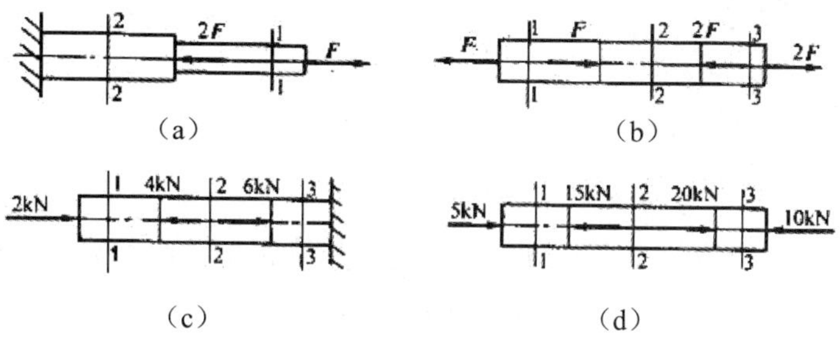

题4图

5．如题5图所示，求出轴各段的扭矩，并画出轴的扭矩图。

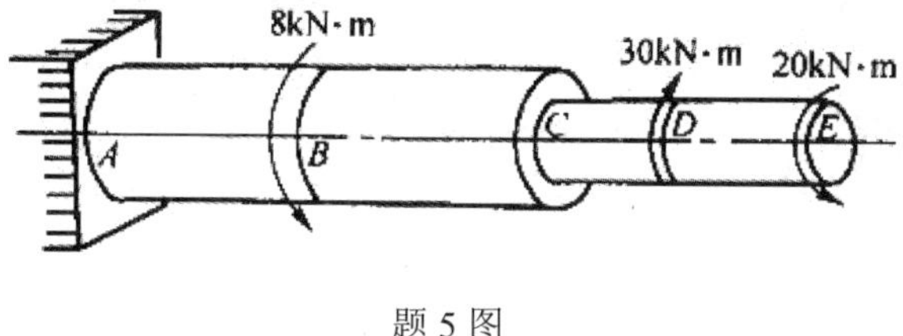

题5图

3 常用机构

机器的主体是由一个或若干机构组成的，通过不同机构的组合来实现特定的机械运动。机构是机器不可缺少的部分。机构是用来传递运动和力，且有一个构件为机架的运动副联接而成的构件系统。

机械中，常用机构主要有平面连杆机构、凸轮机构、间歇运动机构和螺旋机构等。机构的基本功用是转换运动形式，例如将回转运动转换为摆动或往复直线运动，将匀速转动转换为非匀速转动或间歇性运动等。

3.1 平面连杆机构

3.1.1 平面连杆机构的基本类型及应用

1. 平面连杆机构的组成

平面连杆机构是由若干构件用低副（转动副和移动副）联接而成的，所以又称为低副机构，各活动构件在同一平面或平行平面内运动。这类机构容易实现转动、移动等基本运动形式的转换，并且由于低副机构是面接触，磨损小，制造简单，容易获得较高的制造精度，所以平面连杆机构在一般机械和仪器中广泛应用。连杆机构的缺点是：低副中存在的间隙不易消除，会引起运动误差。另外，连杆机构不易精确地实现复杂的运动规律。

在平面连杆机构中，结构最简单的是由四个构件组成的平面四杆机构，例如图 3-1（a）所示的铰链四杆机构、图 3-1（b）所示的曲柄滑块机构和图 3-1（c）所示的导杆机构应用最为广泛。

所有运动副均为转动副的四杆机构称为铰链四杆机构，如图 3-1（a）所示，是平面四杆机构的基本形式。在此机构中，构件 4 为机架，直接与机架相连的构件 1、3 称为连架杆。联接两连架杆的构件 2 称为连杆。能做整周回转的连架杆称为曲柄，如构件 1；只能在一定范围内往复摆动的连架杆称为摇杆，如构件 3。若以转动副联接的两构件能做整周相对转动，称此转动副为整转副，如转动副 A、B；不能做整周相对转动的称为摆转副，如转动副 C、D。

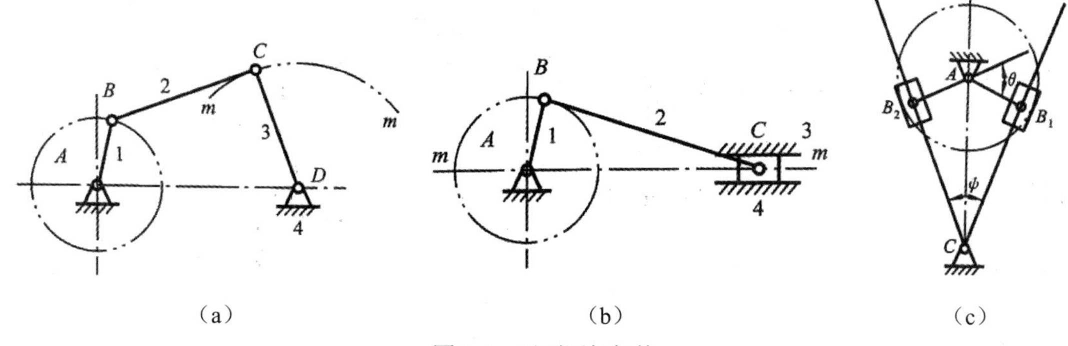

(a)　　(b)　　(c)

图 3-1　平面四杆机构

2. 铰链四杆机构中曲柄存在的条件

铰链四杆机构中是否有曲柄存在，主要与机构中各构件的尺寸关系和最短杆在机构中的位置有关。可以证明，平面铰链四杆机构中，曲柄存在的条件（格拉霍夫定理）为：

（1）最短杆和最长杆之和等于或小于另外两杆长度之和（杆长和条件或必要条件），即 $L_1+L_2 \leqslant L_3+L_4$。

（2）连架杆和机架中必有一杆为最短杆（最短杆条件或充分条件）。

3. 铰链四杆机构的类型及其判断

在铰链四杆机构中，按连架杆能否做整周回转，可将铰链四杆机构分为三类：

（1）曲柄摇杆（*C-R*）机构。在铰链四杆机构的两个连架杆中，若一杆为曲柄，另一杆为摇杆，则此机构为曲柄摇杆机构。图 3-2 所示的雷达天线机构就是以曲柄为原动件的曲柄摇杆机构。当主动曲柄 1 做整周回转时，带动与天线固接的从动摇杆 3 做往复摆动，从而达到调节天线角度的目的。图 3-3 所示的脚踏砂轮机构是以摇杆为原动件的曲柄摇杆机构。

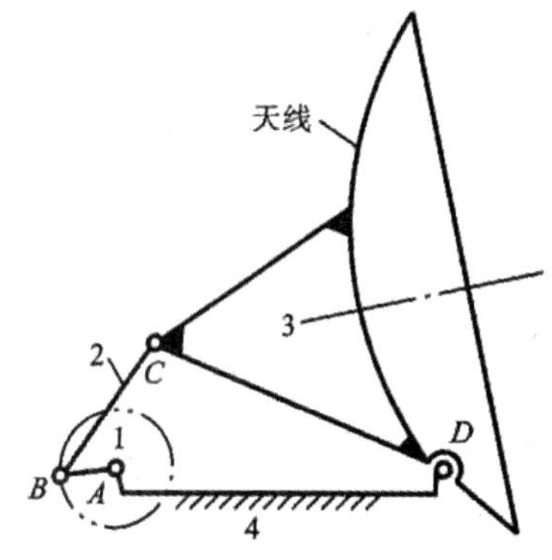

图 3-2　雷达天线机构

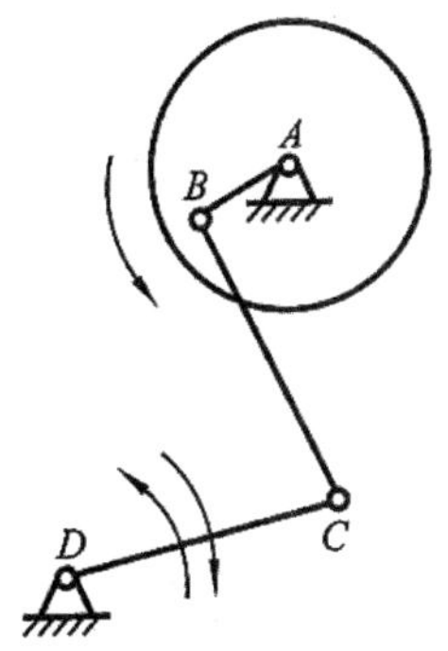

图 3-3　脚踏砂轮机构

（2）双曲柄（*D-C*）机构。若铰链四杆机构中的两个连架杆均为曲柄，则称该机构为双曲柄机构。在双曲柄机构中，通常主动曲柄做等角速连续转动，而从动曲柄做等角速或变角速连续转动。

图 3-4 所示的惯性筛中的四杆机构 *ABCD* 即为双曲柄机构。当主动曲柄 1 做等角速转动时，从动曲柄 3 做变角速转动，通过连杆 5 带动滑块 6 上的筛子，使其具有所要求的加速度，使被筛的物料因惯性作用而被筛选。

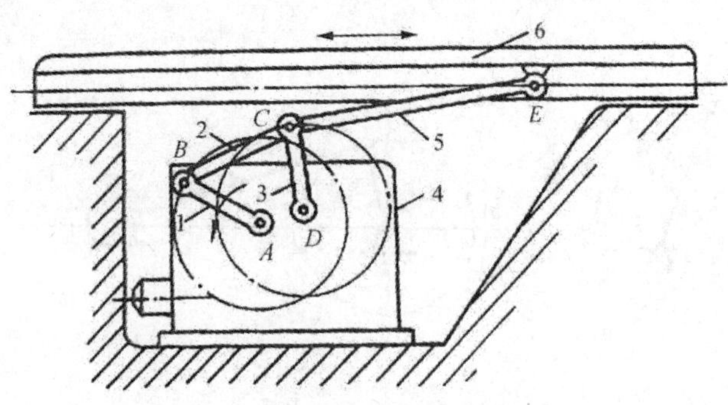

图 3-4　惯性筛机构

在双曲柄机构中，若连杆与机架的长度相等，两曲柄的长度也相等，则称其为平行双曲柄机构或平行四边形机构，如图 3-5（a）所示。由于运动中该机构两曲柄的角速度始终相等，且连杆在运动中始终做平移运动，故应用较广。如图 3-6 所示的摄影车升降机构，其升降高度的变化是采用两组平行四边形机构来实现的，同时利用连杆 7 始终做平动的特点，使与连杆固接的座椅始终保持水平位置，以保证摄影人员安全工作。

（a）　　　　　　　　　　　　　（b）

图 3-5　平行四边形机构

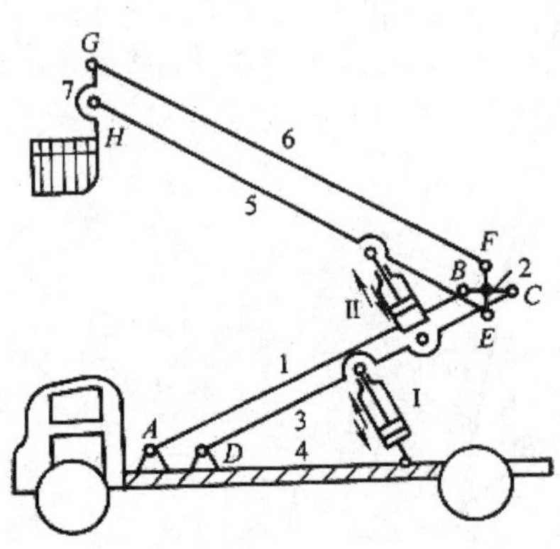

图 3-6　摄影车升降机构

在平行四边形机构中，当主动曲柄转一周时，将出现两次与从动曲柄、连杆及机架共线的情况。这时可能出现从动曲柄与主动曲柄的转向相同或相反的运动不确定现象，若转向相反则形成逆平行四边形机构 *ABCD*，如图 3-5（b）所示。对于逆平行四边形机构，两曲柄转向相反，且角速度不相等。为了防止平行四边形机构转化为逆平行四边形机构，通常可利用从动曲柄本身或附加质量的惯性来导向，也可采用机构并联（增加虚约束）的方法来克服。图 3-7 所示的机车车轮联动机构就是应用虚约束使机构始终保持平行四边形的实例。

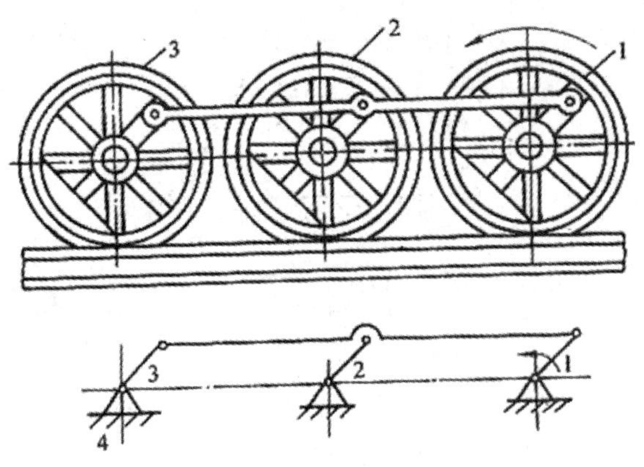

图 3-7 机车车轮联动机构

（3）双摇杆（*D-R*）机构。当铰链四杆机构的两个连架杆均为摇杆时，称为双摇杆机构。图 3-8（a）所示为港口用起重机示意图，如图 3-8（b）为起重机中的双摇杆机构运动简图。当摇杆 1 摆动时，摇杆 3 也随之摆动，连杆 2 上的 *E* 点做近似于水平直线的运动，使其在起吊重物时，避免由于不必要的升降而增加的能量损耗。

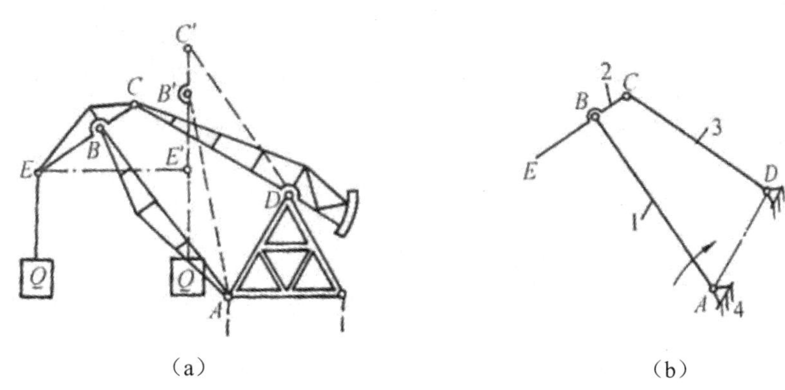

图 3-8 港口用起重机

铰链四杆机构类型的判别方法：

（1）对于满足“杆长和条件”的铰链四杆机构，若最短杆为连架杆，是曲柄摇杆机构；若最短杆为机架，是双曲柄机构；若最短杆为连杆，是双摇杆机构。

（2）对于不满足“杆长和条件”的铰链四杆机构，均为双摇杆机构。

4. 含有移动副的平面四杆机构

除了上述三种铰链四杆机构外，工程实际中还广泛应用了其他形式的四杆机构，其中的绝大多数都是由铰链四杆机构演化来的。

（1）曲柄滑块机构。图 3-9（a）所示的曲柄摇杆机构，摇杆上 *C* 点的运动轨迹是以 *D* 点为圆心，以 *CD* 为半径的圆弧 *m-n*。若转动副 *D* 趋于无限远，即 *CD* 的杆长无限长时，转动副 *C* 的轨迹 *m-n* 演化为直线。构件 3 与 4 之间的转动副 *D* 演化为移动副，机构演化为曲柄滑块机构，如图 3-9（b）所示。在曲柄滑块机构中，若转动副 *C* 的移动轨迹 *m-n* 和曲柄的回转中心 *A* 在一条直线上时，称为对心曲柄滑块机构，如图 3-9（c）所示。对心曲柄滑块机构简称曲柄滑块机构。若转动副 C 的移动轨迹 m-n 和曲柄的回转中心 A 不在一条直线上时，则称为偏置曲柄滑块机构，如图 3-9（c）所示。曲柄回转中心 A 到 m-n 的垂直距离称为偏距，用 e 表示。

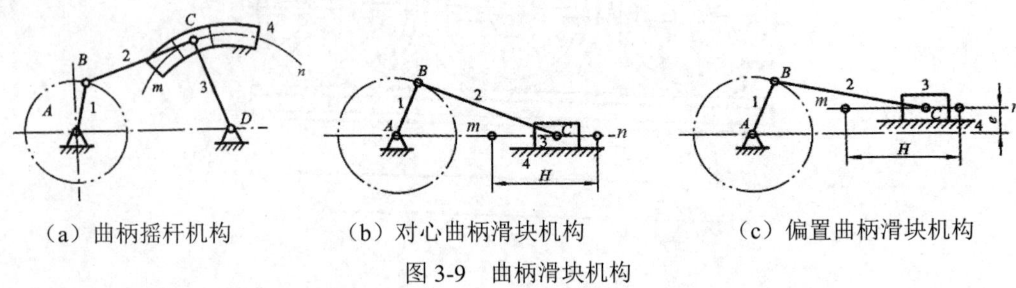

（a）曲柄摇杆机构　　（b）对心曲柄滑块机构　　（c）偏置曲柄滑块机构

图 3-9　曲柄滑块机构

（2）转动导杆机构和摆动导杆机构。取图 3-10（a）中的构件 1 为机架，如图 3-10（b）和图 3-10（c）所示，当 $a<b$ 时，构件 2 和 4 分别绕固定轴 B 和 A 做整周回转，称该机构为转动导杆机构。图 3-11（a）所示的插床主传动机构 ABC 就是转动导杆机构。当 $a>b$ 时，导杆 4 只能绕转动副 A 相对于机架 1 做往复摆动，称该机构为摆动导杆机构。图 3-11（b）所示的牛头刨床主传动机构 ABC 就是摆动导机构的应用实例。

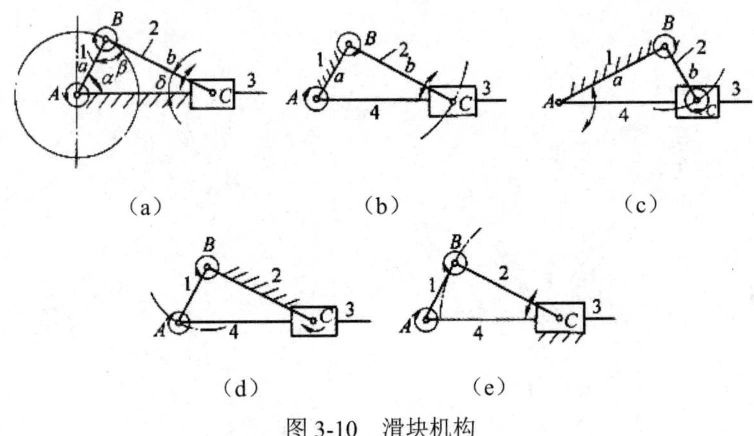

图 3-10　滑块机构

（3）曲柄摇块机构和移动导杆机构。若取图 3-10（a）所示机构中的构件 2 为机架，如图 3-10（d）所示，则滑块 3 只能是绕固定轴 C 做往复摆动的摇块，称该机构为曲柄摇块机构。如图 3-12 所示的汽车自动卸机构就是曲柄摇块机构。

若将 3-10（a）所示机构中的构件 3 作为机架，如图 3-10（e）所示，则导杆只能在固定滑块 3 中往复移动，称该机构为移动导杆机构。如图 3-13 所示的手摇唧筒就是移动导杆机构的应用实例。

3.1.2　平面连杆机构的基本特性

1. 急回特性与行程速比系数

如图 3-14 所示的曲柄摇杆机构，设曲柄 AB 为原动件，它在转动一周的过程中，有两次与连杆共线，对应摇杆 CD 有两个极限位置 C_1D 和 C_2D，称这两个位置为极位。对应于摇杆的两个极位，曲柄与连杆两次共线位置所夹的锐角 θ 称为极位夹角。

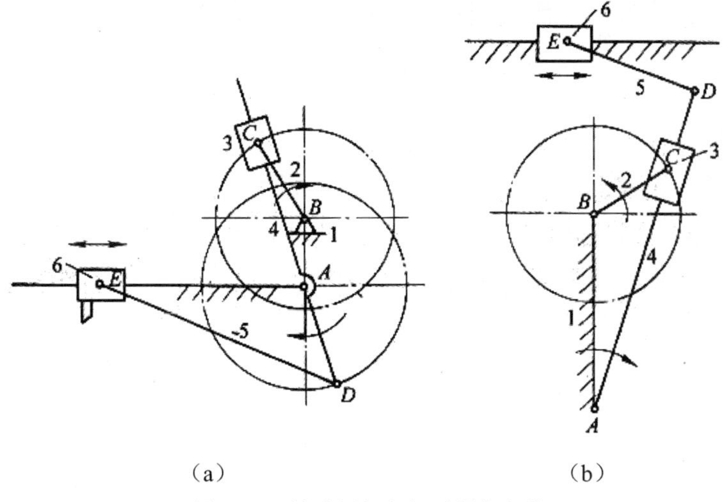

（a）　　　（b）

图 3-11　转动导杆与摆动导杆机构

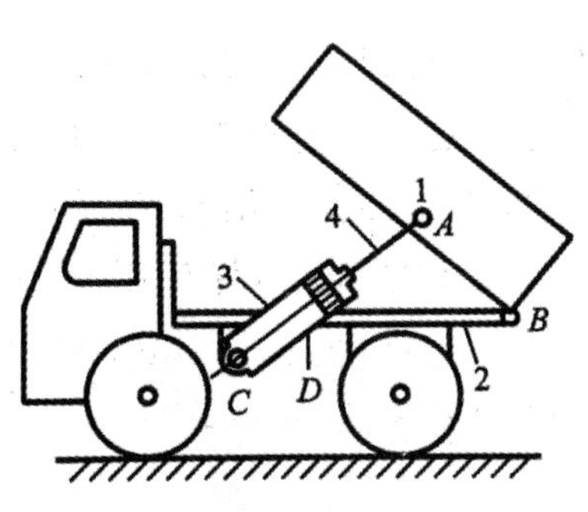

图 3-12　汽车自动卸料机构

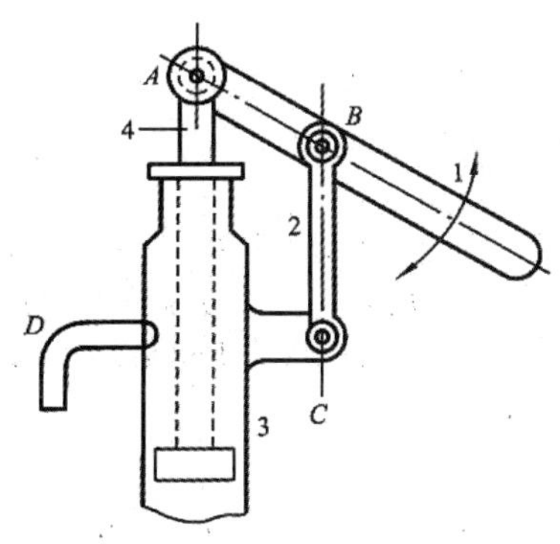

图 3-13　手摇唧筒

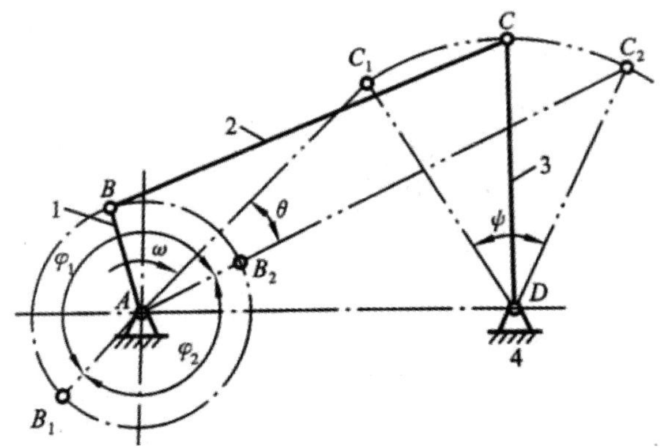

图 3-14　曲柄摇杆机构的急回特性

设在工作过程中，曲柄 AB 以等角速度 ω 顺时针转过角度 φ_1，摇杆由位置 C_1D 摆到位置 C_2D，摆角为 φ，所用时间为 t_1，摇杆 CD 摆动的平均角速度为 ω_{m1}。曲柄继续转动为空回行程，转过角度 φ_2 时，摇杆从 C_2D 位置摆回到 C_1D 位置，摆角仍为 φ，所用时间为 t_2，摇杆的

平均角速度为 ω_{m2}。由图可知，对应曲柄的两个转角 φ_1 和 φ_2 分别为：

$$\varphi_1=180°+\theta$$

$$\varphi_2=180°-\theta$$

由于 $\varphi_1>\varphi_2$，曲柄以等角速度 ω 转过这两个角度时，对应的时间为 $t_1<t_2$，且 $\varphi_1/\varphi_2=t_1/t_2$。而摇杆 CD 的平均角速度为 $\omega_{m1}=\varphi/t_1$ 和 $\omega_{m2}=\varphi/t_2$，显然 $\omega_{m1}<\omega_{m2}$。可见，当曲柄做等角速度转动时，做往复摆动的摇杆在回程的平均角速度大于工作行程的平均角速度，连杆机构的这一性质称为急回特性。工程中，常用 ω_{m2} 与 ω_{m1} 的比值 K 来衡量机构急回的程度，即

$$K=\frac{\omega_{m2}}{\omega_{m1}}=\frac{t_1}{t_2}=\frac{\varphi_1}{\varphi_2}=\frac{180°+\theta}{180°-\theta} \tag{3-1}$$

K 称为行程速比系数。若已知 K，则可求出极位夹角为：

$$\theta=180°\times\frac{K-1}{K+1} \tag{3-2}$$

由上式可知，机构的急回程度与极位夹角有关，θ 角越大，K 值越大，机构的急回特性越明显。一般情况下：如果 $\theta>0$ 时，$K>1$，称为正偏置曲柄摇杆机构，其具有急回特性；如果 $\theta=0$ 时，$K=1$，机构没有急回特性，称为无偏置曲柄摇杆机构；如果 $\theta<0$ 时，$K<1$，称为负偏置曲柄摇杆机构，其具有慢回特性。

根据式（3-1），请自行求出图 3-15（a）所示的曲柄滑块机构、图 3-15（b）所示的偏置曲柄滑块机构和图 3-15（c）所示的摆动导杆机构的行程速比系数 K。

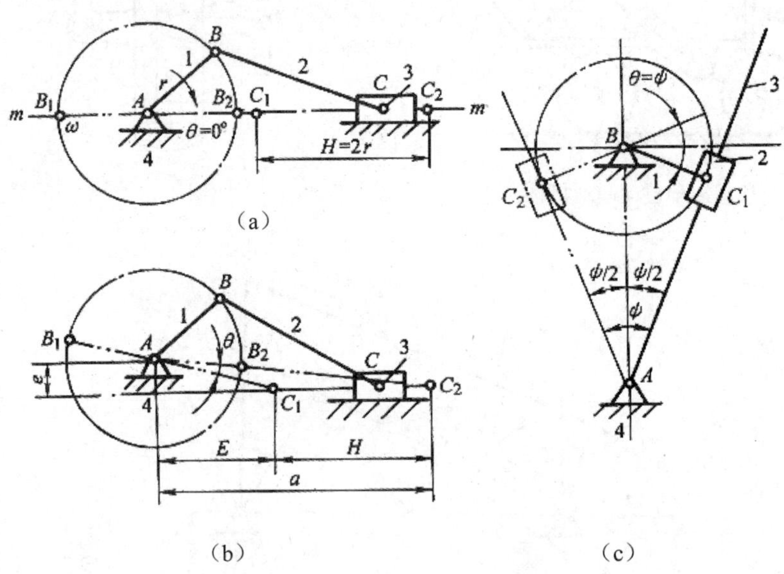

图 3-15　机构急回特性的判定

2. 压力角和传动角

图 3-16 所示为铰链四杆机构，不计杆的重力、惯性力和摩擦力，连杆 2 是二力杆。由原动件 1 经过连杆 2 作用在从动件 3 上的驱动力 F 的方向，是沿着连杆 BC 方向的。力 F 可分解为沿 C 点的速度 v_C 方向和垂直于 v_C 方向的两个分力，则

$$\begin{cases} F_t = F\cos\alpha \\ F_n = F\sin\alpha \end{cases}$$

其中，沿 v_C 方向的分力 F_t 是使从动件运动的有效分力，而垂直于 v_C 方向的分力 F_n 使转动副 D 中产生附加径向力和摩擦阻力，是有害分力。

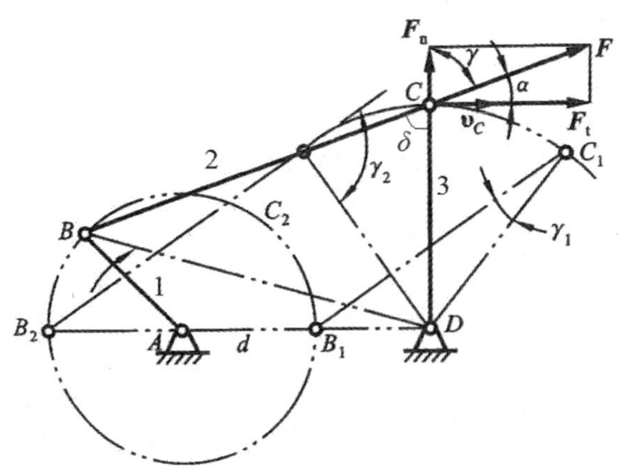

图 3-16　曲柄摇杆机构的压力角和传动角

在上式中若 α 越小，则 F_t 越大、F_n 越小，越有益于传动。所以，在曲柄摇杆机构中把作用于从动摇杆上的力 F 的作用线，与其作用点 C 的速度 v_C 的方向线之间所夹的锐角 α，称为从动连杆在此位置时的压力角或称为连杆机构的压力角。压力角 α 的余角称为连杆机构的传动角，用 γ 表示。γ 越大，对传动越有利。因此工程中常用传动角 γ 的大小衡量连杆机构传力性能的好坏。由图 3-16 中的几何关系可知，连杆 BC 和摇杆 CD 所夹锐角 δ 就等于传动角 γ，故可用测量 δ 的方法测量 γ。

在运动过程中，机构的传动角 γ 是变化的，当曲柄 AB 转到与连架杆 AD 共线的两个极限位置 AB_1、AB_2 时，传动角分别有两个极值 γ_1 和 γ_2，如图 3-16 所示，这两个值的大小可用几何方法求出，比较两者的大小，即可得出最小传动角 γ_{min}。为使机构具有良好的传力性能，设计时一般要求 $\gamma_{min}°\geqslant[\gamma°]$。通常取$[\gamma°]=40°$，对于高速和大功率的传动机械可取$[\gamma°]=50°$。

3. 死点位置

如图 3-17 所示，在曲柄摇杆机构中，若摇杆 CD 为 $\gamma_{min}°\geqslant[\gamma°]$的主动件，则当机构处于两个极限位置 C_1D 和 C_2D 时，连杆与曲柄在一条直线上，出现了传动角 $\gamma=0°$的情况。此时，主动件 CD 通过连杆作用于从动件 AB 上 B 点的驱动力 F 的作用线正好通过其回转中心 A，将不能驱动构件 AB 转动，机构的这种位置称为死点位置。

死点位置对于传动机构是不利的。为了克服死点位置，在连续运转状态下可利用从动件的惯性使其通过死点位置，图 3-18 所示的缝纫机踏板机构就是利用飞轮的惯性使曲柄通过死点。对于平行四边形机构，可采用机构联动错位排列的方法将死点位置错开，图 3-19 所示的蒸汽机车车轮联动机构就是利用两组机构错位排列，把两个曲柄的位置相互错开 90°，以克服机构的死点位置。

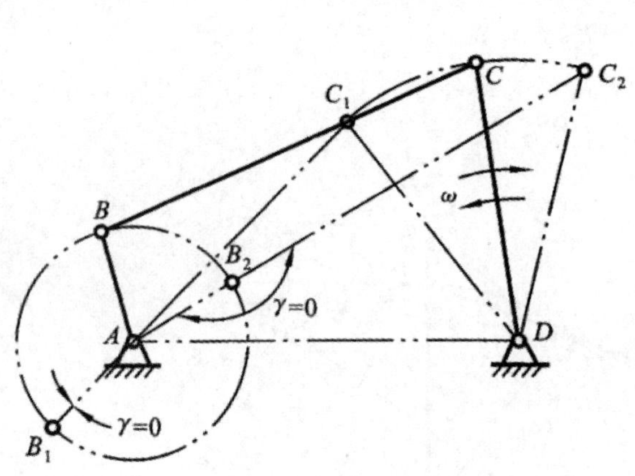

图 3-17　曲柄摇杆机构的死点位置

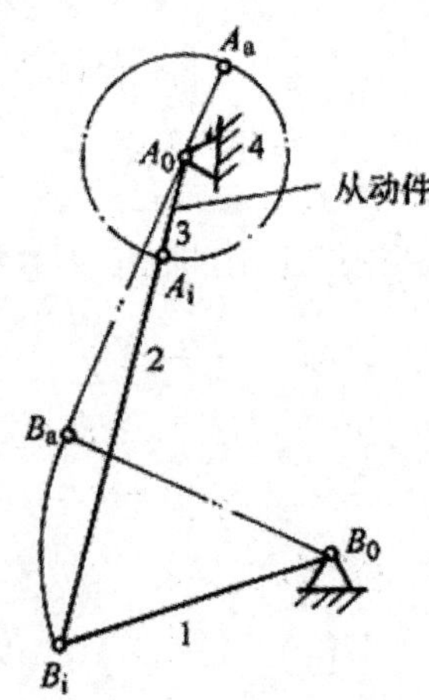

图 3-18　缝纫机踏板机构

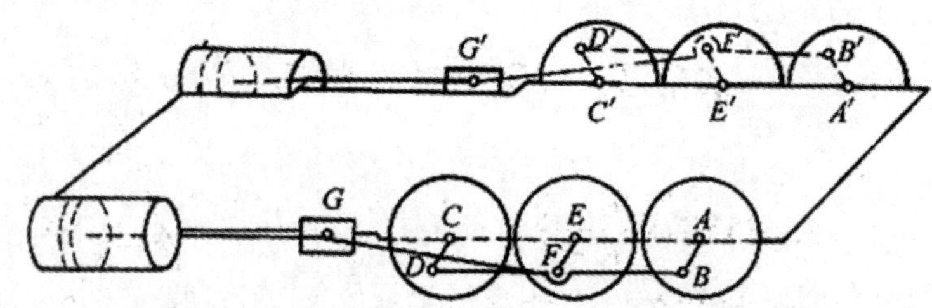

图 3-19　蒸汽机车车轮联动机构

在工程实际中，经常利用死点位置来满足一定的工作要求，如图 3-20 所示的工件夹紧机构，当用力 F 按下手柄 2 时，工件 5 即被夹紧在图示位置，然后撤去力 F。此时，由于机构的传动角为零，工件 5 给构件 1 的反作用力不会使机构自动松开。只有在手柄上加一个反方向的力，才能松开工件。又如图 3-21 所示的飞机起落架机构，当飞机着陆时，连杆 2 与从动连架杆 3 处于同一直线，使机构处于死点位置。降落时，在地面对轮子的巨大冲击力作用下，从动件 3 不会摆动，总保持支承状态，从而保证了着陆的安全可靠。只有当飞机起飞时，油缸工作在回程，才能收起机轮。

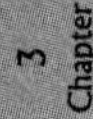

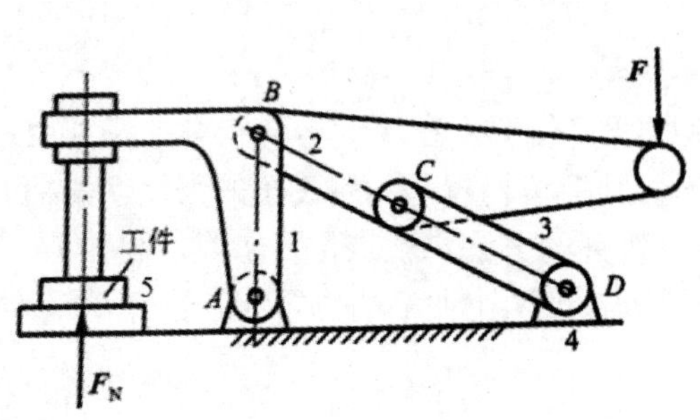

图 3-20　工件夹紧机构

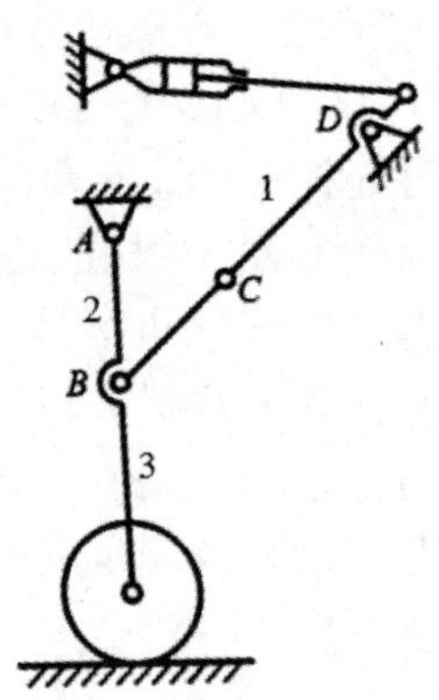

图 3-21　飞机起落架机构

3.2　凸轮机构

3.2.1　凸轮机构的基本类型

1. 凸轮机构的组成

凸轮机构是由凸轮、从动件和机架三个基本构件所组成的一种高副机构。凸轮是一个具有曲线轮廓或凹槽的构件，当它运动时，通过其上的曲线轮廓与从动件的高副接触，使从动件获得预期的运动。凸轮机构在各种机械，尤其是在自动化生产设备中得到了广泛的应用。

图 3-22 所示为一内燃机的配气机构。凸轮 1 是一个具有变化向径的盘形构件，当它回转时，迫使推杆 2 在固定导路 3 内做往复运动，以控制燃气在适当的时间进入汽缸或排出废气。

图 3-23 所示为自动机床的进刀机构。当具有凹槽的齿轮 1 回转时，其凹槽的侧面迫使从动件 2 绕 O 点做往复摆动，通过扇形齿轮和刀架上的齿条 3 控制刀架做进刀和退刀运动。

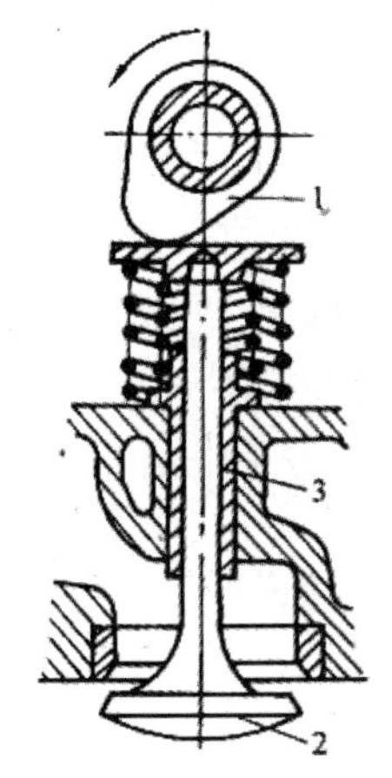

1—凸轮；2—推杆；3—固定导路

图 3-22　内燃机配气机构

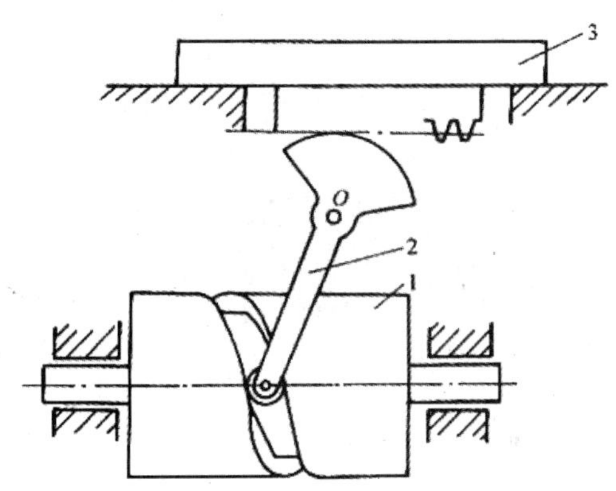

1—齿轮；2—从动件；3—齿条

图 3-23　自动机床进刀机构

2. 凸轮机构的分类

在工程实际中，凸轮机构的形式多种多样，常用的分类方法有三种：

（1）按凸轮的形状分。

1）盘形凸轮机构。如图 3-22 所示，凸轮是绕固定轴转动且具有变化向径的盘形构件，当凸轮绕其固定轴转动时，从动件在垂直于凸轮轴的平面内运动。它是凸轮的基本形式，结构简单，应用广泛。

2）移动凸轮机构。如图 3-24 所示，凸轮是具有曲线轮廓且只能做相对往复直线移动的构件，它可看作是轴心在无穷远处的盘行凸轮。

3）圆柱凸轮机构。如图 3-23 所示，凸轮的轮廓曲线位于圆柱面上，它可以看作是把移动凸轮卷成圆柱体而得。

（2）按从动件的形状分。

1）尖底从动件。如图 3-25（a）所示，从动件的尖底能够与任意复杂的凸轮轮廓保持接触，使从动件实现任意的运动规律。这种从动件结构最简单，但易于磨损，故仅适用于速度较低和作用力不大的场合。

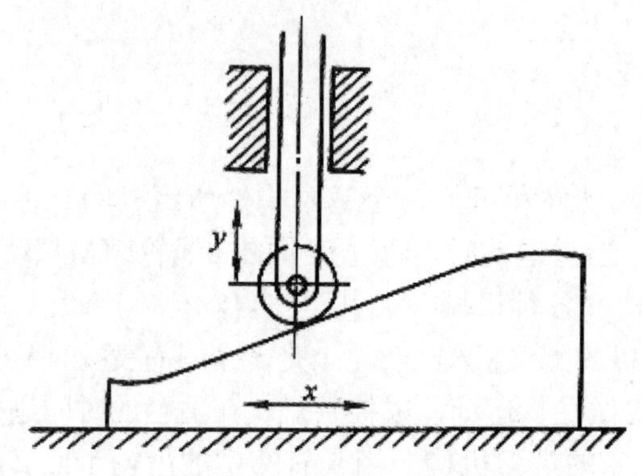

图 3-24　移动凸轮机构

2）滚子从动件。如图 3-25（b）所示，从动件的底部有可自由转动的滚子，凸轮与从动件之间的摩擦为滚动摩擦，减小了摩擦磨损，可用来传递较大的动力，故应用较广。

3）平底从动件。如图 3-25（c）所示，从动件与凸轮之间为线接触，接触处易形成油膜，润滑状况好，传动效率高，常用于高速场合，但仅能与轮廓全部外凸的凸轮相配合。

各种型式的从动件中，既有做直线往复移动的从动件，也有绕定轴摆动的从动件，前者称为直动从动件，如图 3-24 和图 3-25 所示。后者称为摆动从动件，如图 3-23 所示。在直动从动件中，若尖底或滚子中心的轨迹通过凸轮的轴心，称为对心直动从动件，如图 3-25（a）所示；否则称为偏置直动从动件，如图 3-25（b）所示。

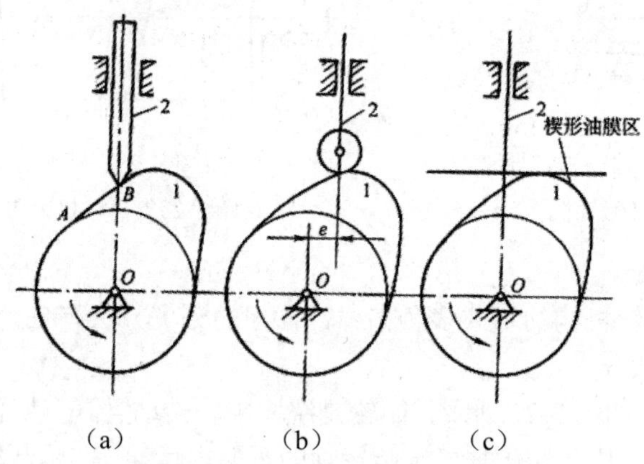

图 3-25　从动件形状不同的凸轮机构

（3）按凸轮与从动件保持接触的方式分。

1）力封闭凸轮机构。如图 3-22 所示，利用从动件的重力、弹簧力或其他外力使从动件与凸轮保持接触。

2）形封闭凸轮机构。如图 3-23 所示，依靠凸轮与从动件的特殊结构来保持从动件与凸轮接触。图 3-26 列出了常用的形封闭凸轮机构，其中图 3-26（a）所示为沟槽凸轮机构，图 3-26（b）所示为宽凸轮结构，图 3-26（c）所示为等径凸轮机构，图 3-26（d）所示为共轭凸轮机构。

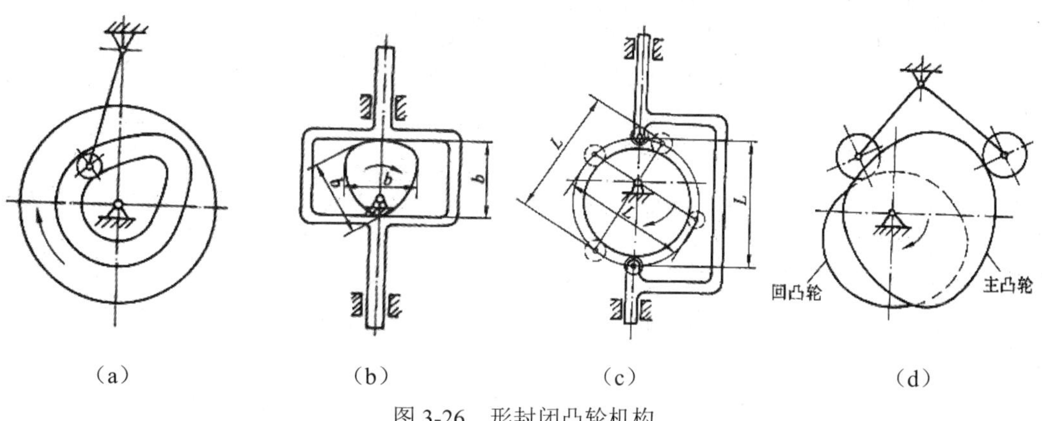

（a）　（b）　（c）　（d）

图 3-26　形封闭凸轮机构

3.2.2　从动件常用的运动规律

图 3-27（a）所示为一对心直动尖底从动件盘形凸轮机构。图中以凸轮轮廓最小向径 r_b 为半径所作的圆称为凸轮的基圆，r_b 称为基圆半径。图 3-27（b）所示为对应于凸轮转动一周从动件的位移线图。横坐标代表凸轮的转角 φ，纵坐标代表从动件的位移 s。在该位移线图上，由 a 到 b 是从动件上升的那段曲线。与这段曲线相对应的从动件的运动是远离凸轮轴心的运动，我们把从动件的这一行程称为推程，从动件所移动过的距离称为行程，用 h 表示；相应的凸轮转角∠AOB 称为推称运动角，用 φ_0 表示；由 b 到 c 是从动件在最远处静止不动的曲线，对应的凸轮转角∠BOC 称为远休止角，用 φ_s 表示；由 c 到 d 是从动件由最远位置回到初始位置的曲线，这一行程称为回程，对应的凸轮转角∠COD 称为回程运动角，用 φ_0' 表示，由 d 到 a 是从动件在最近处静止不动的曲线，对应的凸轮转角∠DOA 称为近休止角，用 φ_s' 表示。当凸轮连续回转时，从动件将重复“升—停—降—停”的循环。

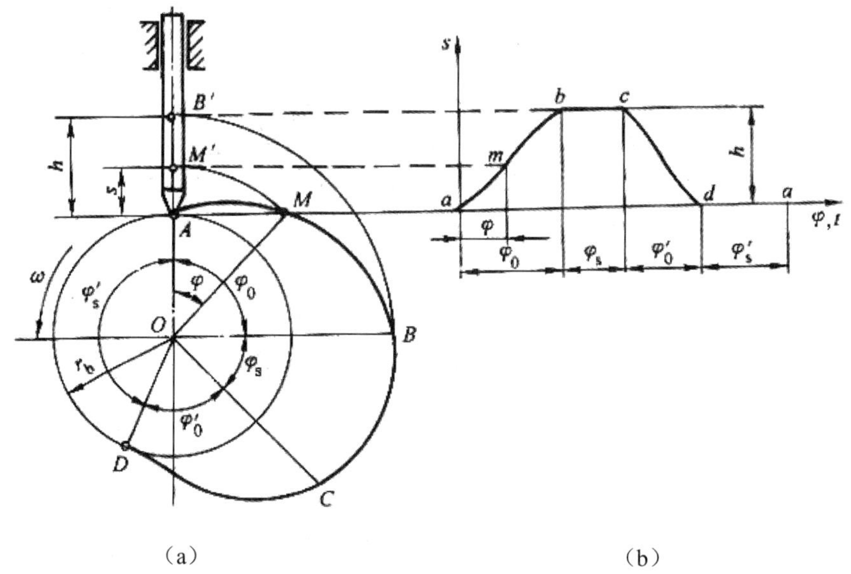

（a）　（b）

图 3-27　对心直动尖底从动件盘形凸轮机构的运动过程

所谓从动件的运动规律，是从动件的位移 s、速度 v、加速度 a 与凸轮转角 φ 变化的规律。它们全面地反映了从动件的运动特性及其变化的规律性。从动件的运动规律很多，本书以直动从动件盘形凸轮机构为例来介绍几种常用的运动规律。

1. 等速运动规律

从动件运动的速度为常数时的运动规律，称为等速运动规律。这种运动规律中，从动件的位移 s 与凸轮的转角 φ 成正比。其推程运动的位移线图如图 3-28（a）所示。从动件运动时的速度保持常数，但在行程始末两端速度有突变，如图 3-28（b）所示。加速度在理论上应有从+∞到-∞的突变，如图 3-28（c）所示，因而会产生非常大的惯性力，导致机构的剧烈冲击，这种冲击称为刚性冲击。因此，若单独采用此运动规律，仅适用于低速轻载的场合。

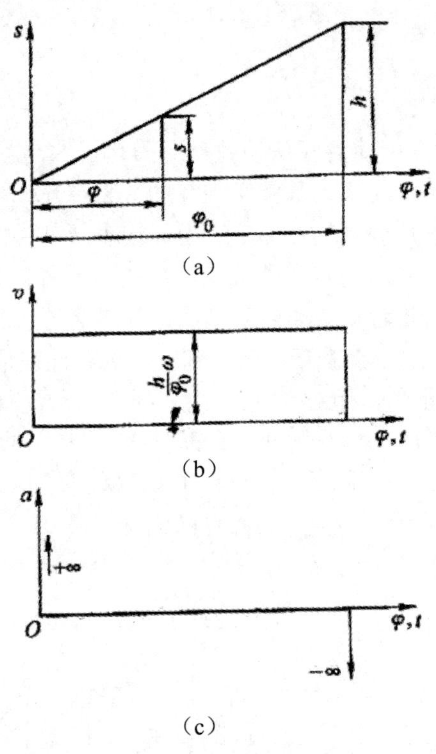

图 3-28　等速运动规律

2. 等加速等减速运动规律

从动件在一个行程中，先做等加速运动，后做等减速运动，且通常加速度与减速度的绝对值相等，这样的运动规律称为等加速等减速运动规律。其推程运动线是连续的，不会产生刚性冲击。但在图 3-29 的加速度曲线中的加速度存在有限突变，使从动件的惯性力也随之发生突变，从而与凸轮轮廓间产生一定的冲击，这种冲击称为柔性冲击，它比刚性冲击要小得多。因此，此运动规律一般可用于中速轻载的场合。

3. 余弦加速度运动规律

从动件运动时，其加速度是按余弦规律变化的，这种规律称为余弦加速度运动规律，也称为简谐运动规律。其推程运动线如图 3-30 所示。这种运动规律在行程的始末两点加速度发生有限突变，故也会引起柔性冲击。因此，在一般情况下，它也仅适用于中速中载的场合。当从动件做“升—降—升”运动循环时，若在推程和回程中，均采用此运动规律，则可获得包括始末点的全程光滑连续的加速度曲线。在此情况下，不会产生冲击，故可用于高速凸轮机构。

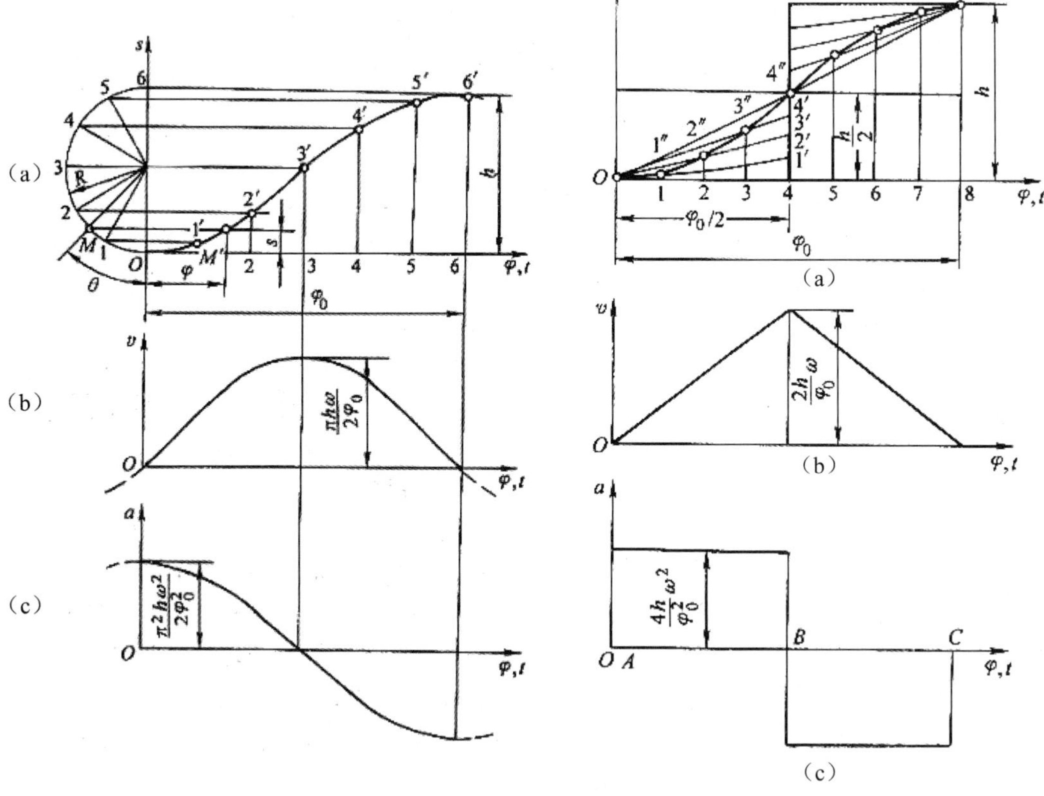

图 3-29　等加速等减速运动规律　　图 3-30　余弦加速度运动规律

3.3 间歇机构

3.3.1 棘轮机构

1. 棘轮机构的组成及其特性

图 3-31 所示为常见的外啮合轮齿式棘轮机构，它主要由棘轮 1、主动棘爪 2、止回棘爪 4 和机架 5 组成。为保证棘爪顺利地进入齿槽，一般取棘轮齿面倾角 α=15°～20°。当主动摆杆 3 逆时针摆动时，摆杆上铰接的主动棘爪 2 插入棘轮 1 的齿内，推动棘轮同向转动一定角度。当主动摆杆顺时针摆动时，止回棘爪 4 阻止棘轮反向转动，此时主动棘爪在棘轮的齿背上滑过，棘轮静止不动，从而实现将主动件的往复摆动转换为从动棘轮的间歇转动。为保证棘爪工作可靠，常利用弹簧 6 使止回棘爪紧压齿面。

棘轮机构结构简单、制造方便、运动可靠，且转角大小可调，但转动平稳性差，工作时有噪声。因此，仅适于低速、轻载和转角不大的场合。

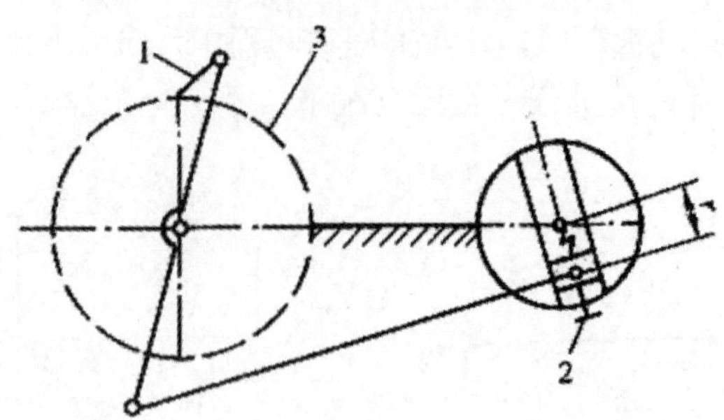

1－棘爪；2－调节丝杠；3－棘轮

图 3-31　棘轮机构

2. 棘轮转角的调节方法

常用的棘轮转角调节方法有以下两种：

（1）改变摇杆摆角的大小来调节棘轮的转角。如图 3-32 所示，棘轮机构是利用曲柄摇杆机构来带动棘爪 1 做往复摆动的。

转动调节丝杠 2 即可改变曲柄的长度 l，反之，棘轮 3 的转角就会增大。

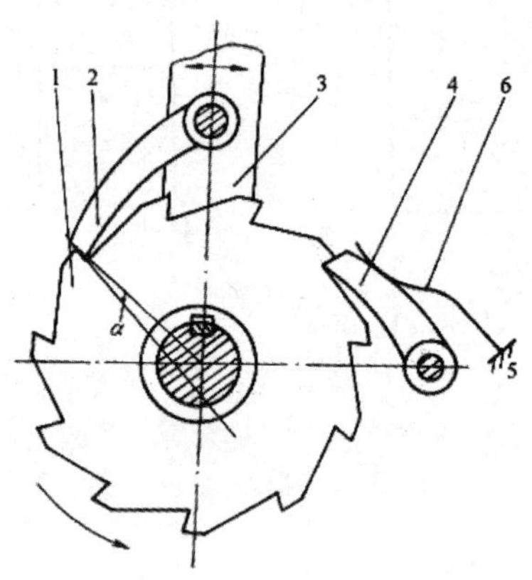

1－棘轮；2－主动棘爪；3－主动摆杆；4－止回棘爪；5－机架；6－弹簧

图 3-32　曲柄摇杆机构调节棘轮的转角

（2）利用遮板来调节棘轮的转角。如图 3-33 所示，在棘轮 2 的外面罩一遮板 1（遮板不随棘轮一起运动）。变更遮板 1 的位置，可使棘爪 3 行程的一部分在遮板上滑过，不与棘轮 2 的轮齿接触，从而改变棘轮转角的大小。

3. 棘轮机构的应用

（1）间歇送进。图 3-34 所示为牛头刨床工作台机构。主动曲柄 3 做等速转动，通过连杆 4 使摇杆 5 和棘爪做往复摆动，棘爪推动棘轮 6，使其与相同固联的进给丝杆 7 做间歇转动，从而使工作台做横向间歇进给运动。

（2）制动。图 3-35 所示为起动设备中的棘轮制动器，正常工作时，卷筒逆时针转动，棘爪 2 在棘轮 1 齿背上滑过。当突然停电或原动机出现故障时，卷筒在重物 W 的作用下有顺时针转动的趋势。此时，棘爪 2 与棘轮 1 啮合，阻止卷筒逆转，起制动作用。

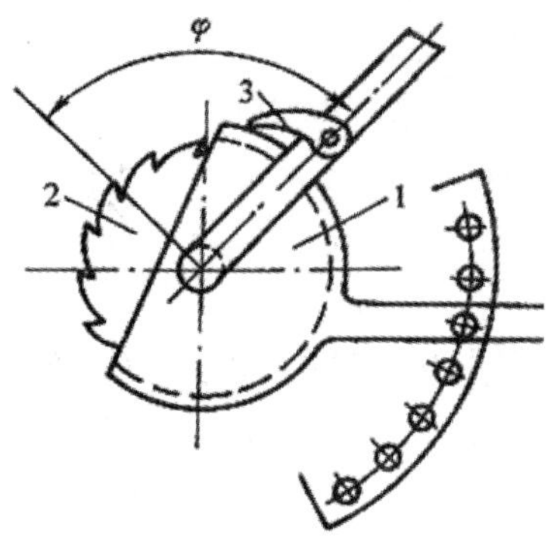

1—遮板；2—棘轮；3—棘爪

图 3-33　遮板调节棘轮的转角

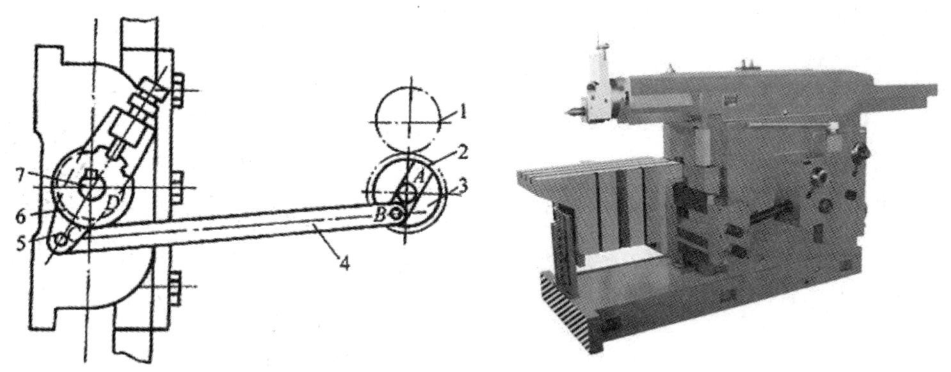

1、2—齿轮；3—主动曲柄；4—连杆；5—摇杆；6—棘轮；7—进给丝杠

图 3-34　牛头刨床工作台送进机构

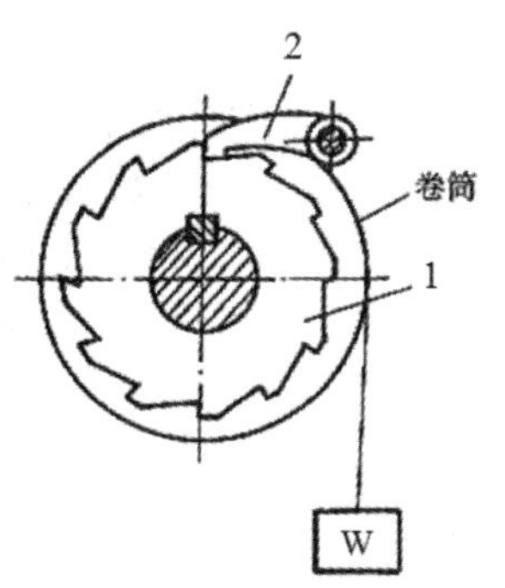

1—棘轮；2—棘爪

图 3-35　棘轮制动器

（3）超越。图 3-36 所示为自行车后轴上的棘轮机构，当脚蹬踏板时，由链轮 1 和链条 2 带动内圈具有棘齿的链轮 3 顺时针转动，再由棘爪 4 带动后轴 5 顺时针转动，从而驱动自行车前进。当自行车下坡或歇脚休息时，踏板不动，后轮轴 5 借助下滑力或惯性超越链轮 3 而转动。棘爪 4 在棘轮齿背上滑过，产生从动件转速超过主动件转速的超越运动，从而实现不蹬踏板的滑行。

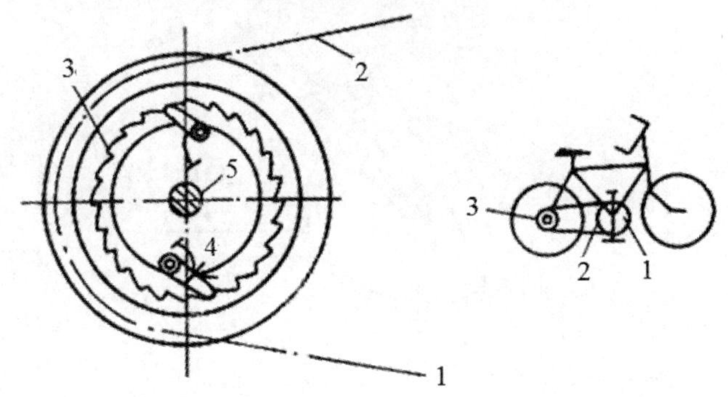

1、3—链轮；2—链条；4—棘爪；5—后轮轴

图 3-36　超越棘轮机构

3.3.2　槽轮机构

1．槽轮机构的组成和工作原理

图 3-37（a）所示的槽轮机构由带有圆销 *A* 的拨盘 1、具有径向槽的槽轮 2 及机架组成。拨盘 1 为主动件，槽轮 2 为从动件。当主动拨盘 1 逆时针做等速连续运动，而圆销 *A* 未进入径向槽时，槽轮因其内凹的锁止弧 *efg* 被拨盘外凸的锁止弧 *abc* 锁住而静止；当圆销 *A* 开始进入径向槽时，*abc* 弧和 *efg* 弧脱开，槽轮 2 在圆销 *A* 的驱动下顺时针转动；当圆销 *A* 开始脱离径向槽时[图 3-37（b）]，槽轮因另一锁止弧又被锁住而静止，从而实现从动槽轮的单向间歇转动。

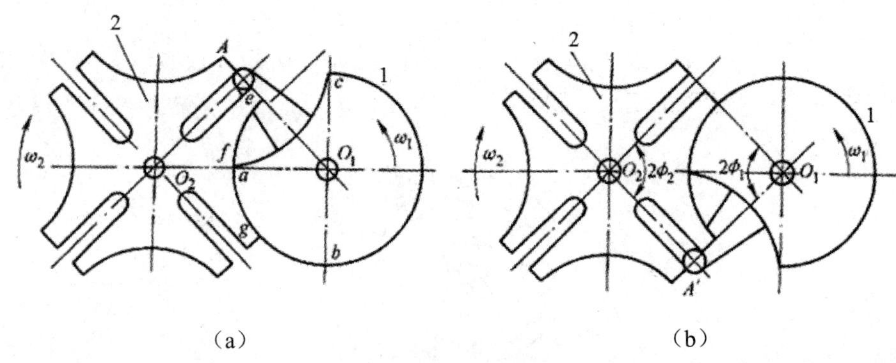

（a）　　　　　　　　　　　　　（b）

1—拨盘；2—槽轮

图 3-37　槽轮机构

2．槽数与圆销数对槽轮机构运动关系的影响

如图 3-37 所示，在外槽轮机构中，当主动拨盘 1 转一周时，从动槽轮 2 的运动时间 t_2 与主动拨盘 1 的运动时间 t_1 之比称为该槽轮机构的运动因数，用 τ 表示，即

$$\tau = \frac{t_2}{t_1} \tag{3-3}$$

由于主动拨盘 1 通常为等速转动，故上述时间的比值可用拨盘转角的比值表示。对于图 3-37 所示的单圆销外槽轮机构，时间 t_2 与 t_1 所对应的转角分别为 $2\phi_1$ 与 2π，故

$$\tau = \frac{t_2}{t_1} = \frac{2\phi_1}{2\pi} \tag{3-4}$$

为了避免槽轮 2 在起动和停歇时产生刚性冲击，圆销 A 进入和退出径向槽时，径向槽的中心线应切于圆销中心的运动圆周。因此，由图 3-37（b）可知，对应于槽轮每转过$2\phi_2 = \frac{2\pi}{z}$角度，主动拨盘的转角为：

$$2\phi_1 = \pi - 2\phi_2 = \pi - \frac{2\pi}{z} \tag{3-5}$$

将式（3-6）代入式（3-5），可得槽轮机构的运动因数为：

$$\tau = \frac{t_2}{t_1} = \frac{2\phi_1}{2\pi} = \frac{\pi - \frac{2\pi}{z}}{2\pi} = \frac{z-2}{2\pi} = \frac{1}{2} - \frac{1}{z} \tag{3-6}$$

因为运动因数 τ 应大于零，所以由上式可知，外槽轮径向槽的数目 z 应大于或等于 3。从上式还可看出，τ 总是小于 0.5，这说明在这种槽轮机构中，槽轮的运动时间总小于其静止时间。

若欲使 $\tau \geqslant 0.5$，即让槽轮的运动时间大于其停歇时间，可在拨盘上安装多个销。设均匀分布的圆销数为 K，且各圆销中心离拨盘中心 O_1 等距，则运动因数 τ 为：

$$\tau = K\frac{z-2}{2z} \tag{3-7}$$

因 τ 应小于 1，故

$$\tau < \frac{z-2}{2z} \tag{3-8}$$

由式（3-7）和式（3-8）可知，圆销数目 K 的选择与槽轮的槽数 z 有关。因为 K 和 z 只能为整数，所以当 z=3 时，K=6，K 可取 1～5；当 z=4 或 z=5 时，K 可取 1～3；当 $z \geqslant 6$ 时，K 可取 1 或 2。槽轮机构的槽数的取值范围一般为 Z=4～8。

3. 槽轮机构的特点与应用

槽轮机构具有结构简单、制造容易、工作可靠等优点。但在工作时，有柔性冲击，且随着转速的增加及槽轮槽数 z 的减小而加剧。又因为槽轮的转角大小不能调节，故槽轮机构一般应用在转速较低且要求间歇转动的场合。如图 3-38 所示为槽轮机构在电影放映机中的应用，槽轮机构使电影胶片间歇地移动。

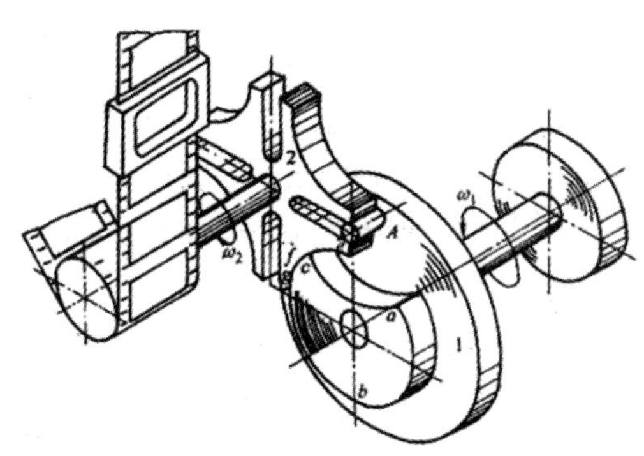

1—主动轮；2—从动轮

图 3-38 电影放映机槽轮机构

3.3.3 不完全齿轮机构

1. 不完全齿轮机构的组成及工作原理

不完全齿轮机构是由普通齿轮机构演变而成的间歇运动机构。它与普通齿轮机构的区别在于其轮齿没有布满整个圆周。在如图 3-39 所示的不完全齿轮机构中，当主动轮 1 做连续转动时，从动轮 2 做间歇运动。当从动轮 2 处于间歇位置时，从动轮上的锁止弧 S_2 与主动轮上的锁止弧 S_1 相配合，以保证从动轮停歇在确定的位置上。

2. 不完全齿轮机构的特点和应用

不完全齿轮机构与其他间歇运动机构相比，其结构简单、易于制造。并且，从动轮停歇的次数、每次停歇的时间以及每次转动的转角等参数的选择范围比棘轮机构和槽轮机构大，因而较易于设计。但不完全齿轮机构中从动轮转动的起始点和终止点角速度有突变，冲击较大，故一般仅适于低速、轻载的工作场合。

不完全齿轮机构有外啮合和内啮合两种类型，如图 3-39 和图 3-40 所示，一般多用外啮合。不完全齿轮机构常用于自动或半自动机床的间歇转位机构、计算机构及某些间歇进给机构等。在其他自动机械中，也有较广泛的应用。

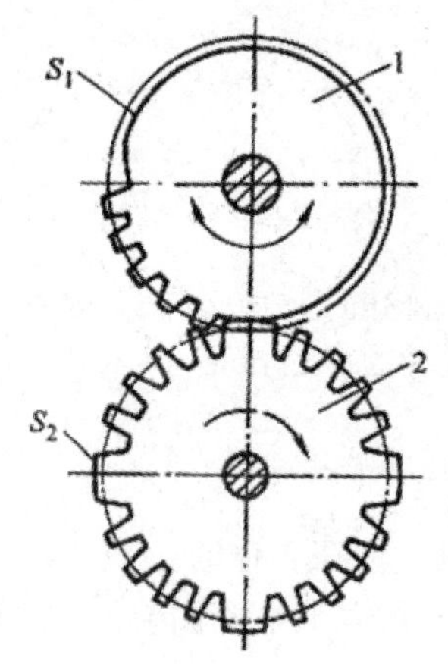

1—不完全齿轮 1；2—不完全齿轮

图 3-39　外啮合不完全齿轮机构

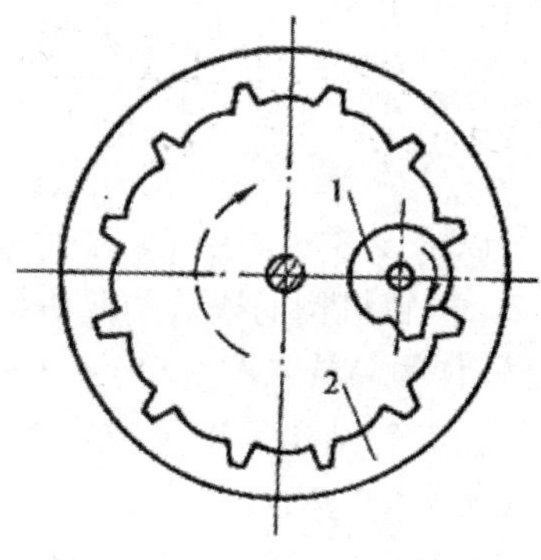

图 3-40　内啮合不完全齿轮机构

3 Chapter

练习题

1．铰链四杆机构 $ABCD$ 中，已知 l_{AB}=55mm，l_{BC}=40mm，l_{CD}=50mm，l_{AD}=25mm。试求：

（1）取哪个构件为机架可得曲柄摇杆机构？

（2）取哪个构件为机架可得双曲柄机构？

（3）取哪个构件为机架可得双摇杆机构？

（4）若取 AB 为机架，AD 为原动件，该机构将变成什么机构？转动副 C、D 将变成整转副，还是摆转副？

2．铰链四杆机构 $ABCD$ 中，已知 l_{BC}=50mm，l_{CD}=35mm，l_{AD}=30mm。取 AD 为机架，试求：

（1）如果该机构成为曲柄摇杆机构，且 AB 是曲柄，求 l_{AB} 的取值范围。

（2）如果该机构成为双曲柄机构，求 l_{AB} 的取值范围。

（3）如果该机构成为双摇杆机构，求 l_{AB} 的取值范围。

3．已知从动件的行程 h=40mm。

（1）若推程运动角 φ_0=180°，试用图解法画出从动件在推程时，按余弦加速度运动规律运动的位移曲线。

（2）若回程运动角 φ_0'=180°，试用图解法画出从动件在回程时，按等加速等减速运动规律运动的位移曲线。

4

机械传动

机械传动有多种形式，主要可分为两类：一类是靠机件间的摩擦力传递动力和运动的摩擦传动，包括带传动。摩擦传动容易实现无级变速，大都能适应轴间距较大的传动场合，过载打滑还能起到缓冲和保护传动装置的作用。但带传动不能用于大功率的场合，也不能保证准确的传动比。另一类是靠主动件与从动件啮合或借助中间件啮合传递动力或运动的啮合传动，包括齿轮传动、链传动、螺旋传动等。啮合传动能够用于大功率的场合，传动比准确，但一般要求较高的制造精度和安装精度。

摩擦传动一般不如啮合传动可靠，但摩擦传动通常可起到过载保护作用。

4.1 带传动

4.1.1 带传动的工作原理、特点和类型

1. 工作原理

在机械传动系统中，经常采用带传动来传递运动和动力。

带传动是在两个或多个带轮之间用带作为挠性拉曳零件的传动，工作时借助零件之间的摩擦（或啮合）来传递运动或动力。

如图 4-1（a）所示，摩擦型带传动由主动轮 1，从动轮 2 和紧绕在主、从动带轮上的传动带 3 所组成。带传动静止时，靠预紧力在带与带轮间产生正压力。工作时，主动轮 1 依靠正压力所产生的摩擦力驱使传动带 3 运行，传动带 3 又依靠摩擦力使从动带轮 2 回转，从而将主动轴的运动和动力传递给从动轮。带的预紧由张紧装置实现。

2. 带传动的主要类型

根据传动方式的不同，带传动分为以下两种类型：

（1）摩擦带传动。摩擦带传动是依靠带与带轮面间的摩擦力传动。按照带的截面形状，摩擦带又分为以下四种：

1）平带。如图 4-2（a）所示，带的横截面为扁平矩形，工作面为内表面，质轻挠性好。常用的平带为橡胶帆布带。

（a）摩擦型　　（b）啮合型　　（c）齿孔带

图 4-1　带传动简图

2）V 带。如图 4-2（b）所示，带的横截面为等腰梯形，工作面为两侧面，也称三角带。与平带相比，由于是楔面摩擦，摩擦力大，承载能力高，结构紧凑，故应用最广。

3）多楔带。如图 4-2（c）所示，是平带和 V 带的组合结构，其楔形部分嵌入带轮上的楔形槽内，靠楔面摩擦工作。摩擦力和横向刚度较大，兼有平带挠性好和 V 带摩擦力大的优点，故适用于传递功率较大且要求结构紧凑的场合，也可用于载荷变动较大或有冲击载荷的传动。

4）圆带。如图 4-2（d）所示，带的横截面为圆形，通常用皮革或棉绳制成。适用于较小功率，如仪表、牙科医疗器械、缝纫机等。

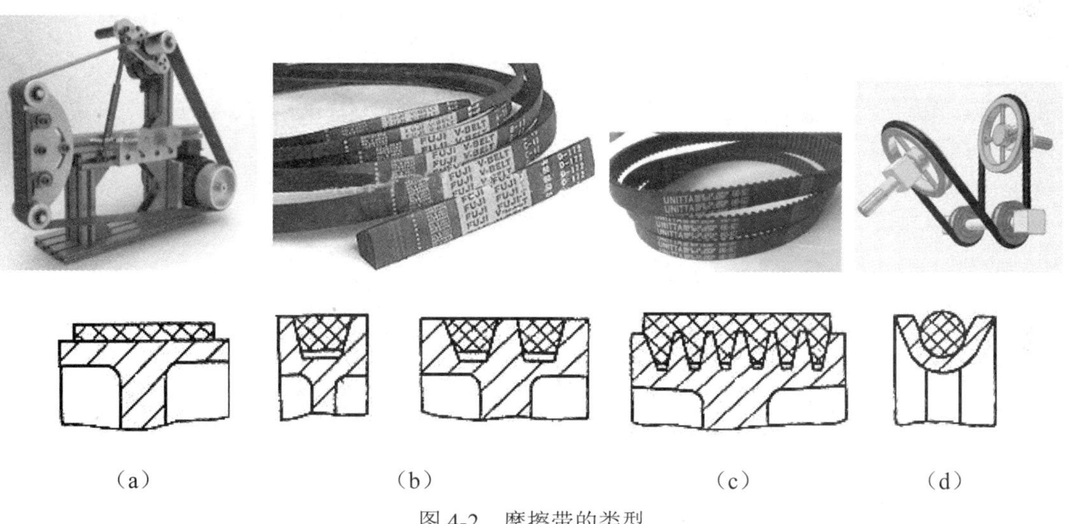

（a）　　（b）　　（c）　　（d）

图 4-2　摩擦带的类型

（2）啮合带传动。啮合带传动是依靠带上的齿或孔和轮上的齿直接啮合的传动。因此工作时不会发生滑动，能获得准确的传动比。它兼有带传动和齿轮传动的特性和优点，传动效率高，传动比较大。此外，由于不是靠摩擦传递动力，带的预紧力可以很小，作用于轴和轴承上的力也就很小。

1）同步带传动。如图 4-1（b）所示，同步带的工作面有齿，与带轮的齿槽啮合传动，故传动比恒定。常用于数控机床、纺织机械、收录机等需要速度同步的场合。其主要缺点是制造和安装精度要求较高，中心距要求较严格。

2）齿孔带传动。如图 4-1（c）所示，工作时，带上的孔与轮上的齿相啮合传递运动。这种传动同样可保证同步，如电影放映机、打字机等。

3. 摩擦带传动的特点

带传动是具有中间挠性件的一种传动，故其优点为：

（1）带具有挠性，起缓冲吸振作用，故运行平稳，无噪声。

（2）过载时将引起带在带轮上打滑，因而可防止其他零件的损坏，起到保护整机的作用。

（3）结构简单，制造和安装精度不像啮合传动那样严格。

（4）可增加带长以适应中心距较大的工作条件（可达 15m）。

带传动有如下缺点：

（1）有弹性滑动和打滑，使效率降低和不能保持准确的传动比。

（2）传递同样大的圆周力时，轮廓尺寸和轴上的压力都比啮合传动大。

（3）带的寿命较短。

4.1.2 V 带的结构、标准及带轮的结构和材料

1. V 带的构造及其截面尺寸

V 带有普通 V 带、窄 V 带和宽 V 带等多种类型。一般多使用普通 V 带，现在窄 V 带的使用也日渐广泛。

普通 V 带都制成无接头的环形，由顶胶 2、抗拉体（承载层）1、底胶 3 和包布 4 组成，如图 4-3 所示。承载层是胶帘布或胶绳芯。帘布芯制造方便，而绳芯结构柔韧性好，适用于转速较高、带轮直径较小的场合。顶胶和底胶分别承受带在运行时的拉伸和压缩。包布层材料为橡胶帆布。普通 V 带截面尺寸已标准化，按截面大小由小到大分为 Y、Z、A、B、C、D、E 七种型号，其相应尺寸见表 4-1。楔角 θ 为 40°，相对高度 $h/b_p \approx 0.7$。在相同条件下，截面尺寸越大，传递的功率也越大。

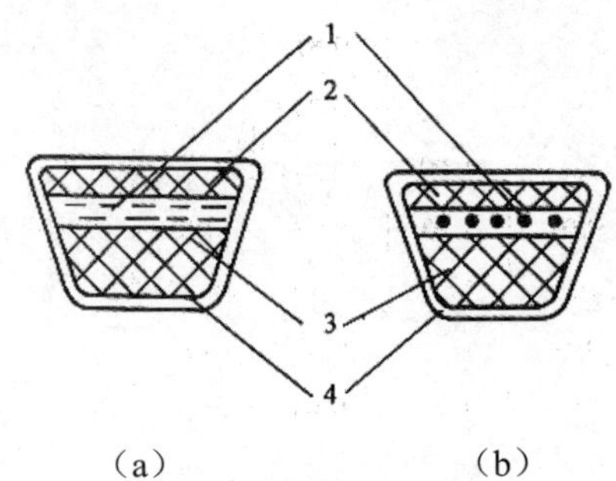

图 4-3 V 带的构造

表 4-1 普通 V 带截面尺寸

型号	Y	Z	A	B	C	D	E
节宽 b_p/mm	5.3	8.5	11	14	19	27	32
顶宽 b/mm	6	10	13	17	22	32	38
高度 h/mm	4	6	8	11	14	19	25
单位长度质量 q/（kg/m）	0.04	0.06	0.1	0.17	0.3	0.62	0.90

V 带运行时周长不变的圆周称为节线，全部节线组成带的节面，节面的宽度称为节宽，用 b_p 表示。V 带装在 V 带轮上，和节宽相对应的带轮直径称为基准直径，用 d_d 表示，基准直径系列见表 4-2。

表 4-2　普通 V 带带轮的最小基准直径

型号	Y	Z	A	B	C	D	E
d_{min}	20	50	75	125	200	355	500
d_d 的范围	20～125	50～630	75～800	125～1125	200～2000	355～2000	500～2500
d_d 的标准系列值	22　22.4　25　31.5　40　45　50　56　63　67　71　75　80　85　90　95　100　106 112　118　125　132 140　150　160　170　180　200　212　224　236　250　265　280 300　315　355　375　400　425						

V 带在规定的张紧力下，带与带轮基准直径上的周线长度称为基准长度，用 L_d 表示。V 带的基准长度已标准化，见表 4-3。

表 4-3　普通 V 带基准长度 L_d 及长度系数 K_L

L_d/mm	K_L				L_d/mm	K_L					
	Z	A	B	C		Z	A	B	C	D	E
400	0.87				2000		1.03	0.98	0.88		
450	0.89				2240		1.06	1.00	0.91		
500	0.91				2500		1.09	1.03	0.93		
560	0.94				2800		1.11	1.05	0.95	0.83	
630	0.96	0.81			3450		1.13	1.07	0.97	0.86	
710	0.99	0,83			3550		1.17	1.09	0.99	0.89	
800	1.00	0.85			4000		1.19	1.13	1.02	0.91	
900	1.03	0.87	0.82		4500			1.15	1.04	0.93	0.90
1000	1.06	0.89	0.84		5000			1.18	1.07	0.96	0.92
1120	1.08	0.91	0.86		5600				1.09	0.98	0/95
1250	1.11	0.93	0.88		6300				1.12	1.00	0.97
1400	1.14	0.96	0.90		7100				1.15	1.03	1.00
1600	1.16	0.99	0.92	0.83	8000				1.18	1.06	1.02
1800	1.18	1.01	0.95	0.86	9000				1.21	1.08	1.05

2. 带轮槽结构及其截面尺寸

V 带轮轮槽结构形状及其截面尺寸见表 4-4，带轮槽角 φ 随基准直径 d_d 变化，以适应带在弯曲时楔角的变化。

3. 带轮的结构

对带轮的主要要求是重量轻、加工工艺性好、质量分布均匀，与普通 V 带接触的槽面应光洁，以减轻带的磨损。对于铸造和焊接带轮内应力要小。带轮由轮缘、轮幅和轮毂三部分组成。带轮的外圈环形部分称为轮缘，装在轴上的筒形部分称为轮毂，中间部分称为轮幅，如图 4-4 所示。

表 4-4　普通 V 带带轮轮槽尺寸（mm）

槽形截面尺寸			型号					
			Z	A	B	C	D	E
槽根高 h_{fmin}			7.0	8.7	10.8	14.3	19.9	23.4
槽顶高 h_{amin}			2.0	2.75	3.5	4.8	8.1	9.6
槽间距 e			12	15	19	25.5	37	44.5
槽边宽 f_{min}			7	9	11.5	16	23	28
基准宽度 b_d			8.5	11	14	19	27	32
轮缘厚度 δ			5.5	6	7.5	10	12	15
轮宽 B			$B=(z-1)e+2f$					
外径 d_a			$d_a=d_d+2h_a$					
槽角 φ	34°	基准直径 d_d	≤80	≤118	≤190	≤315		
	36°						475	600
	38°		>80	>118	>190	>315	>475	>600

图 4-4　带轮的结构

带轮的常用材料是铸铁，如 HT-150、HT-200。转速较高时，可用铸钢或钢板焊接；小功率时可用铸造铝合金或工程塑料。带轮的其他结构尺寸可参考有关资料。

4.1.3　带传动的工作能力分析

1.　带传动的受力分析

带传动在静止时，即以一定的初拉力 F_0 紧套在两个带轮上，因而在带和带轮间产生了正压力。这时，传递带两边的拉力相等，都等于 F_0，如图 4-5（a）所示。

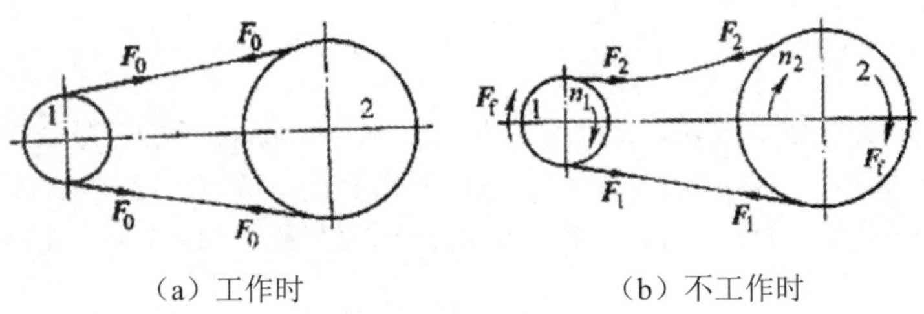

（a）工作时　　（b）不工作时

图 4-5　带传动的工作原理图

带传动工作时，由于摩擦力的作用，两边的拉力不再相等，如图 4-5（b）所示。设主动轮以转速 n_1 旋转，绕入主动轮一边的带被拉紧，拉力增为 F_1，称紧边；绕出主动轮一边的带被放松，拉力减小为 F_2，称松边。如果近似地认为带工作时的总长度不变，则带紧边拉力的增加量应等于松边拉力的减少量，即

$$F_1 - F_0 = F_0 = F_2$$

或 $$F_1 + F_2 = 2F_0$$

带传动的有效拉力 $F=F_1-F_2$，也等于带与带轮间摩擦力的总和。有效拉力 F（N）、带速 v（m/s）和带所传递的功率 P（kW）之间的关系为：

$$P = \frac{Fv}{1000}$$

在其他条件不变且初拉力一定时，带与带轮间的摩擦力有一定的极限值，这个极限值就限制着带传动的传动能力。在一定条件下，如果工作阻力超过摩擦力的极限值，带就在轮面上发生全面滑动——打滑，这时传动不能正常工作。

2. 带传动的弹性滑动和打滑

带的弹性滑动和打滑是由于带是弹性体，受力不同时伸长量不等，使带传动发生弹性滑动的现象。如图 4-6 所示，带自 b 点绕上主动轮时，带的速度和带轮表面的速度是相等的，但当它沿接触弧面 bc 继续前进时，带的拉力由 F_1 降低到 F_2，所以带的拉伸弹性变形也要相应减小，亦即带在逐渐缩短，带的速度要落后于带轮，因此两者之间必然发生相对滑动。同样的现象也发生在从动轮上，但情况恰好相反，在带绕上从动轮时，带和带轮具有同一速度，但当带沿前进方向时却不是缩短而是被拉长，使带的速度领先于带轮。上述现象称为带的弹性滑动。

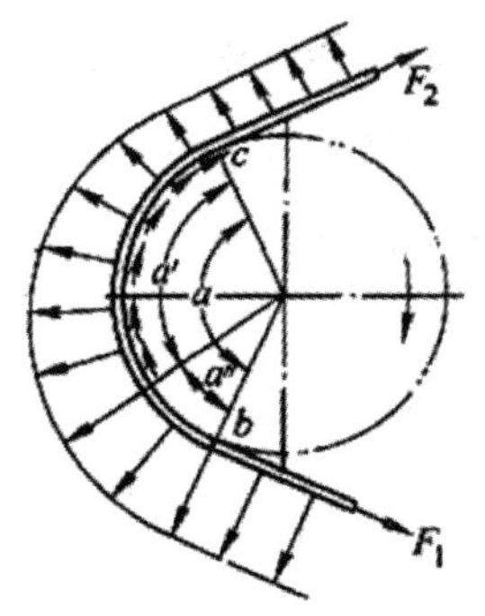

图 4-6 带传动中的弹性打滑

弹性滑动引起的后果：①从动轮的圆周速度低于主动轮；②降低了传动效率；③引起带的磨损；④使带温度升高。

在带传动中由于摩擦力使带的两边发生不同程度的拉伸变形。既然摩擦力是这类传动所必需的，所以弹性滑动也是不能避免的。选用弹性模量大的带材料可以降低弹性滑动。

不能将弹性滑动和打滑混淆起来，打滑是由于过载所引起的带在带轮上的全面滑动，是带传动的失效形式之一。打滑可以避免，弹性滑动不能避免。

4.1.4 V带传动的张紧、安装与维护

1. 带传动的张紧

由于传动带不是完全的弹性体，工作一段时间后，会因伸长变形而产生松弛现象，使初拉力降低，带的工作能力也随之下降。因此，为保证必需的初拉力，应经常检查并及时重新张紧。常用的张紧方法是：

（1）改变带传动的中心距。

1）定期张紧。例如把装有带轮的电动机安装在滑道上并用螺钉调整，如图 4-7（a）所示；或摆动电机底座并调整螺栓使底座转动，如图 4-7（b）所示，即可达到张紧的目的。

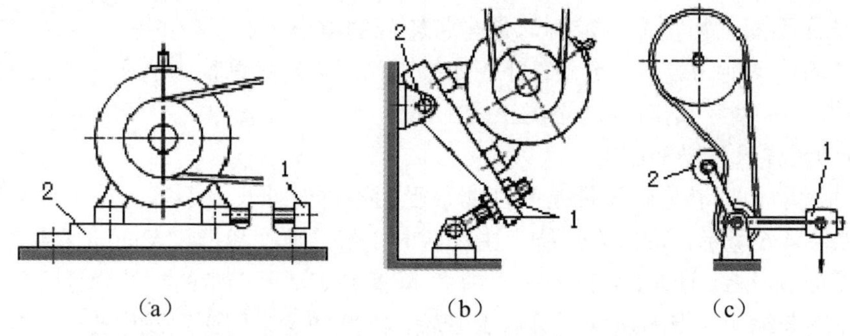

图 4-7 带传动的自动张紧装置

2）自动张紧。将装有带轮的电动机安装在浮动的摆架上，利用电动机的自重使带轮随同电动机绕固定轴摆动，以自动保持张紧力，如图 4-7（c）所示。

（2）张紧轮方式。如果带传动的中心距是不可调整的，则可采用张紧轮装置，如图 4-8 所示。张紧轮一般放置在带的松边。V 带传动常将张紧轮压在松边的内侧并靠近大带轮，以免使带承受反向弯曲，降低带的寿命，且不使小带轮上的包角减小过多。

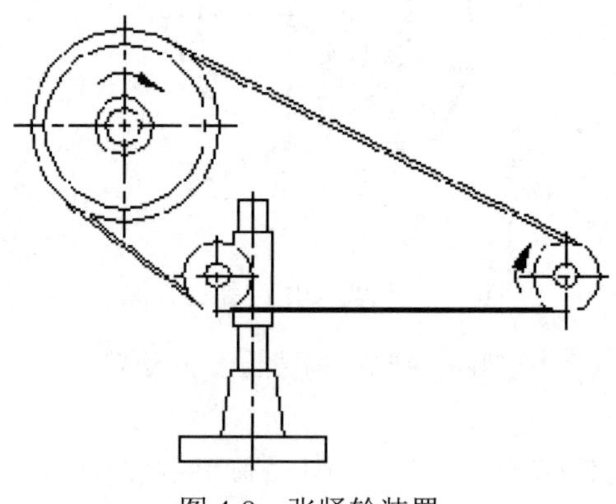

图 4-8 张紧轮装置

2. 带传动的安装和维护

（1）安装。

1）轮的安装。平行轴传动时，各带轮的轴线必须保持规定的平行度。各轮宽的中心线，V 带轮、多楔带轮对应轮槽的中心线，平带轮面凸弧的中心线均应共面且与轴线垂直，否则会

加速带的磨损，降低带的寿命，如图 4-9 所示。

2）带的安装。通常应通过调整各轮中心距的方式来装带和张紧，切忌硬性装拆带。同组使用的 V 带应同厂家、同型号、同新旧、同长短。安装时按规定的初拉力张紧。对于中等中心距的带传动也可凭经验张紧，其张紧程度以 100m 带长大拇指能将带按下 15mm 为宜。新带最好预先拉紧一段时间再用，如图 4-10 所示。

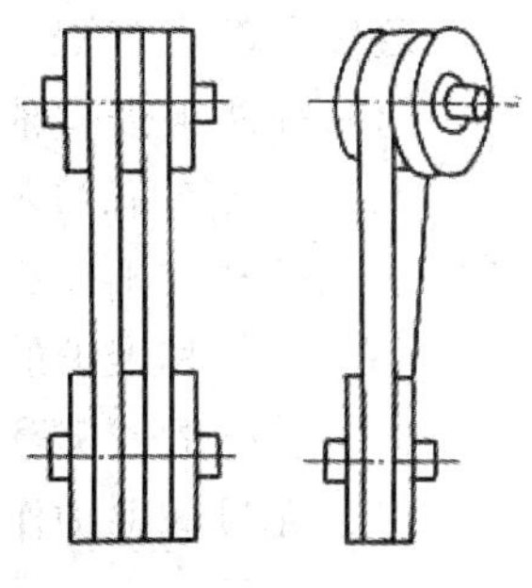

图 4-9　带传动的安装

图 4-10　带的初安装张紧程度

（2）带传动的维护。

1）带传动装置外应加保护罩，防止遭受腐蚀或其他破坏。

2）带传动不需润滑，禁止加润滑油或润滑脂，并应及时清理轮槽内及传动带上的油污。

3）定期检查，若有一根松弛或损坏则应全部更新。

4）带传动的工作温度不应超过 60℃。

5）闲置时应将带放松。

4.2　齿轮传动

4.2.1　齿轮传动的特点

齿轮传动是现代机械中广泛应用的一种机械传动。与其他形式的传动相比较，齿轮传动的优点是传递功率大、速度范围广、效率高、结构紧凑、工作可靠、寿命长，且能实现恒定的传动比。其缺点是制造和安装精度要求高、成本高，且不宜用于中心距较大的传动。

4.2.2　齿轮传动的分类

齿轮传动的主要类型，如图 4-11 所示。

4.2.3　渐开线的形成及其特性

如图 4-12（a）所示，当直线 NK 沿半径为 r_b 的圆做纯滚动时，该直线上的任意一点 K 的轨迹曲线 AK 称为该圆的渐开线，该圆称为基圆，直线 NK 称为发生线。

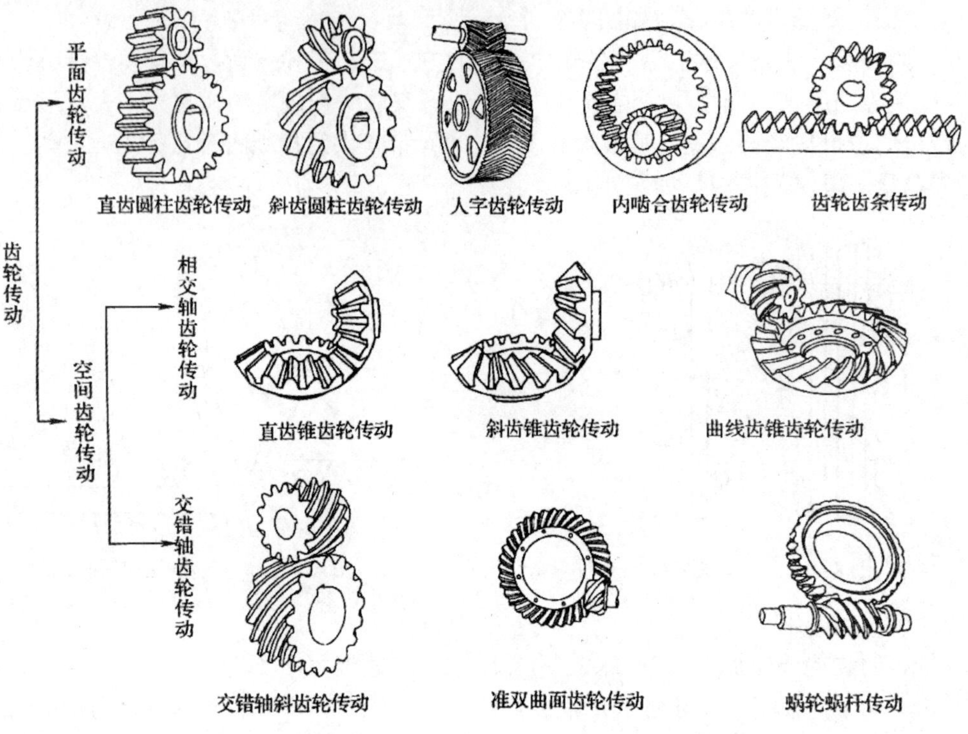

图 4-11　齿轮传动的主要类型

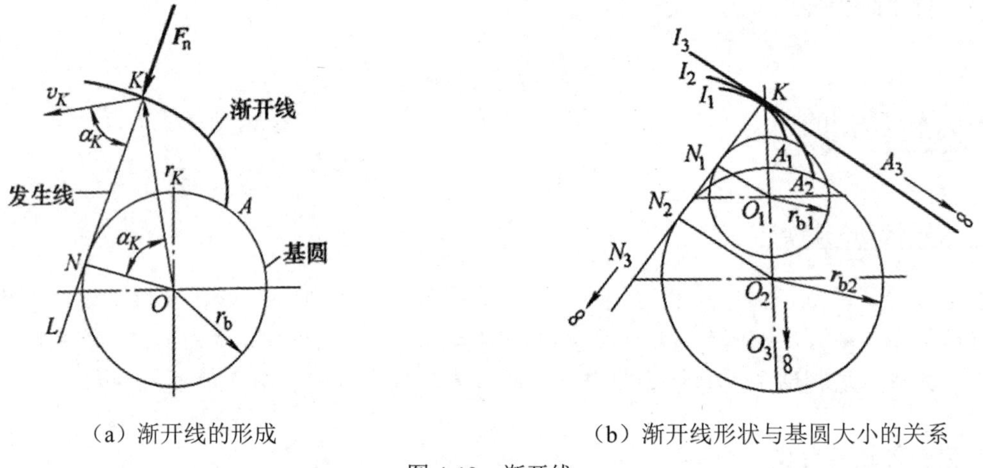

图 4-12　渐开线

由渐开线的形成可知，渐开线有如下特性：

（1）发生线在基圆上滚过的长度等于基圆上被滚过的弧长，即直线段 NK 的长度等于弧长 AN。

（2）发生线 NK 是基圆的切线和渐开线上 K 点的法线。线段 NK 为渐开线在 K 点的曲率半径，N 点为其曲率中心。

（3）渐开线上某一点的法线（不计摩擦时所受的正压力 F_n 的作用）与该点速度 v_K 方向

所夹的锐角 α_K 称为该点的压力角。由图可得：

$$\cos\alpha_K = \frac{r_b}{r_K}$$

由上式可知，渐开线上各点的压力角不等，离开基圆越远的点，其压力角越大。

（4）渐开线的形状决定于基圆的大小，如图 4-12（b）所示。基圆相同的渐开线形状相同。基圆越大，渐开线越平直，反之，渐开线越弯曲。

（5）基圆内无渐开线。

4.2.4　齿轮各部分名称

图 4-13 所示是渐开线直齿圆柱齿轮的一部分，图中标出了齿轮各部分的名称及其常用代号。

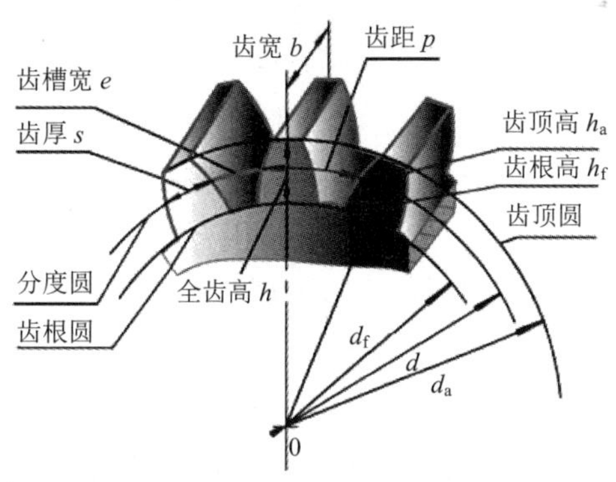

图 4-13　齿轮各部分名称及代号

若在齿顶圆和齿根圆之间任取一圆，设其直径为 d_k，则在该圆上，根据渐开线的特性，显然有齿距 $p_k=s_k+e_k$。

设齿轮齿数为 z，则直径为 d_k 的圆的周长为 zp_k，又等于 πd_k，有

$$d_k = \frac{p_k}{\pi} z$$

由上式可知，不同圆上的比值 p_k/π 是不同的，而且其中还包括无理数 π；又由渐开线特性可知，在不同直径的圆周上，齿廓各点的压力角也是不等的。为了便于齿轮的设计、制造和互换，规定以 $s_k=e_k$ 的圆作为测量和计算的基准，并使该圆上的比值 p_k/π 和压力角成为标准值，这个圆称为分度圆，其直径用 d 表示。为了表达上的方便，分度圆上的齿厚、齿槽宽、齿距、压力角等分别用 s、e、p、α 表示。

4.2.5　主要几何参数

1. 模数 m 压力角 α

将齿轮分度圆上的比值 π 规定为标准值，使其成为整数或较完整的有理数，称为模数，用 m 表示，单位为 mm，即

$$m = \frac{p}{\pi}$$

我国规定的标准模数系列见表 4-5。

表 4-5　渐开线齿轮模数 m　　单位：mm

第一系列	1,1.25,1.5,2,2.5,3,4,5,6,8,10,12,16,20,25,32,40,50
第二系列	1.75,2.25,2.75,(3.25),3.5,(3.75),4.5,5.5,(6.5),7,9,(11),14,18,22,28,36,45

注：1．本标准适用于渐开线圆柱齿轮，对于斜齿轮是指法向模数。

2．优先采用第一系列，括号内的模数尽可能不用。

齿轮分度圆上的压力角用 α 表示并规定为标准值，简称为压力角。我国现行规定的标准压力角 α=20º 。由此可将齿轮分度圆定义为齿轮上具有标准模数和标准压力角的圆。

2．顶隙系数 c^*和齿顶高系数h_a^*

顶隙是一齿轮齿顶圆与另一齿轮齿根圆之间的径向距离，其作用是防止一对齿轮在啮合传动过程中一齿轮的齿顶与另一齿轮的齿根发生顶撞，并能储存润滑油，有利于齿轮啮合传动。顶隙用 c 表示，且有

$$c= c^*m$$

式中：c^*为顶隙系数，对于圆柱齿轮标准规定取 c^*=0.25。

齿顶圆与分度圆之间的径向距离称为齿顶高，用 h_a 表示；齿根圆与分度圆之间的径向距离称为齿根高，用 h_f表示，如图 4-13 所示。标准规定齿顶高 h_a 和齿根高 h_f 分别为：

$$h_a= h_a^* m$$

$$h_f = (h_a^* + c^*)m= h_a+c$$

式中：h_a^*为齿顶高系数，对于圆柱齿轮标准规定取 h_a^*=1。

齿顶圆与齿根圆之间的径向距离称为齿高，用 h 表示，由图 4-13 可得：

$$h= h_a+h_f$$

由上述可知，在齿轮各参数中，模数是一个重要参数。模数越大，轮齿的厚度和高度也越大，从而轮齿的抗弯能力也越强。

3．标准直齿圆柱齿轮的几何尺寸计算

标准齿轮是指具有标准模数、标准压力角、标准齿顶高系数和标准顶隙系数，且分度圆上齿厚等于齿槽宽的齿轮。

对于标准齿轮

$$s = e = \frac{p}{2} = \frac{\pi m}{2}$$

显然，若一对模数相等的标准齿轮传动，一个齿轮的分度圆齿厚与另一个齿轮的分度圆齿槽宽必相等。因此在安装时，只有使两齿轮的分度圆相切，即节圆与分度圆重合，啮合角 α' 等于分度圆压力角 α（α' =α =20º ），才能使两齿轮的齿侧间隙理论上为零。这时一对外啮合标准齿轮的中心距 a 称为标准中心距，即

$$a = \frac{1}{2}(d_1' + d_2') = \frac{1}{2}(d_1 + d_2) = \frac{m}{2}(z_1 + z_2)$$

标准直齿圆柱齿轮的其他几何尺寸计算公式见表 4-6。

表 4-6　渐开线标准直齿圆柱齿轮传动尺寸

名称	符号	计算公式	名称	符号	计算公式
模数	m	$m=p/\pi$	分度圆齿距	p	$p=\pi m=s+e$
压力角	α	$\alpha=20°$	齿厚	s	$s=\pi m/2$
分度圆直径	d	$d=mz$	齿槽宽	e	$e=\pi m/2$
基圆直径	d_b	$d_b=d\cos\alpha$	顶隙	c	$c=c^*m$
齿顶高	h_a	$h_a=h_a^*m$	齿顶圆直径	d_a	$d_a=d\pm2h_a=m(z\pm2h_a^*)$
齿根高	h_f	$h_f=(h_a^*+c^*)m$	齿根圆直径	d_f	$d_f=d\mp2h_f=m(z\mp2h_a^*\mp2c^*)$
齿全高	h	$h=h_a+h_f=(2h_a^*+c^*)m$	标准中心距	a	$a=m(z_1\pm z_2)/2$
基圆齿距	p_b	$p_b=\pi d_b/z=\pi d\cos\alpha/z=\pi m\cos\alpha$			

注：同一式中有上下运算符号（如±、∓、）者，上面符号用于外齿轮，下面符号用于内齿轮；上面符号用于外啮合，下面符号用于内啮合。

例 4-1　一对标准直齿圆柱齿轮传动，其大齿轮已损坏。已知小齿轮的齿数 $z_1=24$，齿顶圆直径 $d_{a1}=130$ mm，两齿轮传动的标准中心距 $a=225$mm。试计算这对齿轮的传动比和大齿轮的主要几何尺寸。

解：模数：　$m=\dfrac{d_{a1}}{z_1+2h_a^*}=\dfrac{130}{24+2\times1}\text{mm}=5\text{mm}$

大齿轮齿数：　$z_2=\dfrac{2a}{m}-z_1=\dfrac{2\times225}{5}-24=66$

传动比：　$i=\dfrac{z_2}{z_1}=\dfrac{66}{24}=2.75$

分度圆直径：　$d_2=mz_2=5\times66\text{mm}=330\text{mm}$

齿顶圆直径：　$d_{a2}=m(z_2+2h_a^*)=5\times(66+2\times1)\text{mm}=340\text{mm}$

齿根圆直径：　$d_{f2}=m(z_2-2h_a^*-2c^*)=5\times(66-2\times1-2\times0.25)\text{mm}=317.5\text{mm}$

齿顶高：　$h_a=h_a^*m=15\text{mm}=5\text{mm}$

齿根高：　$h_f=(h_a^*+c^*)m=(1+0.25)\times5\text{mm}=6.25\text{mm}$

全齿高：　$h=h_a+h_f=(5+6.25)\text{mm}=11.25\text{mm}$

齿距：　$p=\pi m=3.14\times5\text{mm}=15.70\text{mm}$

齿厚的齿槽宽：　$s=e=\dfrac{p}{2}=\dfrac{15.70}{2}\text{mm}=7.85\text{mm}$

4.2.6　渐开线直齿圆柱齿轮的啮合传动

1．一对齿轮正确啮合的条件

图 4-14 所示是一对渐开线直齿圆柱齿轮啮合传动。由于两齿轮齿廓的啮合点是沿啮合线 N_1N_2 移动的，因此前一对轮齿的齿廓接触点 K 和后一对轮齿的齿廓接触点 B_2 必定同在啮合线 N_1N_2 上。又因 N_1N_2 为两齿轮在齿廓接触点处的公法线，故 B_2K 为两齿轮的法向齿距。由渐开

线的特性可知，齿轮的法向齿距就等于齿轮基圆齿距。若要使两齿轮能正确啮合，则两齿轮的法向齿距必须相等，即

$$p_{b1} = p_{b2}$$

由于

$$p_b = \frac{\pi d_b}{z} = \frac{\pi d \cos\alpha}{z} = \pi m \cos\alpha$$

即

$$p_{b1} = \pi m_1 \cos\alpha_1,\ p_{b2} = \pi m_2 \cos\alpha_2$$

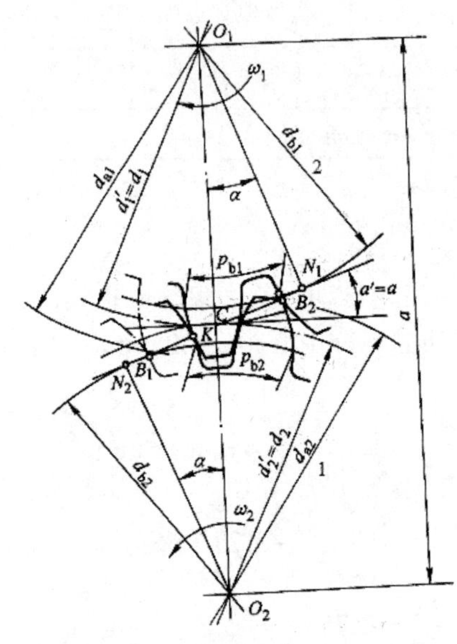

图 4-14　渐开线齿轮啮合传动

故有

$$m_1 \cos\alpha_1 = m_2 \cos\alpha_2$$

由于模数和压力角都已标准化，所以要满足上式，必有

$$\left.\begin{aligned} m_1 &= m_2 = m \\ \alpha_1 &= \alpha_2 = \alpha \end{aligned}\right\}$$

所以一对渐开线直齿圆柱齿轮正确啮合的条件是：两齿轮的模数和压力角应分别相等且等于标准值。

2. 渐开线齿轮连续传动的条件

（1）一对齿廓啮合的过程。如图 4-14 所示，一对齿廓的啮合是由从动轮 2 的齿顶圆与啮合线 N_1N_2 的交点 B_2 开始，此时主动轮 1 的齿根部推动从动轮 2 的齿顶部。随着齿轮的转动，啮合点沿啮合线 N_1N_2 由 B_2 点向 B_1 点移动。B_1 点为主动轮 1 的齿顶圆与啮合线 N_1N_2 的交点。当啮合点移至 B_1 点时，这对齿廓的啮合将终止。这里 B_1B_2 是齿廓啮合的实际啮合线段，而 N_1N_2 则是理论上的最大啮合线段，称为理论啮合线段。

（2）连续传动的条件。由一对齿廓的啮合过程可以看出，要保证一对齿轮能连续传动，则要求前一对轮齿的啮合点 K 到达终止啮合点 B_1 时，后一对轮齿提前或至少同时到达啮合起始点 B_2 进入啮合，否则将出现啮合中断，导致传动不平稳而产生冲击。因此，保证一对齿轮

能连续传动的条件应是：

$$B_1B_2 \geqslant B_2K \text{ 或 } B_1B_2 \geqslant P_b$$

即实际啮合线段的长度大于或等于齿轮的基圆齿距。

取

$$\varepsilon = \frac{B_1B_2}{P_b} \geqslant 1$$

式中：ε 为齿轮传动的重合度。ε 越大，意味着一对以上轮齿同时参与啮合的时间越长，则每对轮齿承受的载荷越小，齿轮传动也就越平稳。对于标准齿轮，ε 的大小主要与齿轮的齿数有关，齿数越多，ε 越大，直齿圆柱齿轮传动的最大重合度 ε=1.982。

理论上，ε=1 就能保证一对齿轮连续传动，但由于齿轮有制造和安装误差，实际中应使 ε>1，一般机械中常取 1.1～1.4。

4.2.7　轮齿的失效分析

齿轮传动要满足两个基本要求：传动平稳和有足够的承载能力。齿轮采用渐开线齿廓，原理上能够满足传动稳定性。按工作条件，齿轮传动可分为闭式传动和开式传动两种。

（1）闭式传动。闭式传动是将齿轮封闭在刚性的箱体内，因此润滑及维护等条件较好。重要的齿轮传动都采用闭式传动。

（2）开式传动。开式传动的齿轮是散开的，工作时易落入灰尘，导致润滑不良，而且轮齿容易磨损，故只适用于简易的机械设备及低速场合。

1．齿轮传动的失效形式

齿轮传动的失效一般发生在轮齿上，通常有轮齿折断和齿面损伤两种形式，后者又分为齿面点蚀、齿面磨损、齿面胶合和塑性变形等，具体分析见表 4-7。

表 4-7　齿轮的失效形式

失效形式	失效图片	引起原因	工作环境	后果	防止措施
轮齿折断		轮齿受力后齿根部受弯曲应力的反复作用或齿轮严重过载、受冲击载荷作用最终造成轮齿的折断	开式、闭式传动均可能出现	无法工作	1．限制载荷 2．选择合适的齿轮设计参数 3．进行强化处理和热处理
齿面点蚀		齿面接触处将产生循环变化的接触应力，在接触应力反复作用下，轮齿表层或次表层出现不规则的细线状疲劳裂纹，疲劳裂纹扩展的结果是使齿面金属脱落而形成麻点状凹坑	闭式传动	传动不平稳、振动、噪声增大，甚至无法工作	1．选择合适的齿轮设计参数 2．通过热处理提高齿面硬度 3．减小齿面表面粗糙度 4．改善润滑条件

续表

失效形式	失效图片	引起原因	工作环境	后果	防止措施
齿面磨损		当齿面间落入砂粒、铁屑、非金属物等磨料性物质时，会发生齿面磨损	主要发生在开式传动中	引发冲击、振动和噪声，甚至导致轮齿折断	1．提高齿面硬度 2．增加防尘设施 3．改善润滑条件 4．保持润滑油的清洁
齿面胶合		在高速重载的齿轮传动中，齿面压力大，润滑效果差，瞬时温度高，啮合齿面会发生黏结现象，使金属从齿面上撕落而形成伤痕	主要发生在重载传动中	传动不平稳、振动、噪声增大，甚至无法工作	1．采用合适的润滑油添加剂 2．及时冷却齿面温度 3．减小齿面表面粗糙度
塑性变形		在重载作用下，轮齿材料屈服产生塑性流动而使齿面或齿体发生塑性变形	主要发生在低速、起动及过载频繁的传动中	传动不平稳、振动、噪声增大，甚至无法工作	1．选择合适的齿轮设计参数 2．增加齿面硬度 3．改善润滑条件

2．齿轮传动的一般设计准则

（1）软齿面（齿面硬度≤350HBW）闭式传动。主要失效形式为齿面点蚀，故通常先按齿面接触疲劳强度设计几何尺寸，然后用齿根弯曲疲劳强度校核其承载能力。

（2）硬齿面（齿面硬度＞350HBW）闭式传动。主要失效形式为轮齿折断，故通常先按齿根弯曲疲劳强度设计几何尺寸，然后用齿面接触疲劳强度校核其承载能力。

（3）开式齿轮传动。主要失效形式是磨损，齿轮传动常因磨损而使齿根变薄，导致轮齿折断，故仅以齿根弯曲疲劳强度设计几何尺寸，并将所得模数加大10%～20%，以考虑磨损的影响，此时不必进行齿面接触疲劳强度计算。

4.2.8　齿轮的结构、材料及热处理

1．齿轮的结构形式

要加工出各类符合工作要求的齿轮，就需要根据齿轮传动的强度计算，确定齿轮的整体结构形式和各部分的尺寸。齿轮的结构设计通常是先根据齿轮直径的大小选择合理的结构形式，再由经验公式确定有关尺寸，最后绘制出零件工作图。

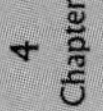

齿轮常用的结构形式主要有四种，见表4-8。

表4-8　齿轮的结构形式

结构形式	图示结构	使用场合	主要选材
齿轮轴		当齿根圆至键槽底部的距离 $x \leqslant (2 \sim 2.5)m_n$（$m_n$ 为法向模数）时	锻钢

续表

结构形式	图示结构	使用场合	主要选材
实心式齿轮		当齿顶圆直径 d_a≤200mm 时，可采用实心式结构	锻钢
腹板式齿轮		当齿顶圆直径 d_a≤200～500mm 时，可采用腹板式结构	锻钢或铸钢
轮辐式齿轮		当齿顶圆直径 d_a>500mm 时，可采用轮辐式结构	铸钢或铸铁

通过轮齿失效分析可知，齿轮的表面应具有较高的硬度，以增强它抵抗磨损、胶合和塑性变形的能力；芯部要有较好的韧性，以增强它承受冲击的能力。

2. 齿轮的材料

用的齿轮材料有各种牌号的优质碳素结构钢、合金结构钢、铸钢和铸铁，一般多采用锻件或轧钢材。

3. 钢制齿轮的热处理方法

（1）表面淬火。表面淬火常用于中碳钢和中碳合金钢，如 45、40Cr 钢等。表面淬火后，齿面硬度一般为 40～55HRC。特点是抗疲劳点蚀、抗胶合能力高，耐磨性好。由于齿轮芯未淬硬，所以齿轮仍有足够的韧性，能承受不大的冲击载荷。

（2）渗碳淬火。渗碳淬火常用于碳的质量分数为 0.15%～0.25%的低碳钢和低碳合金钢，如 20、20Cr 钢等。渗碳淬火后齿面硬度可达 56～62HRC，齿面接触强度高，耐磨性好，而齿轮芯部仍保持较高的韧性，常用于受冲击载荷的重要齿轮传动。齿轮经渗碳淬火后，轮齿变形较大，应进行磨削加工。

（3）渗氮。渗氮是一种表面化学热处理。渗氮后不需要再进行其他热处理，齿面硬度可达 60～62HRC。因氮化处理温度低，齿的变形小，故适用于内齿轮和难以磨削的齿轮，常用于含铅、钼、铝等合金元素的渗氮钢，如 38 CrMoAl 等。

（4）调质。调质一般用于中碳钢和中碳合金钢，如 45、40Cr、35SiMn 钢等。调质处理后齿面硬度一般为 220～280HBW。因硬度不高，轮齿精加工可在热处理后进行。

（5）正火。正火能消除内应力，细化晶粒，改善力学性能和切削性能。机械强度要求不高的齿轮可采用中碳钢正火处理，大直径的齿轮可采用铸钢正火处理。

上述五种热处理中，经调质和正火两种处理后的齿面硬度较低（硬度≤350HBW），为软齿面；其他三种处理后的齿面硬度较高，为硬齿面（硬度＞350HBW）。软齿面的加工工艺过程较简单，适用于一般传动。当大小齿轮都是软齿面时，考虑到小齿轮齿根较薄，弯曲强度较低，且小齿轮承载次数（即应力循环次数）多，故为了使大小齿轮寿命接近，通常小齿轮材料的硬度比大齿轮高 20～50HBW。对于高速、重载或重要的齿轮传动，可采用硬齿面齿轮组合，齿轮硬度可大致相同。

4.2.9 齿轮传动的常用润滑方式

齿轮传动中的许多齿面损伤是由润滑不良引起的。对齿轮传动进行润滑，不仅可以减少磨损和发热，起到防锈和降低噪声的作用，还可以改善齿轮的工作状况，提高齿轮的工作品质。

1. 油浴润滑

如图 4-15（a）所示，油浴润滑是将两齿轮中的大齿轮浸入油中至一定深度进行润滑。当齿轮的圆周速度 $v<3m/s$ 时，浸油深度要求达到 3～6 倍的模数。当 $v>12m/s$ 时，要求达到 1～3 倍的模数。对于锥齿轮传动，则要全齿宽以上浸入油中。多级齿轮传动时，若高速级大齿轮无法达到要求的浸油深度时，可采用带油轮将油带到未浸入油池内的轮齿表面上，如图 4-15（b）所示。油浴润滑简单可靠且成本低，但油的容量有限，易老化，不能中间冷却和过滤。主要用于 $v<15m/s$ 的闭式齿轮传动。

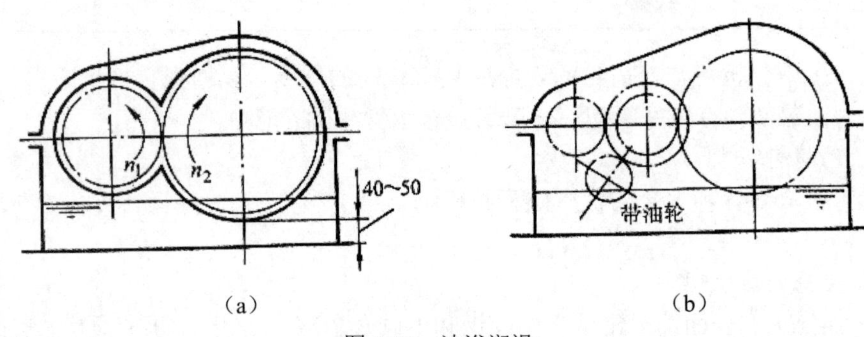

图 4-15　油浴润滑

2. 循环喷油润滑

如图 4-16 所示，循环喷油润滑是用液压泵将有一定压力的润滑油直接喷到齿轮的啮合表面上进行润滑。这种方式可以对循环中的润滑油进行中间冷却和过滤，避免了因齿轮搅油而造成的功率损耗，适用于 $v\geq15m/s$ 的闭式齿轮传动。

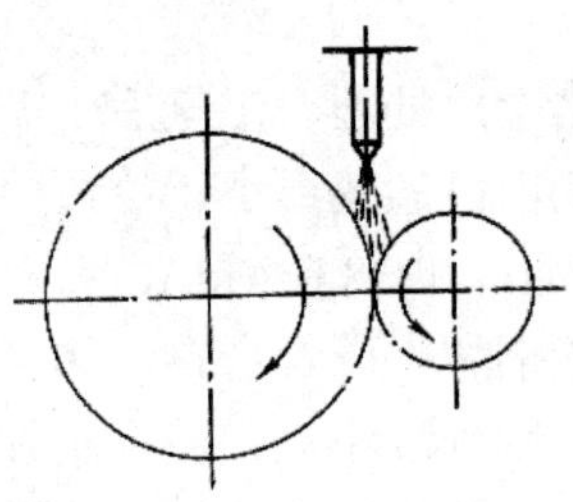

图 4-16　循环喷油润滑

3. 定期涂油和润滑脂润滑

定期涂油和润滑脂润滑主要用于半开式、开式齿轮传动。润滑脂润滑密封简单，不易漏油，但散热性差。

4. 润滑剂的选择

齿轮传动的润滑剂有润滑油和润滑脂两类。闭式齿轮传动一般用防锈抗氧矿物油润滑。当用润滑脂时，一般用齿轮润滑脂或铝基润滑脂。

4.3　蜗杆传动

4.3.1　蜗杆传动特点和类型

1. 蜗杆传动

蜗杆传动主要由蜗杆和蜗轮组成，如图 4-17 所示。它用于传递交错轴之间的运动和动力，通常两轴垂直交错角为 90°。一般以蜗杆为原动件，蜗轮为从动件。蜗杆传动被广泛用于各种机械和仪表中，常用作减速传动；仅在少数机械（如离心机、内燃机、增压器等）中用于增速传动时，蜗轮为原动件。

2. 蜗杆传动的特点

（1）传动比大，结构紧凑。传动比等于齿数比，蜗杆头数一般为 1～6，远小于齿轮的最小齿数，一般在动力传动中，取传动比 i=10～80，而在分度机构中，可达 i=1000。

（2）传动平稳，无噪声。蜗杆传动如同螺旋传动，始终连续、平稳、没有噪声。

（3）具有自锁性。蜗杆的导程角 γ 很小时，蜗轮不能带动蜗杆，呈自锁状态。这种蜗杆传动常用于需要自锁的手动起重机中。

（4）效率低。一般效率只有 0.7～0.9，具有自锁性的蜗杆传动的效率仅有 0.4。因此蜗杆传动发热量大，如散热不良便不能持续工作。为了减磨和耐磨，蜗轮常用青铜制造，材料成本因而提高。

蜗杆和螺纹一样，按螺旋方向的不同，可分为右旋和左旋，常用的是右旋螺杆。

图 4-17　蜗杆传动

3. 蜗杆传动的类型

蜗杆传动按蜗杆的外形可分为圆柱蜗杆传动[图 4-18（a）]、环面蜗杆传动[图 4-18（b）]、锥蜗杆传动[图 4-18（c）]。其中，圆柱蜗杆传动在工程中应用最广。

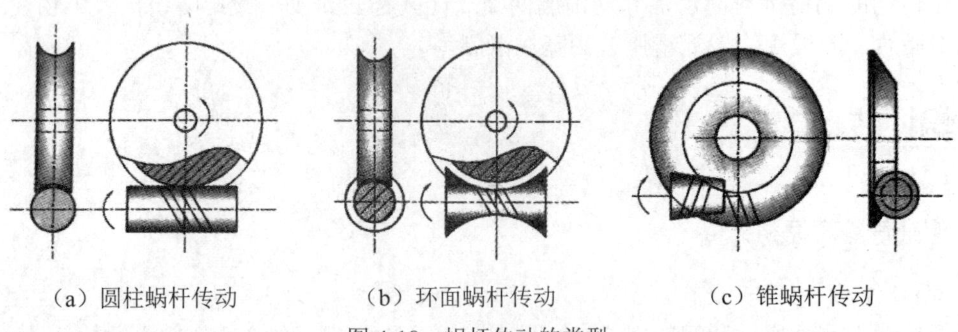

（a）圆柱蜗杆传动　　（b）环面蜗杆传动　　（c）锥蜗杆传动

图 4-18　蜗杆传动的类型

4.3.2　蜗杆和蜗轮的结构

1．蜗杆结构

蜗杆一般与轴做成一体，称为蜗杆轴，如图 4-19 所示。

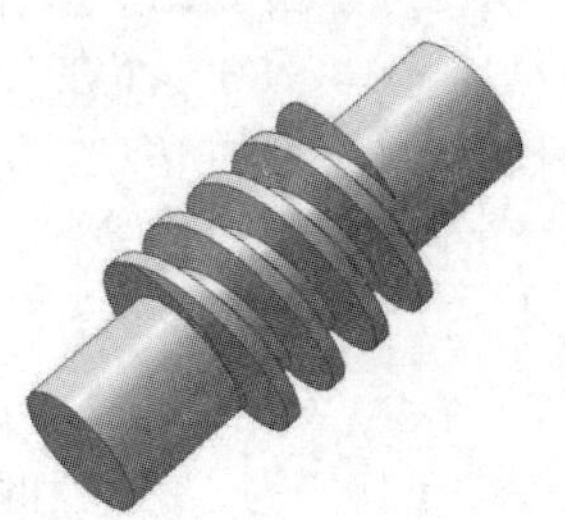

图 4-19　蜗杆的结构

2．蜗轮结构

常用蜗轮的结构形式有以下几种：

（1）整体式。直径小于 100mm 的蜗轮可采用青铜制成整体；当滑动速度不大于 2m/s 时，可采用铸铁制成整体，如图 4-20 所示。

（2）组合式。为了节省有色金属，对于尺寸较大的蜗轮，通常采用组合式结构，即齿圈用有色金属制造，而轮芯用钢或铸铁制成，如图 4-21 所示。

图 4-20　蜗轮的结构

（3）螺栓连接式。轮圈与轮芯用绞制孔用螺栓连接，如图 4-22 所示，常用于尺寸较大或磨损后需要更换齿轮的地方。

图 4-21 组合式蜗轮

图 4-22 螺栓连接蜗轮

（4）镶铸式。当批量生产时，可在铸铁轮芯上浇铸青铜齿圈，如图 4-23 所示。

图 4-23 铁芯铜蜗轮

4.4 轮系

4.4.1 轮系及其分类

由一对齿轮组成的机构是齿轮传动的最简单形式。但是在实际机械传动中，常用若干对齿轮组成齿轮传动系统来达到各种目的。这种由一系列相互啮合齿轮组成的传动系统称为轮系（或齿轮系）。轮系按传动轴线是否固定可分为定轴轮系和周转轮系两大类。

1. 定轴轮系

轮系传动时，所有齿轮的几何轴线都相对于机架固定的轮系称为定轴轮系，如图 4-24 所示。

2. 周转轮系

轮系传动时，至少有一个齿轮的几何轴线可绕另一齿轮的几何轴线转动的轮系称为周转轮系，如图 4-25 所示。周转轮系由行星轮 2、太阳轮 1 和 3、行星架 H（或系杆）和机架组成。

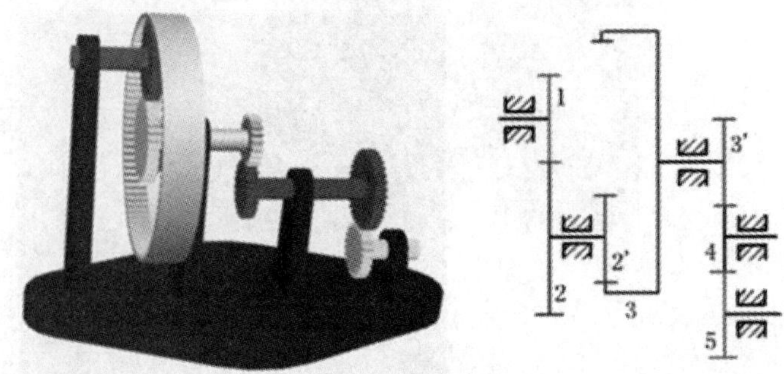

图 4-24　定轴轮系

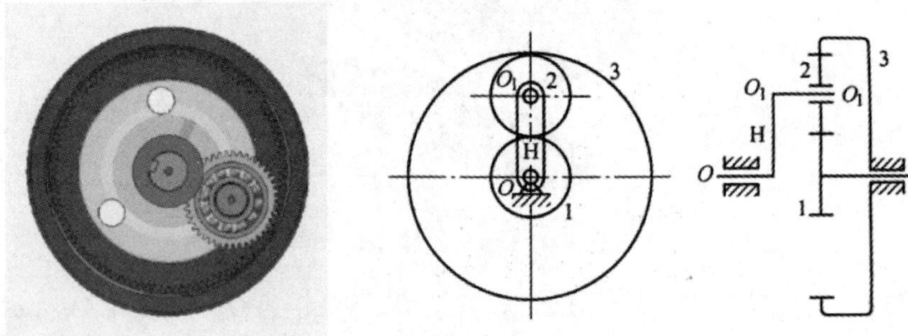

图 4-25　周转轮系

在周转轮系中，轴线位置固定不动的齿轮称为太阳轮，既自转又绕太阳轮轴线转动的齿轮称为行星轮，用于支持行星轮并与太阳轮共轴线的构件 H 称为行星架（或系杆）。

周转轮系按去自由度 F 不同，可分为差动轮系（F=2）和行星轮系（F=1）。

（1）差动轮系。如图 4-26（a）所示，自由度（F=2）的周转轮系称为差动轮系。F=2 表明差动轮系需要两个原动件的输入运动，机构才能有确定的输出运动。

（2）行星轮系。如图 4-26（b）所示，若将差动轮系的中心轮 3 固定，再计算其自由度，得 F=1，此周转轮系称为行星轮系，F=1 表明行星轮系只需要一个原动件的输入运动，机构就有确定的输出运动。因此，行星轮系的应用更为广泛。

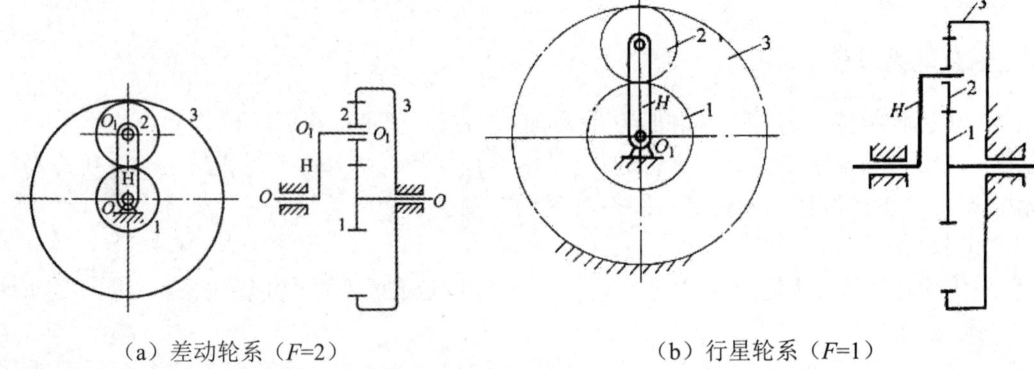

（a）差动轮系（F=2）　　（b）行星轮系（F=1）

图 4-26　周转轮系分类

3. 混合轮系

工程中有的轮系既包括定轴轮系，又包括周转轮系，或直接由几个周转轮系组合而成。机械传动中由定轴轮系和周转轮系构成的复杂轮系称为混合轮系，如图 4-27 所示。

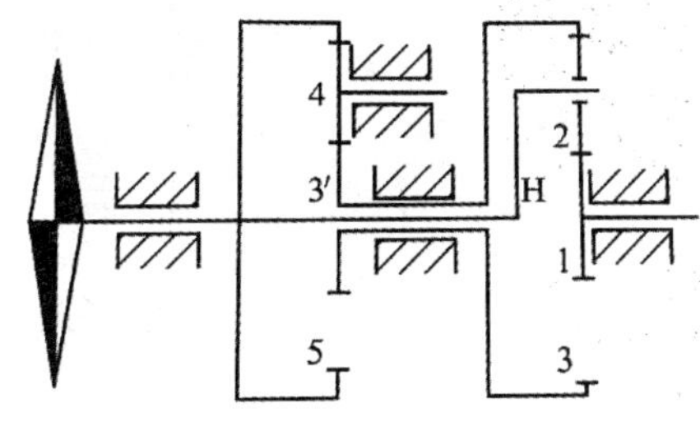

图 4-27　混合轮系

4.4.2　定轴轮系的传动比

定轴轮系是机械工程中应用最广泛的传动装置，可用于减速、增速、变速直线运动和动力的传递与变换。

轮系的传动比是指轮系中首末两轮角速度或转速之比，常用字母 i_{1N} 表示，其右下角用下标表明其对应的两轮，例如 i_{17} 表示轮 1 与轮 7 的传动比。确定一个轮系的传动比包含以下两方面内容：①计算传动比的大小；②确定输出轮的传转动方向。

1. 定轴轮系传动比的计算

当一对齿轮啮合时，其传动比为：

$$i_{12}=\frac{\omega_1}{\omega_2}=\frac{n_1}{n_2}=\pm\frac{z_2}{z_1}$$

对于首末两轮的轴线相平行的轮系，其转向关系用正、负号表示：转向相同用正号，转向相反用负号。一对外啮合圆柱齿轮，两轮转向相反，其传动比为负；一对内啮合圆柱齿轮，两轮转向相同，其传动比为正。

转向除用上述正负号表示外，也可用箭头的方法。对于外啮合齿轮，可用反方向箭头表示，如图 4-28（a）所示；对于内啮合齿轮，则用同方向箭头表示，如图 4-28（b）所示；对于锥齿轮传动，可用两箭头同时指向或背离啮合处来表示两轮的实际转向，如图 4-28（c）所示；蜗杆传动中，蜗杆与蜗轮旋向、转向可根据主动轮左右手定则判断，如图 4-28（d）所示。

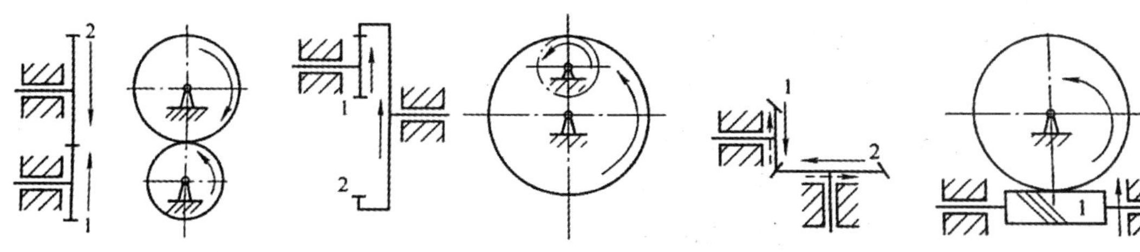

（a）平行轴外啮合齿轮传动　（b）平行轴内啮合齿轮传动　（c）锥齿轮传动　（d）蜗杆传动

图 4-28　一对齿轮传动的转动方向

下面以图 4-29 所示各轴线平行的平面定轴轮系为例，讨论定轴轮系传动比的计算方法。

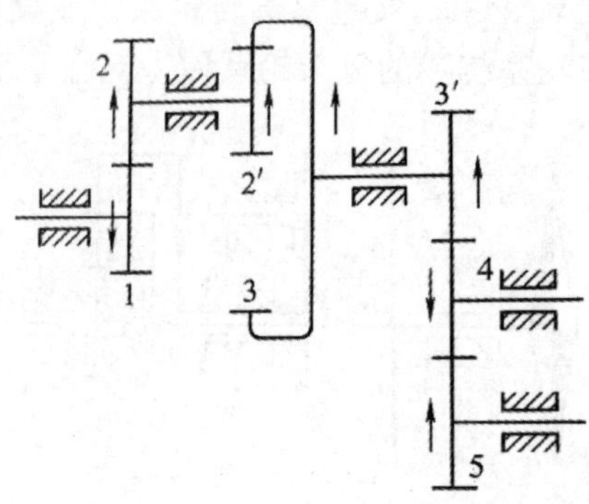

图 4-29　平面定轴轮系

（1）写出轮系的啮合线顺序图。由图 4-29 所示轮系机构运动简图可知轮系啮合顺序线，或称传动线为：

$$1—2=2'—3=3'—4—5$$

其中，轮 1、2′、3′ 4 为主动轮，2、3、4、5 为从动轮；以“—”所联两轴表示啮合，以“=”所联两轮表示固联为一体。

（2）求解轮系的传动比。设 n_1、…、n_5 为各轮转速，z_1、…、z_5 为各轮齿数，轮系传动比可以由各对齿轮的传动比求得，即

$$i_{12}=\frac{n_1}{n_2}=\frac{z_1}{z_2};\ i_{2'3}=\frac{n_{2'}}{n_3}=\frac{z_3}{z_{2'}};\ i_{3'4}=\frac{n_{3'}}{n_4}=\frac{z_4}{z_{3'}};\ i_{45}=\frac{n_4}{n_5}=\frac{z_5}{z_4}$$

则本轮系传动比为

$$i_{15}=\frac{n_1}{n_5}=\frac{n_1}{n_2}\cdot\frac{n_{2'}}{n_3}\cdot\frac{n_{3'}}{n_4}\cdot\frac{n_4}{n_5}=i_{12}i_{2'3}i_{3'4}i_{45}=\left(-\frac{z_2}{z_1}\right)\left(\frac{z_3}{z_{2'}}\right)\left(-\frac{z_4}{z_{3'}}\right)\left(-\frac{z_5}{z_4}\right)$$

$$=(-1)^3\frac{z_2z_3z_4z_5}{z_1z_{2'}z_{3'}z_4}$$

由上式可以看出：对于平行轴之间的传动，当轮系中有一对外啮合齿轮时，两轮转向相反一次，这时齿轮传动比出现一个负号。上述轮系中有三对外啮合齿轮，故其传动比符号为 $(-1)^3$。

轮 4 在轮系中兼作主、从动轮，齿轮在计算式中约去，不影响轮系传动比。如图 4-29 所示的平面定轴轮系中只改变转向的齿轮，称为惰轮。

设轮 1 为首轮，轮 N 为末轮，由上述分析推得定轴轮系传动比的一般计算公式为：

$$i_{1N}=\frac{n_1}{n_N}=\frac{\text{首轮至末轮所有从动轮齿数积}}{\text{首轮至末轮所有主动轮齿数积}}$$

2. 首末轮转向关系的确定

各齿轮轴线平行的平面定轴轮系，其传动比符号可用（−1）^{m} 来确定，m 为外啮合齿轮对数。对于各齿轮轴数不完全平行的轮系，首末两轮的转向关系可以用标注箭头的办法来确定：当首轮转向给定后，可按外啮合两轮转向相反、内啮合两轮转向相同，对各对齿轮逐一标出转向，如图 4-29 所示轮系，可得首轮 1 与末轮 5 的转向相反，故其传动比为负号。

例 4-2 在图 4-30 所示的空间定轴轮系中，已知各齿轮的齿数为 z_1=15，z_2=25，z_3＝z_5＝14，z_4＝z_6＝20，z_7＝30，z_8＝40，z_9＝2（且为右旋蜗杆），z_{10}＝60。

（1）试求传动比 i_{17} 和 $i_{1\ 10}$。

（2）若 n_1＝200r/min，已知齿轮 1 的转动方向，试确定 n_7 和 n_{10}。

分析：

写出啮合顺序线：

1—2=3—4—5=6—7—8=9—10

（1）求传动比 i_{17} 和 $i_{1\ 10}$。

传动比 i_{17} 的大小：$i_{17}=\dfrac{n_1}{n_7}=\dfrac{z_2z_4z_5z_7}{z_1z_3z_4z_6}=\dfrac{25\times20\times14\times30}{15\times14\times20\times20}=2.5$

图 4-31 所示为用箭头标注法标注的定轴轮系各轮的转向，由图可知，轮 1 和轮 7 的转向相反。由于轴 1 与轴 7 是平行的，故其传动比 i_{17} 也可用负号表示为 i_{17}= n_1/n_7＝−2.5，但这个负号绝不是用$(-1)^m$确定的，而是用箭头标注法所得的。

传动比 $i_{1\ 10}$ 的大小：

$$i_{1\ 10}=\frac{n_1}{n_{10}}=\frac{z_2z_4z_5z_7z_8z_{10}}{z_1z_3z_4z_6z_7z_9}=\frac{25\times20\times14\times30\times40\times60}{15\times14\times20\times20\times30\times2}=100$$

其中，齿轮 4 和齿轮 7 同为惰轮，用右手螺旋法则判定蜗轮的转向为顺时针方向，如图 4-31 所示。

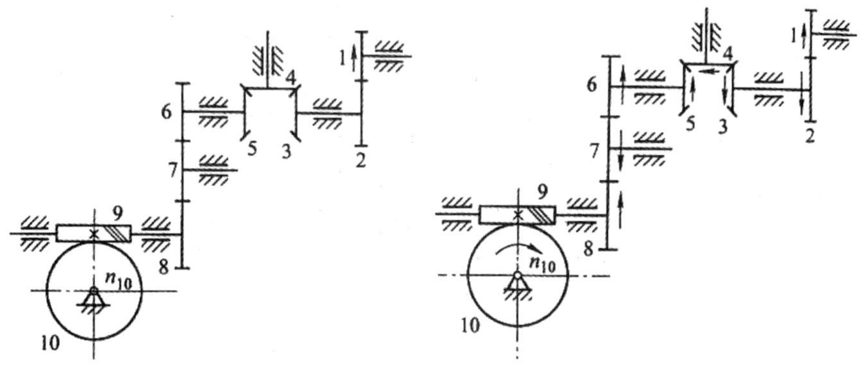

图 4-30 空间定轴轮系（一） 图 4-31 空间定轴轮系（二）

（2）求 n_7 和 n_{10}。

因 $$i_{17}=\frac{n_1}{n_7}=-2.5$$

则 $$n_7=\frac{n_1}{i_{17}}=\frac{200}{-2.5}\text{r/min}=-80\text{r/min}$$

式中负号说明轮 1 和轮 7 的转向相反。

因 $$i_{1\ 10}=\frac{n_1}{n_{10}}=100$$

则 $$n_{10}=\frac{n_1}{i_{1\ 10}}=\frac{200}{100}\text{r/min}=2\text{r/min}$$

蜗轮 10 的转向如图 4-31 所示。

4.4.3 周转轮系的传动比

对于周转轮系，其传动比的计算显然不能直接利用动轴轮系传动比的计算公式。这是因为行星轮除绕本身轴线自转外，还随行星架绕固定轴线公转。

为了利用定轴轮系传动比的计算公式，间接求出周转轮系的传动比，采用反转法，对整个周转轮系加上一个绕行星架轴线 O_H 与行星架转速等值反向的转速（$-n_H$），这时行星架处于相对静止状态，从而获得一假想的定轴轮系，此轮系称为转化轮系，即将图 4-32（a）转化为图 4-32（b）。转化后的轮系的各轴线相对静止，便可按定轴轮系方式计算传动比。

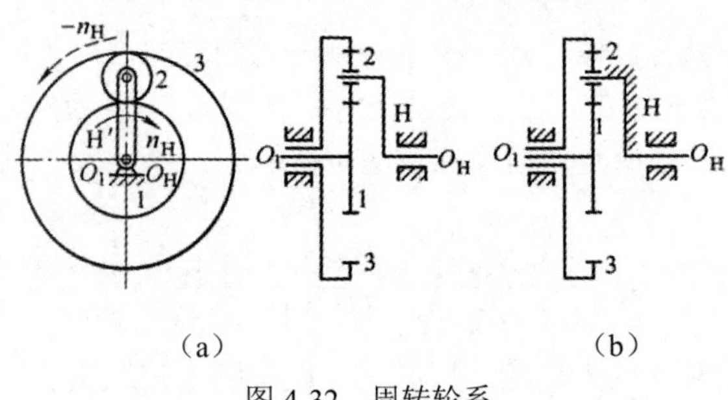

图 4-32 周转轮系

1. 写出各对齿轮啮合顺序线

以行星轮为核心，至各太阳轮为止，写出啮合顺序线。图 4-32（a）所示轮系的啮合顺序线为：

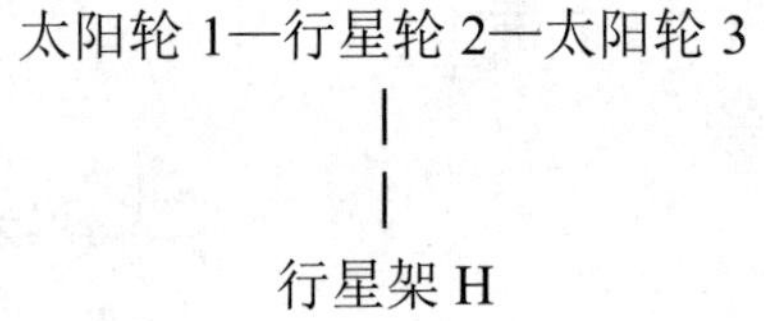

其中，“——”代表行星轮用行星架的支承。

注意：转化轮系的每根啮合顺序线遇到太阳轮时，顺序线便截止。

2. 列转化轮系传动比计算式

转化轮系中，各构件转速见表 4-9。

表 4-9 转化轮系各构件转速

构件	行星轮系中的转速	转化轮系中的转速
太阳轮 1	n_1	$n_1^H = n_1 - n_H$
行星轮 2	n_2	$n_2^H = n_2 - n_H$
太阳轮 3	n_3	$n_3^H = n_3 - n_H$
行星架 H	n_H	$n_H^H = n_H - n_H = 0$

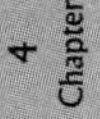

转化轮系传动比的计算式为：

$$i_{13}^{H}=\frac{n_1^H}{n_3^H}=\frac{n_1-n_H}{n_3-n_H}=(-1)^1\frac{z_2z_3}{z_1z_2}=-\frac{z_3}{z_1}$$

符号中右上角标 H 表示转化轮系传动比、转速相对行星架 H 的值。

推广到一般情况，设 n_G 和 n_K 为周转轮系中任意两个齿轮 G 和 K 的转速，n_H 为行星架 H 的转速，则有

$$i_{GK}^{H}=\frac{n_G^H}{n_K^H}=\frac{n_G-n_H}{n_K-n_H}=\frac{\text{转化轮系中从 G 至 K 所有从动轮齿数积}}{\text{转化轮系中从 G 至 K 所有主动轮齿数积}}$$

应用上式，视 G 为起始轮，K 为最末从动轮。

3. 标出转化轮系转向，确定传动比符号

（1）对于圆柱齿轮组成的周转轮系，所有轴线平行，直接以$(-1)^m$表示转化轮系传动比的符号。图 4-32 所示转化轮系传动比的符号为$(-1)^1$，表明转化轮系中首轮与末轮转向相反。

（2）对于锥齿轮组成的轮系，如图 4-33 所示。首、末两轮轴线平行，应用箭头逐一标出转化轮系中各对齿轮转向。若首、末两轮转向相同，则转化轮系传动比用正号，反之用负号表示。

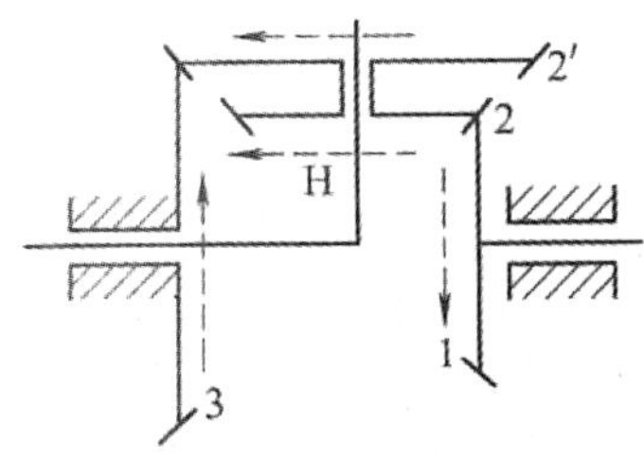

图 4-33　锥齿行星轮系

例 4-3　图 4-33 所示为汽车差速器所使用的锥齿行星轮系，各齿轮的齿数为 $z_1=20$、$z_2=30$、$z_{2'}=50$、$z_3=80$，已知转速 $n_1=100$r/min。试确定：

（1）轮系传动比 i_{1H}。

（2）行星架的转速 n_H。

分析：先分析轮系的合路线，画出啮合线图，经分析可知该轮系为周转轮系，然后列出转化轮系传动比计算式，进而求出 n_H。

（1）写出锥齿行星轮系的啮合顺序线：

1—2=2—3
|
|
H

（2）列出转化轮系传动比计算式，求出 n_H 和 i_{1H}。

将 H 固定，标出转化轮系各轮的转向，如图 4-33 虚线所示，得：

$$i_3^H=\frac{n_1^H}{n_3^H}=\frac{n_1-n_H}{n_3-n_H}=-\frac{z_2z_3}{z_1z_{2'}}$$

上式中，“－”号是由轮 1 和轮 3 的虚线箭头反向而确定。设轮 1 的转向为正，则 $n_1=100$r/min，轮 3 固定，则 $n_3=0$，代入上式得：

$$\frac{100 - n_H}{0 - n_H} = -\frac{30 \times 80}{20 \times 50}$$

$$n_H = 29.4\text{r}/\min$$

由于 n_H=29.4r/min，$i_{1H}=n_1/n_H$，得 i_{1H}=3.4，轮 3 的转向与轮 1 相同。

4.4.4 混合轮系

在机械中，经常用到几个基本周转轮系或定轴轮系和周转轮系组合而成的轮系，这种轮系称为混合轮系。由于整个混合轮系既不能被视为定轴轮系来计算其传动比，也不能被视为单一的周转轮系来计算其传动比。所以唯一正确的方法是将其所包含的各部分定轴轮系和各部分周转轮系一一分开，并分别列出其传动比的计算关系式，然后联立求解，从而求出该复合轮系的传动比。

因此，混合轮系传动比的计算方法及步骤可概括为：

（1）正确划分轮系，画出啮合线图。

（2）分别列出算式。

（3）进行联立求解。

在计算混合轮系的传动比时，首要的问题是必须正确地将轮系中的各组成部分加以划分。为了能正确划分，关键是要把其中的周转轮系部分找出来。周转轮系的特点是具有行星轮和行星架，所以先要找到轮系中的行星轮，然后找出行星架（注意：行星架往往是由轮系中具有其他功用的构件所兼任）。每一行星架，连同行星架上的行星轮和与行星轮相啮合的太阳轮就组成一个基本周转轮系。在一个混合轮系中可能包含有几个基本周转轮系（一般每一个行星架就对应一个基本周转轮系），当将这些周转轮系一一找出之后，剩下的便是定轴轮系部分了。

4.4.5 轮系的功用

1. 传递相距较远的两轴间的运动和动力

当两轴间距离较大时，若仅用一对齿轮来传动，则齿轮尺寸过大，既占空间，又浪费材料，且制造安装都不方便。若改用定轴轮系传动，就可克服上述缺点，如图 4-34 所示。

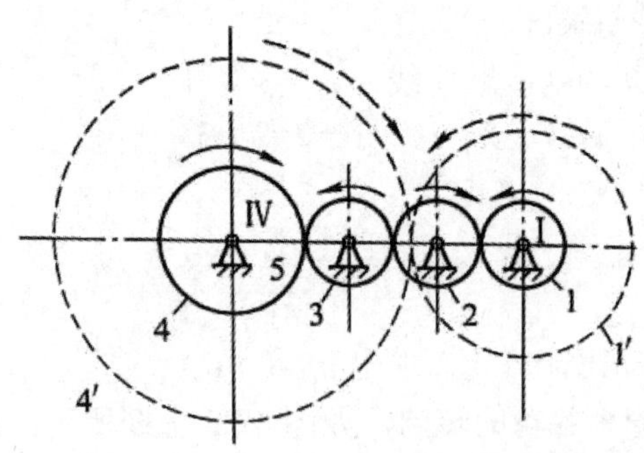

图 4-34 远距离两轴间的传动

2. 可获得大的传动比

一对定轴齿轮的传动比一般不宜大于 5～7，否则大齿轮外径随传动比成比例增加，将导致整机的庞大与笨重，也会使小齿轮因受力循环次数比大齿轮多很多而易于损坏。轮系则通过逐级连续增速或减速，获得很大的传动比，以满足相应的功能要求。图 4-35 是机械钟表的多级齿轮传动，分针与时针、秒针与分针的传动比均为 60，都是通过二级齿轮传动实现的，从秒针到时针，传动比达到 3600，也只用四级齿轮传动就实现了，结构很紧凑。

钟表走时传动线图为：秒针轮 2 轴→过轮 1→分轮 3→分轮 3 轴→过轮 5→过轮 5 轴→时轮 4。通过这样四级齿轮传动，传动比高达 3600。

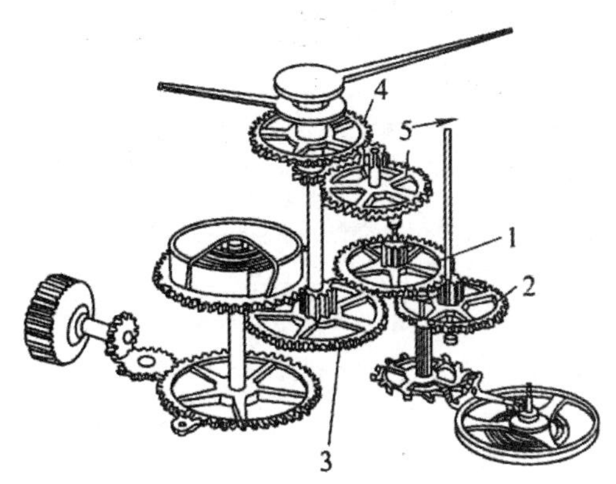

1－三轮（过轮）；2－四轮（秒轮）；3－二轮（分轮）；4－时时轮；5－过轮

图 4-35　机械钟表的多级齿轮传动

3. 实现变速、换向传动

所谓变速传动是指在主动轴转速不变的条件下，应用轮系可使从动轴获得多种工作转速，汽车、金属切削机床、起重设备等多种机器设备都需要变速传动。图 4-36（a）是某汽车变速器的变速传动的结构图，图 4-36（b）是变速传动的轮系简图，轴 I 是输入轴，花键轴 II 是输出轴，D 是离合器，轴III是中间轴，在轴III的固定位置安置着齿轮 2、3、4 和 5，带有半离合器的齿轮 8 和齿轮 6、7 则可以沿花键轴 II 的轴线滑动移位。这个轮系可以得到四种不同的传动比，实现变速输出。

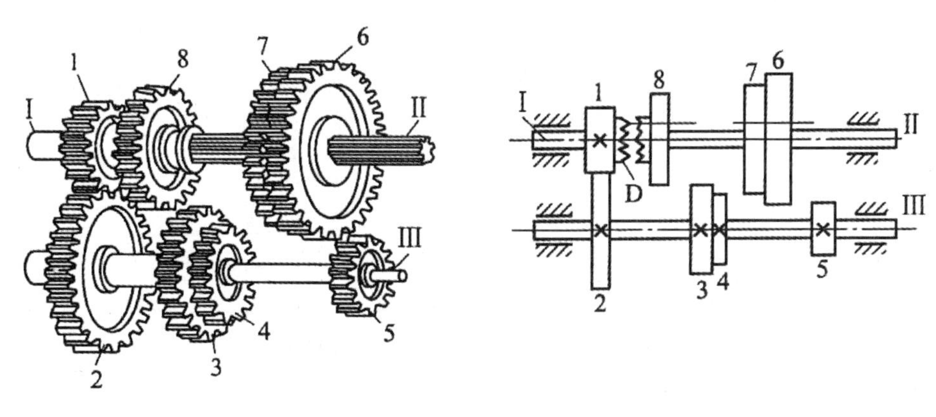

1、2、3、4、5－齿轮；6、7、8－滑移齿轮；D－离合器

图 4-36　汽车变速器

当主动轴转向不变时，可利用轮系中的惰轮来改变从动轴的转向。如图 4-36 所示的轮系，主动轮 1 转向不变，则可通过搬动手柄改变中间轮 2、3 的位置来改变它们外啮合的次数，从而达到从动轮 4 换向的目的。

4. 实现合成运动或分解运动

合成运动是将两个输入运动合成为一个输出运动，分解运动是将一个输入运动分为两个输出运动。合成运动和分解运动可用差动轮系实现。

5. 实现工艺动作和特殊运动轨迹

在周转轮系中，行星齿轮既公转又自转，能形成特定的轨迹，可应用于工艺装备中以实现工艺动作或特殊运动轨迹。图 4-37（a）所示为食品加工设备打蛋机搅拌桨的传动示意图，输入构件 H 驱动搅拌桨上的行星齿轮 1 运动，使搅拌桨产生如图 4-37（b）所示的运动轨迹，满足了调和高黏性食品原料的工艺要求。

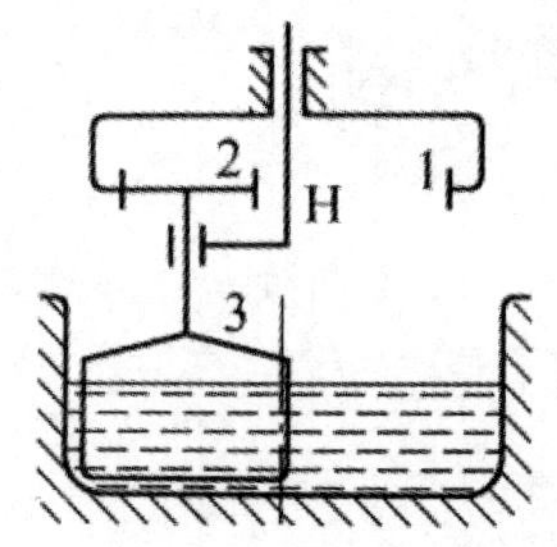

（a）打蛋机搅拌桨的传动示意

（b）搅拌桨运动轨迹

图 4-37 打蛋机搅拌传动系统

4.5 减速器

4.5.1 减速器的工作原理及作用

减速器是用于原动机和工作机之间作为减速的封闭式机械传动装置，它由封闭在箱体内的齿轮传动（或蜗杆传动）所组成，主要用来降低转速、增大转矩或改变转动方向。由于减速器传递运动安全可靠，结构紧凑，润滑条件好，效率高，且使用维修方便，主要用于各个机械设备、化工、电力、汽车行业、航空行业等场合，是机械设备必要的设备。

减速器根据齿轮的形式进行分类，可分为圆柱齿轮减速器和锥齿轮减速器；减速器根据传动的级数进行分类，可分为一级减速器（图 4-38）和二级减速器（图 4-39）；减速器根据传动的结构形式进行分类，可分为展开式减速器、同轴式减速器和分流式减速器等；减速器根据传动的结构形式进行分类，可分为齿轮减速器、蜗杆减速器、行星齿轮减速器、摆线针轮减速器和谐波齿轮减速器。

常用减速器的类型、特点及应用见表 4-10。

图 4-38 一级齿轮减速器

图 4-39 二级齿轮减速器

表 4-10 常用减速器的类型、特点及应用

级数	减速器名称	结构简图	特点及应用
一级减速器	圆柱齿轮	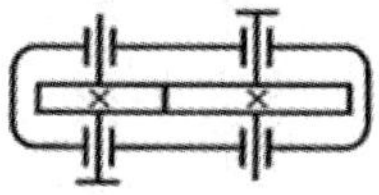	结构简单，传动比小（i≤8），传动效率高，功率较大，使用寿命长，维护方便，轴的支承部分通常选用滚动轴承，也可采用滑动轴承
	锥齿轮	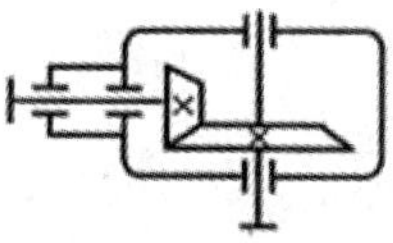	用于输入与输出轴垂直相交的传动，当传动比不大（i≤1~6）时采用。但锥齿轮加工较难，安装复杂，只在必要时选用
	下置式蜗杆	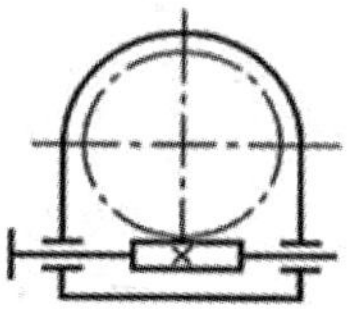	传动平稳、无噪声、传动比大，传递的功率相对较大。蜗杆在蜗轮的下面，润滑方便，而且润滑和冷却效果较好，但蜗杆速度较大时，油的搅动损失较大，一般用于蜗杆圆周速度 v≤4m/s 的场合
	上置式蜗杆	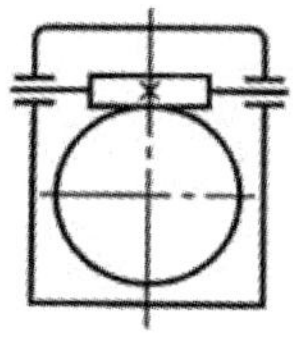	转动平稳、无噪声、传动比大，传递的功率相对较小，油的搅动损失较小，拆装方便，通常用于蜗杆的圆周速度 v>4m/s 的场合。但由于蜗杆在上面，润滑和冷却效果相对较差
二级减速器	圆柱齿轮展开式	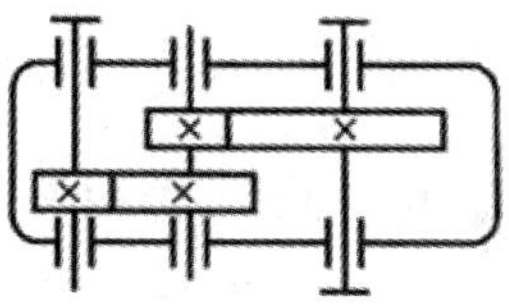	结构比一级减速器更合理、更紧凑，由于齿轮布置相对于轴承位置不对称，因此，要求轴应具有较高的刚度，它主要用于载荷稳定、传动比较大的场合。高速级传动常用圆柱斜齿轮，低速级传动常用斜齿或圆柱直齿轮。
	圆锥、圆柱齿轮	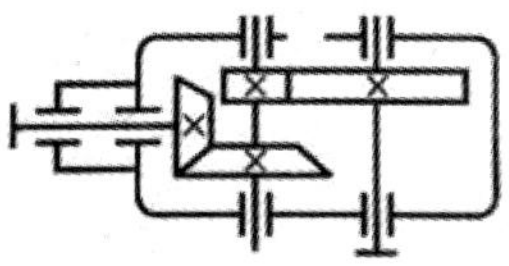	用于传动比较大（i=6~35）的场合，但锥齿轮可以是直齿或弧齿

4.5.2　二级圆柱齿轮减速器的工作原理及组成

1. 二级圆柱齿轮减速器结构组成

减速器主要由传动零件（齿轮）、轴系、轴承、箱体及其附件所组成，如图 4-40 所示。

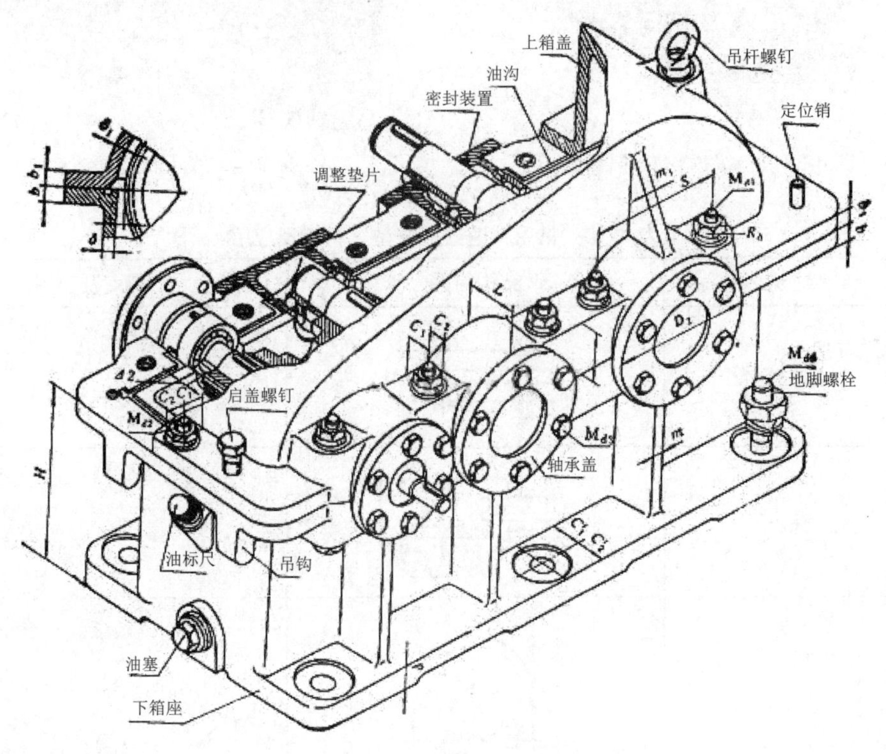

图 4-40　二级减速器的结构图

二级圆柱齿轮减速器工作原理：当电机的输出转速从主动轴输入后带动小齿轮转动，小齿轮带动大齿轮运动，而大齿轮的齿数比小齿轮多，所以大齿轮的转速比小齿轮慢，再由大齿轮的轴（输出轴）输出，从而起到输出减速的作用。

2. 二级圆柱齿轮减速器零部件简介

（1）总体结构。二级圆柱齿轮减速器的总体结构由上箱盖、下箱座、输入轴、输出轴、中间轴、轴承、轴承盖、油标尺、吊钩、定位销、螺栓、启盖螺钉、调整垫片等组成。

（2）轴系部分。轴系部分包括传动件、轴和轴承组合。

1）传动件。减速器外部传动件有链轮、带轮等；箱内传动件主要是齿轮。

齿轮主要用来传递运动，而且还要传递动力以及改变运动的速度和方向。齿轮分为直齿轮、斜齿轮、锥齿轮等，二级圆柱齿轮减速器采用的是直齿轮以及斜齿轮。

齿轮的主要参数为齿数、分度圆、齿顶高、齿根、宽度、模数、齿根圆、齿顶圆、齿宽、齿距等，材料可以为 45#钢、调质钢、淬火钢、渗碳淬火钢和渗氮钢。根据这些可以确定齿轮。

2）轴。轴是减速器中的重要零件之一，用来支持旋转的机械零件和传递转矩，即支撑回转运动零件、传递转矩与运动。齿轮减速器中的轴是转轴，既传递转矩又承受弯矩。二级圆柱齿轮减速器中的轴采用阶梯轴。传动件和轴多以平键联接。

轴类零件材料的选取主要根据轴的强度、刚度、耐磨性以及制造工艺性而决定，力求经济合理。常用的轴类零件材料有 35、45、50 优质碳素钢，以 45 钢应用最为广泛。

轴的结构设计是确定轴的合理外形和全部结构尺寸，是轴设计的重要步骤。它与轴上安装零件类型、尺寸及其位置、固定方式，载荷的性质、方向、大小及分布情况，轴承的类型与尺寸，轴的毛坯、制造和装配工艺、安装及运输，对轴的变形等因素有关。设计者可根据轴的具体要求进行设计，必要时可做几个方案进行比较，以便选出最佳设计方案，

输入轴用来输入功率，承受一定的转矩和弯矩，考虑到齿轮的强度、轴的强度和刚度，通常把齿轮和轴做成一体，如图 4-41 所示。

输出轴用来输出功率，承受较大的转矩和弯矩，轴上的零件用平键和台阶实现周向和轴向定位，如图 4-42 所示。

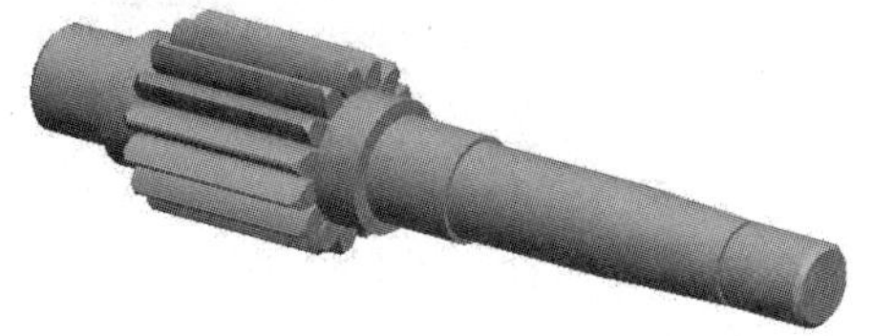

图 4-41 输入轴

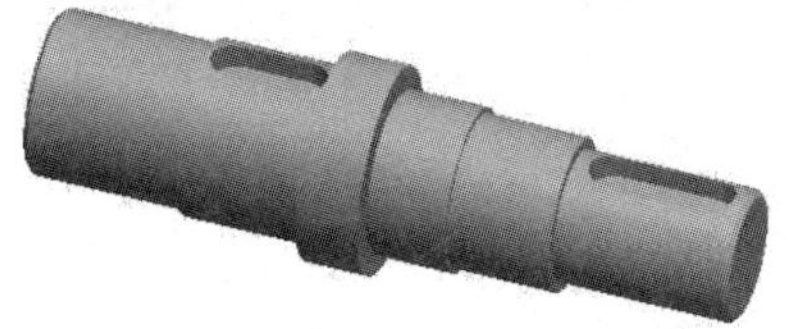

图 4-42 输出轴

3）轴承组合。轴承组合包括轴承、轴承盖和密封装置等。

- 轴承是支承轴的部件，可以分为滑动轴承和滚动轴承两大类。由于滚动轴承摩擦因素比普通滑动轴承小、运动精度高，在轴颈尺寸相同时，滚动轴承宽度比滑动轴承小，可使减速器轴向结构紧凑、润滑、维护简便，所以减速器广泛采用滚动轴承。

当其他机件在轴上彼此产生相对运动时，轴承用来降低动力传递过程中的摩擦系数和保持轴中心位置固定的机件。轴承是当代机械设备中一种举足轻重的零部件。它的主要功能是支撑机械旋转体，用以降低设备在传动过程中的机械载荷摩擦系数，轴承由外圈、内圈、滚子组成，主要分为深沟球轴承、调心球轴承、角接触球轴承和推力球轴承。

设计轴零件时要根据轴承设计轴承接触部位的轴径尺寸，因为轴承为标准件。

- 轴承盖。轴承盖为固定轴系部件的轴向位置并承受轴向载荷，轴承座孔两端用轴承盖封闭。轴承盖有凸缘式和嵌入式两种。利用六角螺栓固定在箱体上，外伸轴处的轴承盖是通孔，其中装有密封装置。凸缘式轴承盖的优点是拆装、调整轴承方便，但和嵌入式轴承盖相比，零件数目较多，尺寸较大，外观不平整。轴承盖也为标准件，要根据标准进行选择相应的轴承盖。
- 密封装置。在输入和输出轴外伸处，为防止灰尘、水汽及其他杂质进入轴承，引起轴承急剧磨损和腐蚀，以及防止润滑剂外漏，需在轴承盖孔中设置密封装置。

（3）箱体。箱体是减速器的重要组成部件。它是传动零件的基座，应具有足够的强度和刚度。箱体通常用灰铸铁制造，对于重载或有冲击载荷的减速器也可以采用铸钢箱体。单体生产的减速器，为了简化工艺、降低成本，可采用钢板焊接的箱体。灰铸铁具有很好的铸造性能和减振性能。为了便于轴系部件的安装和拆卸，箱体制成沿轴心线水平剖分式。上箱盖和下箱座用螺栓联接成一体，如图 4-43 和图 4-44 所示。轴承座的联接螺栓应尽量靠近轴承座孔，而

轴承座旁的凸台，应具有足够的承托面，以便放置联接螺栓，并保证旋紧螺栓时需要的扳手空间。为保证箱体具有足够的刚度，在轴承孔附近加支撑肋。为保证减速器安置在基础上的稳定性并尽可能减少箱体底座平面的机械加工面积，箱体底座一般不采用完整的平面。

图 4-43　下箱座

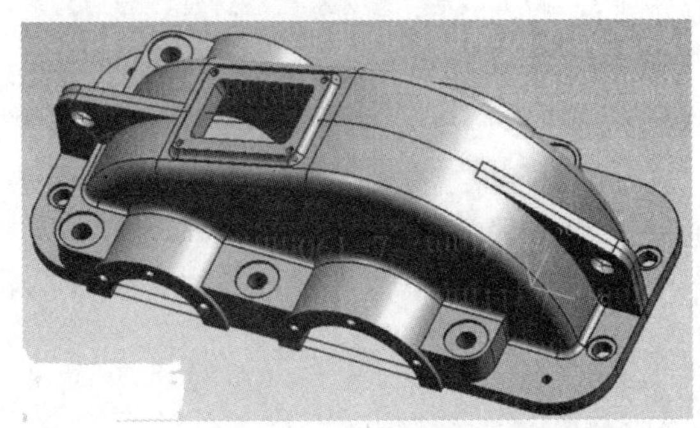

图 4-44　上箱盖

3. 减速器附件

为了保证减速器的正常工作，除了对齿轮、轴、轴承组合和箱体的结构设计给予足够的重视外，还应考虑到为减速器润滑油池注油、排油，检查油面高度，加工及拆装检修时上箱盖与下箱座的精确定位、吊装等辅助零件和部件的合理选择和设计。

（1）通气罩。减速器工作时，箱体内温度升高，空气膨胀，压力增大，为使箱内的空气能自由排出，保持内外压力相等，不至于使润滑油沿分箱面或端盖处密封件等其他缝隙溢出，通常在上箱体顶部设置通气罩，如图 4-45 所示。

（2）油尺。为了检查箱体内的油面高度，及时补充润滑油，应在油箱便于观察和油面稳定的部位装设油面指示器。油面指示器分油标和油尺两类，图 4-46 所示为油尺。

（3）定位销。为保证在箱体拆装时仍能保持轴承座孔制造加工时的精度，应在精加工轴承座孔以前，在上箱盖和下箱座的联接凸缘上配装定位销。定位销通常为圆锥形，如图 4-47 所示。

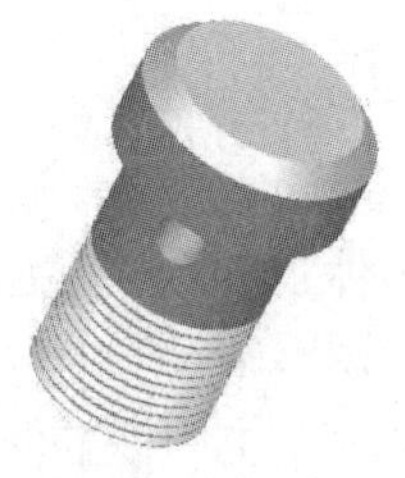

图 4-45　通气罩

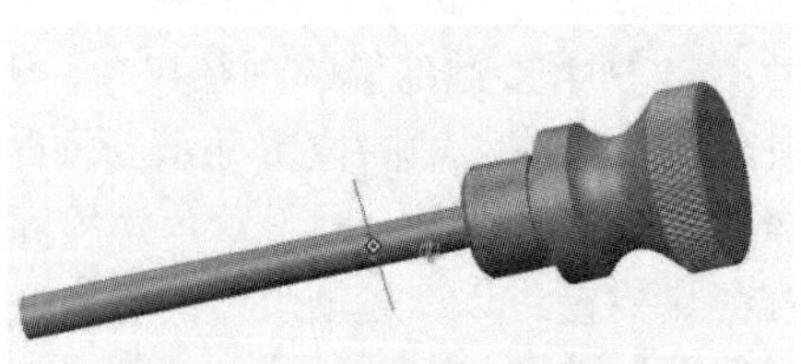

图 4-46　油尺

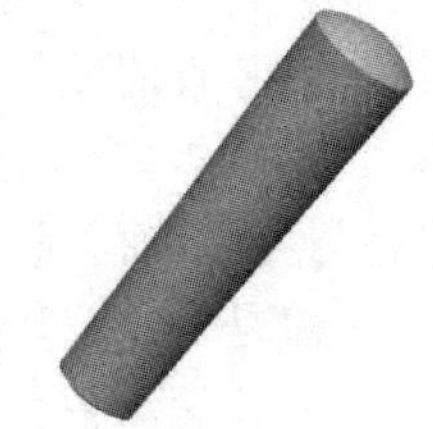

图 4-47　定位销

（4）油面指示器。为检查减速器内油池油面的高度，保持油池内有适量的润滑油，一般在箱体便于观察、油面较稳定的部位设置油面指示器。油面指示器可以是带透明玻璃的油孔或油标尺，如图 4-48 所示。

（5）螺塞。减速器工作一定时间后需要更换润滑油和清洗，为排放污油和清洗剂，在下箱体底部油池最低的位置开设排油孔，平时用螺塞将排油孔堵住，如图 4-49 所示。

（6）启箱螺钉。为加强密封效果，通常在装配时在箱体的分箱面上涂抹水玻璃或密封胶，当拆卸箱体时往往因胶结紧密难以开启，为此在上箱体联接凸缘适当的位置加工出一两个螺孔，旋入启箱用的平端螺钉靠螺钉拧紧产生的反力把上箱体顶起。

图 4-48　油面指示器

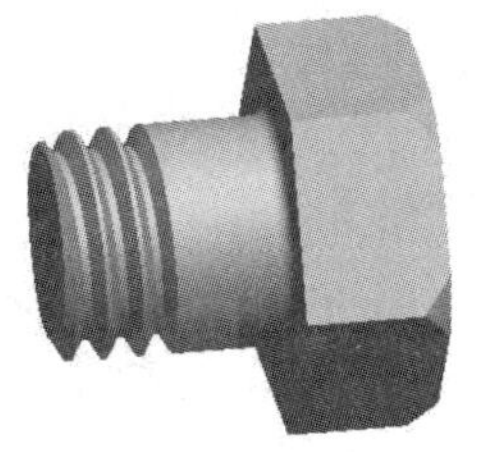

图 4-49　螺塞

（7）套筒。为了实现轴上零件的轴向定位和改善轴的结构工艺性和加工性，通常采用套筒来代替台阶。图 4-50 所示为减速器结构平面图。

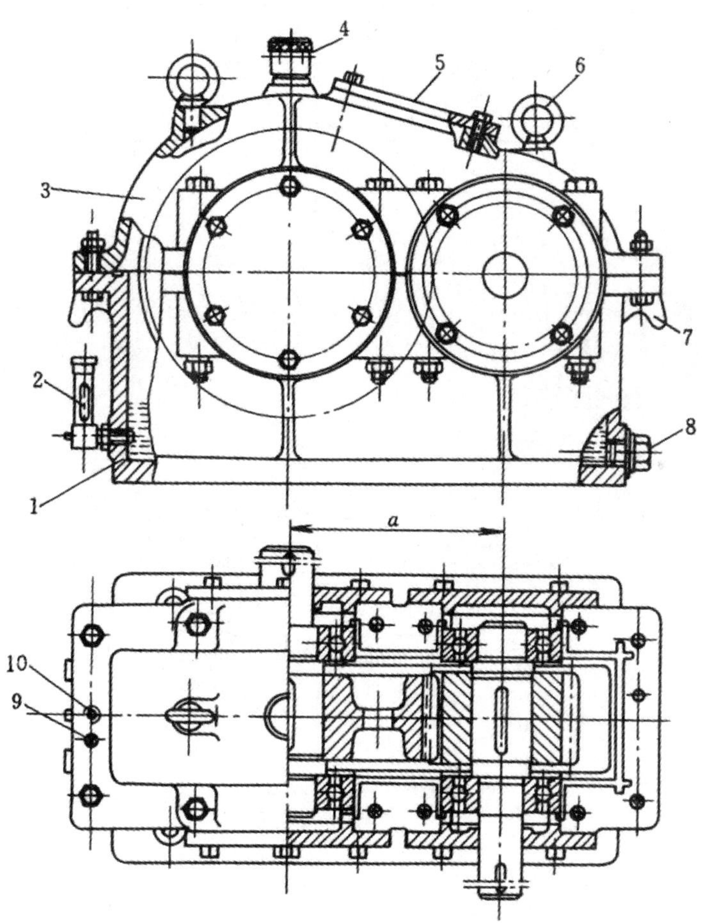

1—下箱体；2—油标指示器；3—上箱体；4—透气孔；5—检查孔盖
6—吊环螺钉；7—吊钩；8—油塞；9—定位销钉；10—起盖螺钉孔

图 4-50　减速器结构平面图

练习题

1．已知一对外啮合标准直齿圆柱齿轮传动，标准中心距 a=120mm，传动比 i=3，模数 m=3mm。试计算大齿轮的几何尺寸 d、d_a、d_f、d_b、p_s、h_a、h_f。

2．如题 2 图所示的定轴轮系，轴 I 和轴III上的齿轮均为滑移齿轮，当输入轴 I 的转速为 n_1 时，输出轴III可得到几种不同的转速？

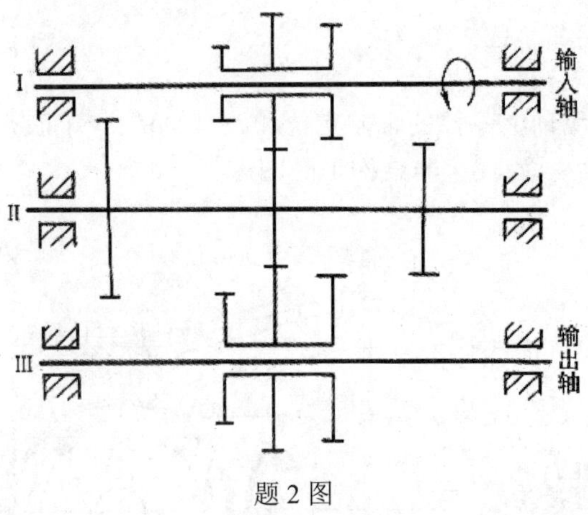

题 2 图

3．一提升装置如题 3 图所示，已知各齿轮的齿数 z_1=20，z_2=60，$z_{2'}$=2，鼓轮的直径 d=200mm，手柄的转动半径 r=100mm，提升的重物 G=20kN。设轮系的总效率 $\eta=0.7$，求等速提升重物时加于手柄上的最小力 F 为多少？

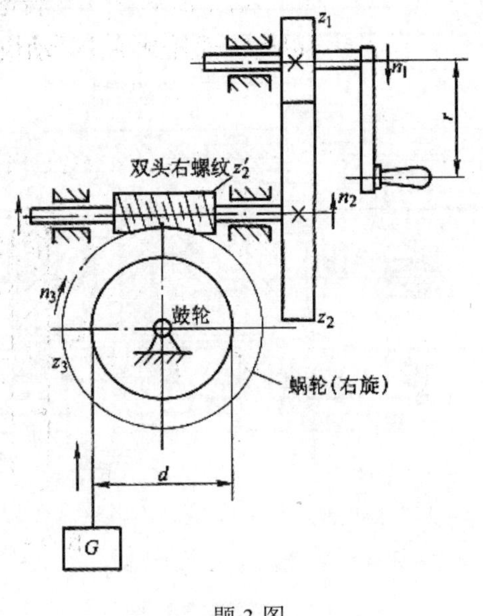

题 3 图

5

联接与失效

许多机器是由各种零部件按一定方式联接而成的，而且零部件之间的联接类型很多，如键联接、销联接、螺纹联接和弹性联接等。总体来说，机械联接可分为动联接和静联接两大类。动联接的零件之间有相对运动，如各种运动副联接和弹性联接等，静联接的零件之间没有相对运动，如键联接、花键联接、销联接等。按联接零件安装后能否拆卸进行分类，联接又可分为可拆卸联接和不可拆卸联接。可拆卸联接在拆卸时不破坏零件，联接件可重复使用；不可拆卸联接在拆卸时联接件被破坏，联接件不能重复使用，如焊接、铆接、铰接等就属于不可拆卸联接。安装在轴上的齿轮、带轮、链轮等传动零件，其轮毂与轴的联接主要有键联接、花键联接、销联接等。

5.1 键联接与销联接

5.1.1 键联接

键联接是通过键实现轴和轴上零件的周向固定以传递运动和转矩。键的功能主要是联接两个被联接件，并传递运动和动力。另外，某些键可起到导向作用，使轴上零件沿轴向移动。键联接具有结构简单、工作可靠、拆装方便、标准化及传递扭矩大等优点，因此键联接的应用比较广泛。

1. 键的类型

键联接根据键在联接时的松紧状态进行分类，可分为松键联接和紧键联接两大类。其中松键联接是以键的两侧面为工作面，键宽与键槽需要紧密配合，而键的顶面与轴上零件之间有一定的间隙。松键联接包括平键联接、半圆键联接和花键联接；紧键联接包括楔键联接和切向键联接。

2. 平键联接

平键联接具有结构简单、拆装方便、对中性好等优点。平键主要有普通平键、导向平键和滑键三种。

（1）普通平键。图 5-1 所示是普通平键联接的结构形式。普通平键联接属于静联接，它主要用于轴上零件的周向定位，可以传递运动和转矩，键的两个侧面是工作面。普通平键按其端部形状进行分类，可分为圆头键（A 型）、平头键（B 型）和单圆头键（C 型）三种，如图 5-2 所示，普通平键通常采用中碳钢（如 45 钢）制造。

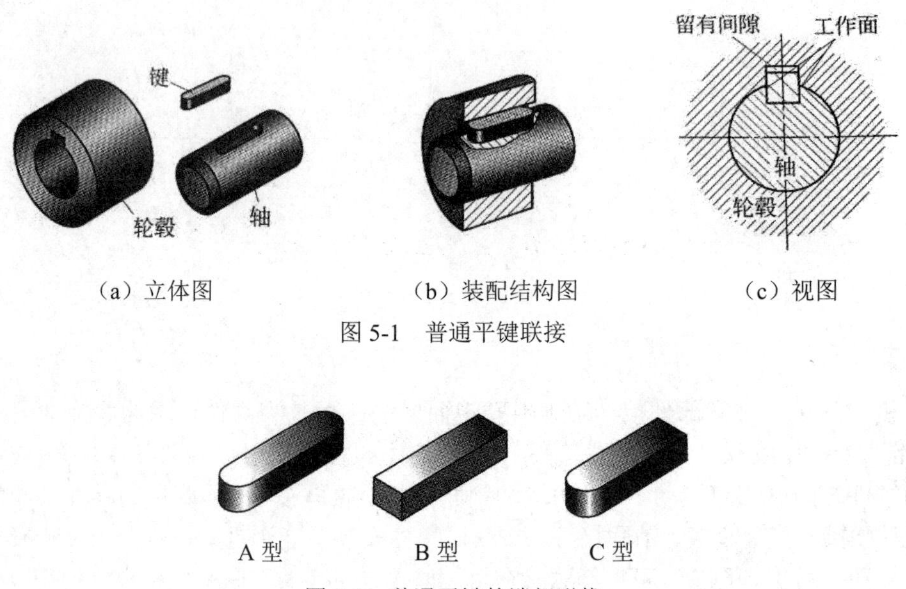

图 5-1　普通平键联接

图 5-2　普通平键的端部形状

A 型普通平键的两端为圆形，适用于轴的中间位置，定位性较好，应用广泛；B 型普通平键的两端为方形，适用于轴的端部位置，电动机轴端通常采用 B 型普通平键联接；C 型普通平键的一端为方形，另一端为圆形，相比之下应用较少。

（2）导向平键。图 5-3 所示是导向平键联接的结构形式。导向平键的长度一般比轴上键槽的长度长，可用螺钉固定在轴上的键槽中，轮毂可沿着键在轴上自由滑动，但移动量不大。导向平键应用于轴上零件需要做轴向移动且对中性要求不高的场合。

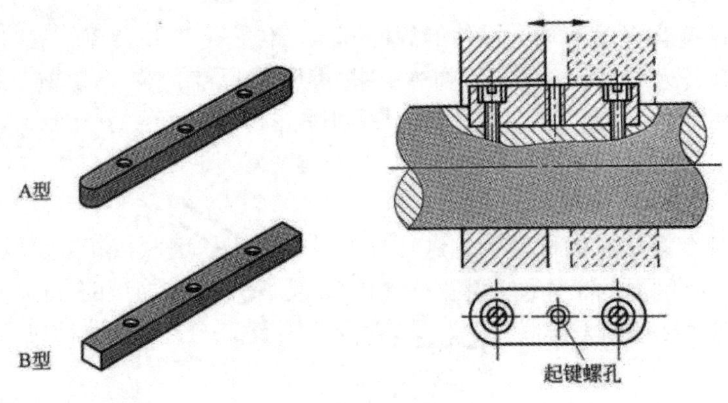

图 5-3　导向平键联接

（3）滑键。图 5-4 所示是滑键联接的结构形式。当被联接的零件滑移的距离较大时，可采用滑键。滑键固定在轮毂上，并与轮毂同时在轴上的键槽中做轴向滑动。滑键不受滑动距离的限制，只需在轴上加工出相应的键槽，而滑键可以做得很短。

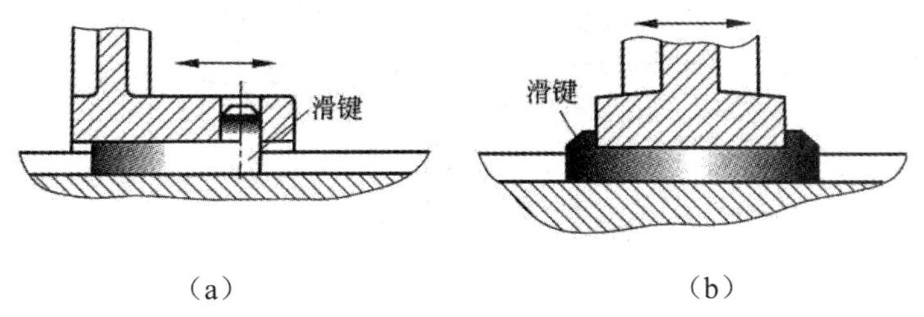

（a）　　（b）

图 5-4　滑键联接

普通平键是标准零件，其主要尺寸是键宽 b、键高 h 和键长 L，如图 5-5 所示。

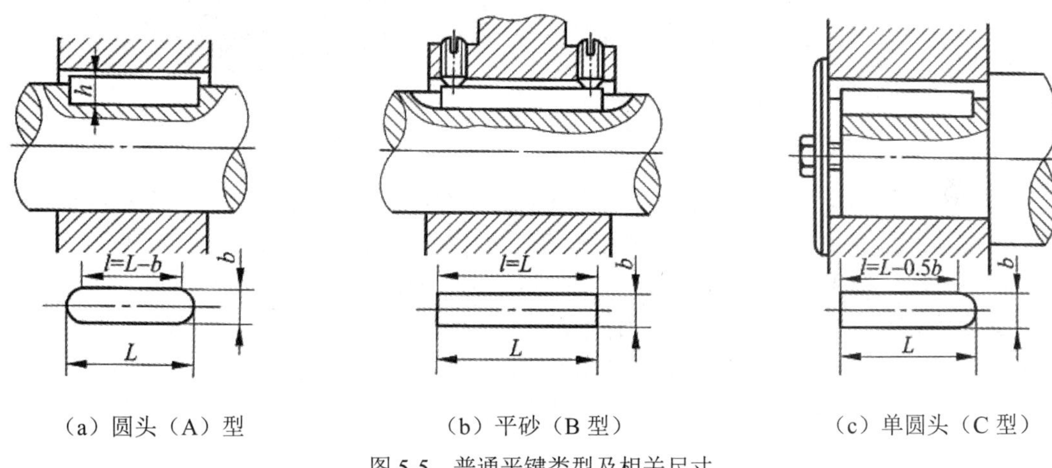

（a）圆头（A）型　　（b）平砂（B 型）　　（c）单圆头（C 型）

图 5-5　普通平键类型及相关尺寸

普通平键的标记格式是：标准号　键型　键宽×键高×键长。

例如“GB/T1096 键 19×11×190”表示普通 A 型平键（圆头），A 型字母的 A 可以省略不标，b=19mm，h=11mm，L=190mm；“GB/T1096 键 B19×11×190”表示普通 B 型平键（方头），b=19mm，h=11mm，L=190mm；“GB/T1096 键 C19×11×190”表示普通 C 型平键（单圆头），b=19mm，h=11mm，L=190mm。

3．半圆键联接

图 5-6 所示是半圆键联接的结构形式。键槽呈半圆形，轴上的键槽也是相应的半圆形，半圆键能够在键槽内自由摆动以适应轴线偏转引起的位置变化，这样能自动适应轮毂的装配。半圆键安装比较方便，但轴上键槽的深度较大，对轴的强度有所削弱，因此半圆键联接主要应用于轻载荷轴的轴端与轮毂的联接，尤其适用于锥形轴与轮毂的联接。

4．花键联接

花键由沿圆周均匀分布的多个键齿构成，轴上加工出的键齿称为外花键，而孔壁上加工出的键齿则称为内花键，如图 5-7 所示。由内花键和外花键所构成的联接，称为花键联接，如图 5-8 所示。

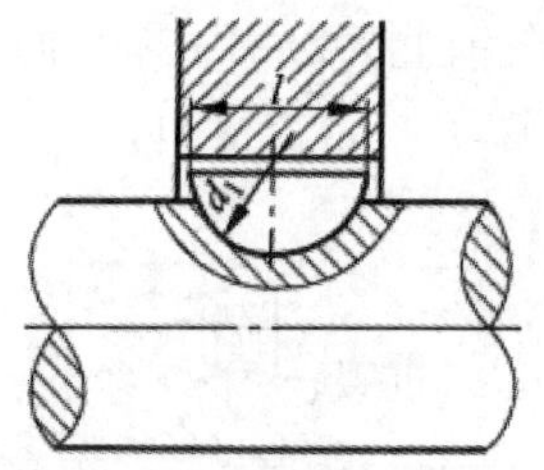

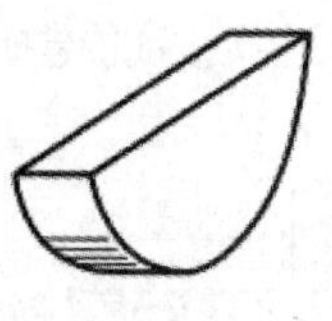

图 5-6　半圆键联接

（a）内花键　　（b）外花键

图 5-7　花键

图 5-8　花键联接

花键的两个侧面是工作面，依靠键的两个侧面的挤压传递转矩。与平键联接相比，花键联接的优点是：键齿多，工作面多，承载能力强；键齿分布均匀，各键齿受力也比较均匀；键齿深度较小，应力集中小，对轴和轮毂的强度削弱较小；轴上零件与轴的对中性好，导向性好。花键的缺点是加工工艺过程比较复杂，制造成本较高。因此，花键联接用于定心精度要求较高和载荷较大的场合，或者是轮毂经常作轴向滑移的场合。

目前花键生产已经标准化。按花键齿形的不同，花键可分为矩形花键和渐开线花键两种，如图 5-9 和图 5-10 所示。

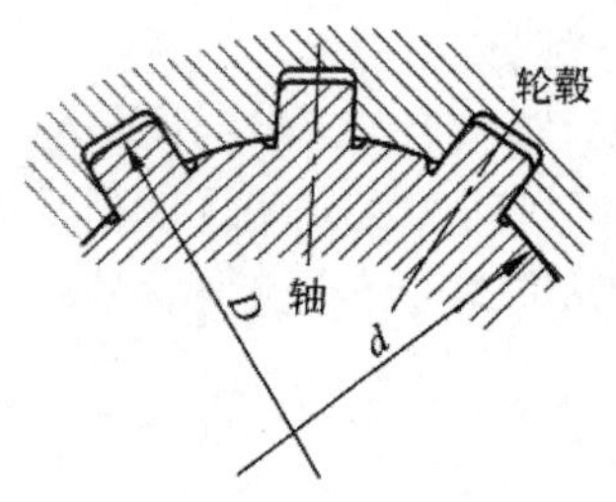

图 5-9　矩形花键联接

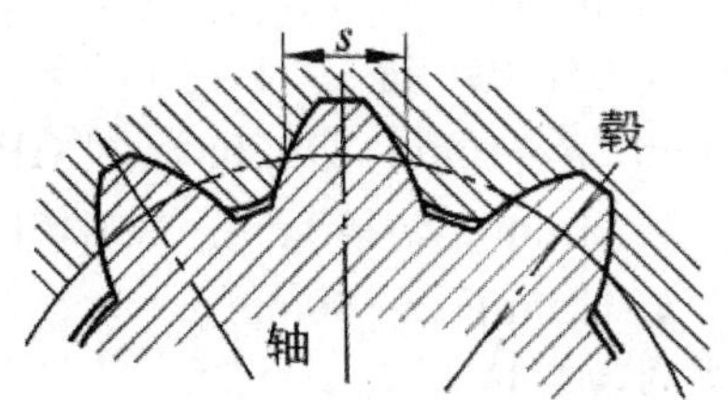

图 5-10　渐开线花键联接

5. 楔键联接

楔键联接属于紧键联接，可使轴上零件轴向固定，并能使零件承受不大的单向轴向力。如图 5-11 所示，楔键的上、下面为工作面，楔键的上表面制成 1:100 的斜度。装配时，将楔键打入轴与轴上零件之间的键槽内，使之联接成一体，从而实现传递转矩。楔键与键槽的两侧面不接触，为非工作面。因此，楔键联接的对中性较差，在冲击和变载荷的作用下容易发生松脱。

楔键分普通楔键和钩头楔键，其中普通楔键包括 A 型楔键（圆头）、B 型楔键（单圆头）和 C 型楔键（方头）三种。楔键联接多用于承受单向轴向力、对精度要求不高的低速机械上。

钩头楔键用于不能从另一端将键打出的场合，钩头用于拆卸。

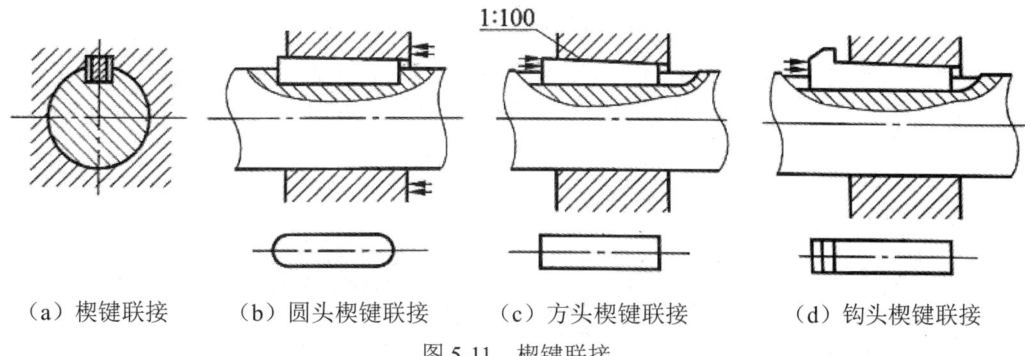

（a）楔键联接　（b）圆头楔键联接　（c）方头楔键联接　（d）钩头楔键联接

图 5-11　楔键联接

6. 切向键联接

切向键联接也属于紧键联接，它由两个单边普通楔键（斜度 1:100）反装组成一组切向键，其断面合成为长方形。切向键的上、下面（窄面）为工作面，且互相平行，其中一个面在通过轴心线的平面内，如图 5-12 所示。装配时，两个切向键分别从轮毂两端楔入；工作时，依靠工作面的挤压传递转矩。切向键联接传递转矩大，多用于载荷较大、对同轴度要求不高的重型机械上，如大型带轮、大型绞车轮等。

一对切向键可传递单向转矩，如图 5-12（a）所示。如果需要传递双向转矩，应装两对互成 120°～130°的切向键，如图 5-12（b）所示。

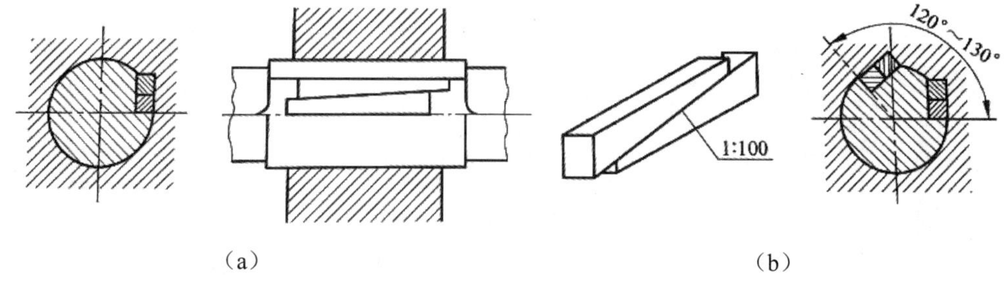

（a）　（b）

图 5-12　切向键联接

7. 平键联接的选用

选用平键联接时，可按下列步骤进行选择：

（1）根据键联接的工作要点和使用特点，选择键联接的类型。

（2）根据轴的公称直径 d，从相应的国家标准中选择平键的截面尺寸 $b×h$。

（3）根据轮毂长度 $L1$ 选择键长 L。静连接时，取 $L=L1-(5～10)$mm。键长 L 应符合相应的国家标准长度系列。

（4）校核平键联接的强度。校核公式是：

$$R_{bc} = \frac{4T}{dhl} \leqslant [R_{bc}]$$

式中：T 为传递的扭矩，N·m；d 为轴的直径，mm；h 为键高，mm；l 为键的工作长度，mm；$[R_{bc}]$为键联接的许用挤压应力，MPa。

（5）合理选择键联接时轴与轮毂的公差。

5.1.2　销联接

销联接是用销将被联接件联接成一体的可拆卸联接。销联接主要用于固定零件之间的相对位置（定位销），也可用于轴与轮毂的联接或其他零件之间的联接（联接销），同时销还可传递不大的载荷。在安全装置中，销还可充当过载剪断元件（安全销），如图 5-13 所示。

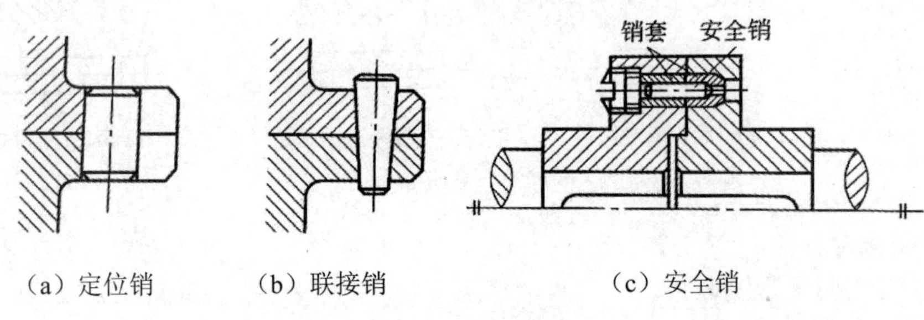

（a）定位销　（b）联接销　（c）安全销

图 5-13　销联接

销按其外形进行分类，可分为圆柱销、圆锥销和异形销等，如图 5-14 所示。圆柱销依靠过盈与销孔配合，为了保证定位精度和连接的紧固性，圆柱销不宜经常装拆，圆柱销还可用作联接销和安全销，可传递不大的载荷；圆锥销具有 1:50 的锥度，小端直径为标准值，具有良好的自锁性，定位精度比圆柱销高，主要用于定位，也可作为联接销；异形销种类很多，其中开口销工作可靠，拆卸方便，常与键槽螺母合用，锁定螺纹联接件。

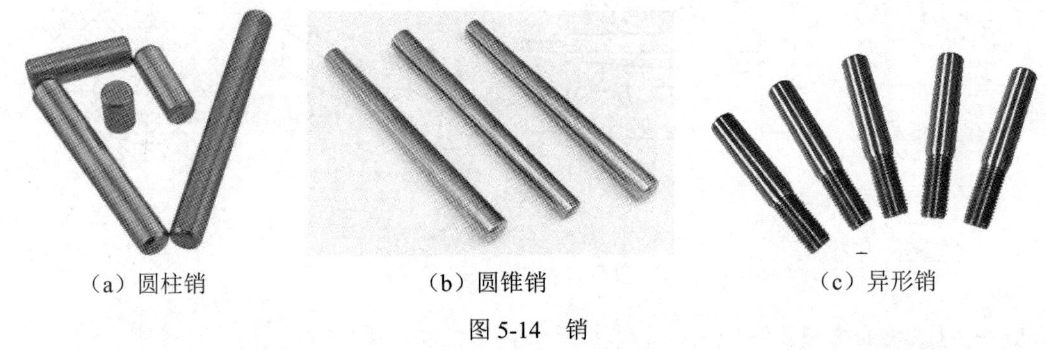

（a）圆柱销　（b）圆锥销　（c）异形销

图 5-14　销

销是标准件，与圆柱销、圆锥销相配合的销孔均需铰制。使用销时，可根据工作情况和结构要求，按相应的国家标准选择销的形式和规格。销的制造材料可根据销的用途选用 35 钢、45 钢。

5.2　螺纹联接与联轴器

5.2.1　螺纹联接的类型

螺纹联接按用途进行分类，可分为螺栓联接、螺钉联接和紧定螺钉联接。

1. 螺栓联接

如图 5-15 所示，螺栓的杆部为圆柱形，一端与六角形（或圆形头部）连成一体，另一端制成普通螺纹，中间段为没有螺纹的圆柱体。螺栓的头部形状多以外六角、内六角和圆头的形状为主。联接零件时，螺栓穿过被联接件的通孔，用垫片、螺母把螺栓拧紧，普通螺栓联接的工件的内孔大于螺栓的杆径，为螺栓杆径的 1.1 倍，螺栓很容易穿过联接孔，如图 5-15（a）所示；铰制孔用螺栓联接的工件的孔径与螺栓杆部的直径相等，如图 5-15（b）所示。螺栓联接具有结构简单以及拆装更换方便等优点，适用于厚度不大且只能进行两面装配的场合。

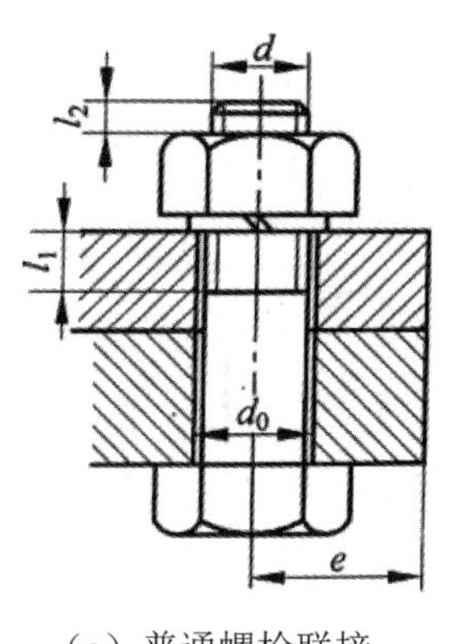

（a）普通螺栓联接 （b）铰制孔用螺栓联接

图 5-15 螺栓联接

当被联接件中，一个零件的厚度较大，另一个零件的厚度不大，厚的零件不方便做成通孔时，就在厚的这个零件上加工出内螺纹，相对薄一点的零件上加工成通孔后用双头螺柱联接。双头螺柱是两头都有螺纹的螺杆，一头螺纹的长度长，一头螺纹的长度短。联接时，将双头螺柱的螺纹短头一端旋入被联接件的内螺纹中，另一端穿过被联接件的铰制孔并与孔形成过渡配合，再与垫片螺母组合使用就形成了双头螺柱联接，如图 5-16 所示。

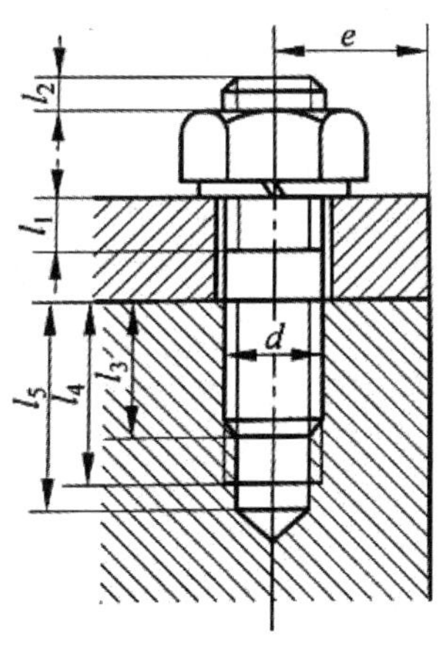

图 5-16 双头螺柱联接

双头螺柱联接适用于被联接件之一较厚的，不宜制成通孔且需要经常拆卸，联接紧固要求较高的场合。

2. 螺钉联接

紧定螺钉的杆部全部制成普通螺纹，螺钉联接时不必使用螺母，直接穿过被联接件，并与另一被联接件的内螺纹相联接就形成了螺钉联接，如图 5-17 所示。螺钉直径较小，但长度较长，其头部多以内、外六角形居多。螺钉联接适用于被联接件之一较厚的，受力不大且不经常拆卸，联接紧固要求不太高的场合。

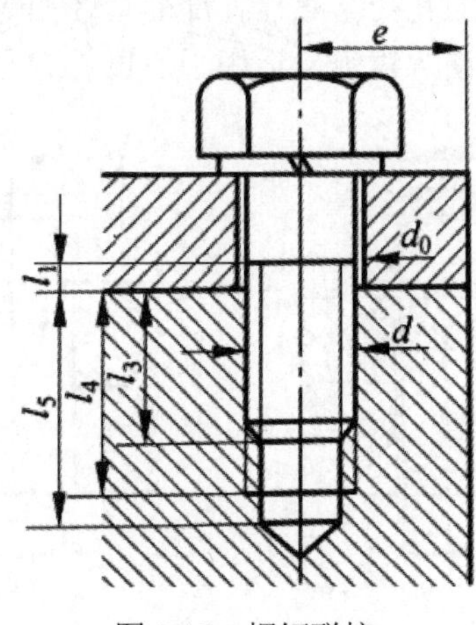

图 5-17　螺钉联接

3. 紧定螺钉联接

紧定螺钉旋入被联接件的螺纹孔内，并用尾部顶在另一被联接件的表面或相应的凹坑中，就形成了紧定螺钉联接，如图 5-18 所示。紧定螺钉联接可固定被联接件之间的相对位置，或传递不大的力（或转矩）。紧定螺钉头部多以一字槽居多，尾部有多种形状（如平端、圆柱端、锥端等），如图 5-19 所示。平端紧定螺钉适用于高硬度表面或经常拆卸处，圆柱端紧定螺钉可压入轴上的凹坑，锥端紧定螺钉用于低硬度表面或不经常拆卸处。

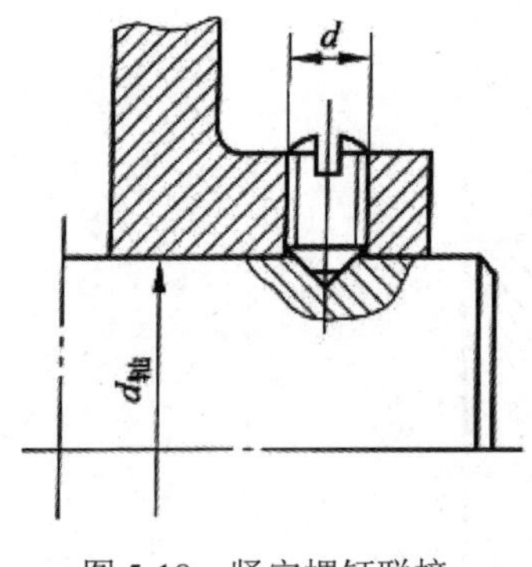

图 5-18　紧定螺钉联接

图 5-19　紧定螺钉

5.2.2　螺纹联接基础知识

1. 螺栓的各部分参数

螺栓的各部分参数符号，如图 5-20 所示。

（1）螺栓直径 d。它是指螺栓的公称直径，也是螺栓大径。

（2）螺栓的杆径 d_s。它是指螺栓杆部没有螺纹处的直径。

（3）螺栓长度 l。它是指螺栓杆部的全长。

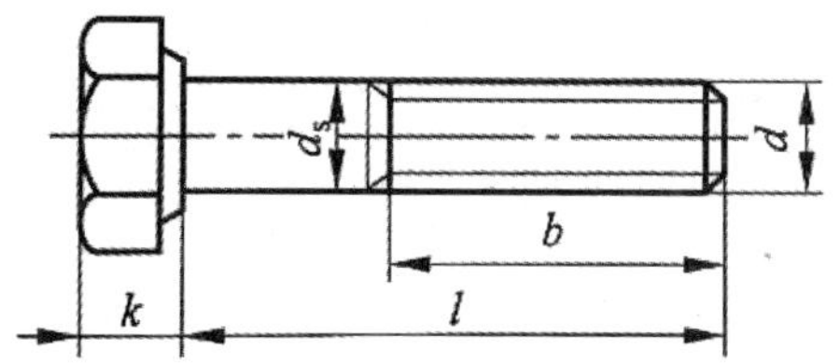

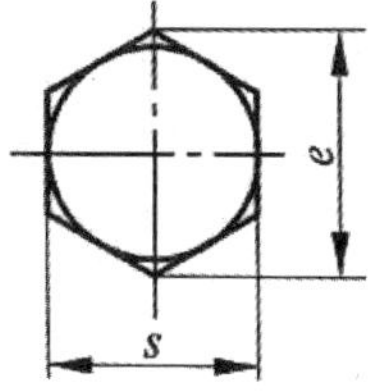

图 5-20 螺栓的各部分参数符号

（4）螺纹长度 b。它是指螺栓上螺纹的长度。

（5）螺栓头高 k。它是指螺栓头的高度。

（6）螺栓头对角宽度 e。它是指螺栓头外接圆的直径（角对角长度）。

（7）螺栓头对边宽度 s。它是指螺栓头内接圆的直径（边对边长度）。

2. 螺纹的各部分参数

螺纹的各部分参数（以外螺纹为例）如图 5-21 所示。

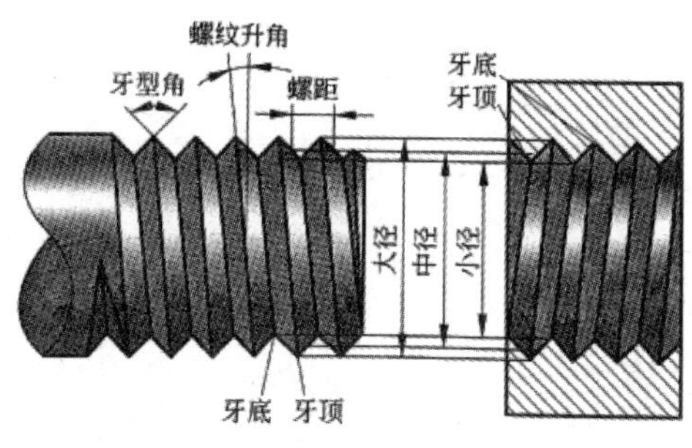

图 5-21 螺纹的各部分参数

（1）大径 d（或 D）。它是螺纹的最大直径，即与外螺纹牙顶（或内螺纹牙底）相切的假想圆柱的直径，规定它为公称直径。

（2）小径 d_1（D_1）。它是螺纹的最小直径，即与外螺纹牙底（或内螺纹牙顶）相切的假象圆柱的直径。

（3）中径 d_2（D_2）。它是假想的圆柱体直径，该圆柱体到螺纹牙底和到螺纹牙顶的距离相等。

（4）螺距 P。它是相邻两螺纹牙在中径圆柱面上对应两点间的轴向距离。

（5）线数 n。它是指螺纹的头数。螺纹根据线数进行分类，可分为单线螺纹和多线螺纹。

（6）导程 L。它是在同一条螺旋线上相临两螺纹牙在中径圆柱面上对应两点间的轴向距离。对于单线螺纹，$L=P$；对于多线螺纹，$L=nP$。

（7）螺纹升角 λ，它是在中径 d_2 的圆柱面上，螺纹线的切线与垂直于螺纹轴向平面的夹角，如图 5-22 所示。螺纹升角 λ 与导程 L、螺距 P 之间的关系是：

$$\tan\lambda = \frac{L}{\pi d_2} = \frac{nP}{\pi d_2}$$

（8）牙型角 α。它是在轴向剖面内，螺纹牙型两侧的夹角。

（9）牙侧角 β。它是在轴向剖面内，螺纹牙型一侧与垂直于螺纹轴线平面的夹角。

（10）螺纹旋向。它是指螺纹线的绕行方向，根据螺纹旋向，可将螺纹分为右旋螺纹和左旋螺纹，右旋螺纹应用最广，但在一些特殊情况下，就需要使用左旋螺纹，如汽车左侧车轮用的螺纹，自行车左侧脚踏板螺纹，煤气罐与减压阀的接口等。螺纹旋向的判别方法是：将螺杆直竖，如果螺旋线右高左低（向右上升），则为右旋螺纹；反之，则为左旋螺纹，如图 5-23 所示。

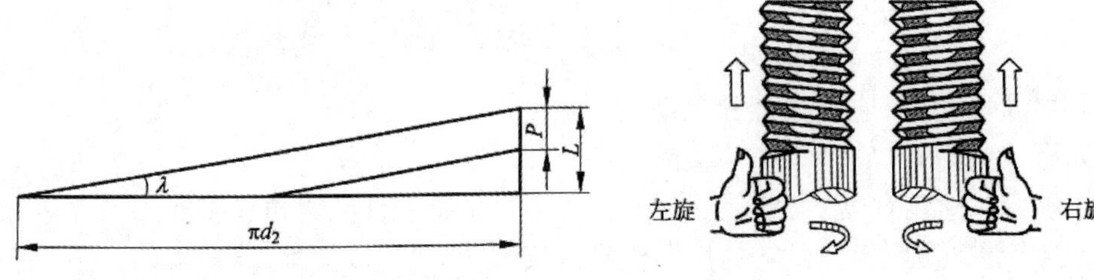

图 5-22　螺纹升角 λ 与导程、螺距之间的关系　　　图 5-23　螺纹选向判别方法

3. 螺纹的牙型

根据牙型分类，螺纹可分为三角形螺纹、管螺纹、矩形螺纹、梯形螺纹、锯齿形螺纹等，如图 5-24 所示。除了矩形螺纹之外，其他螺纹都已标准化。除了多数管螺纹采用英寸制（以每英寸牙数表示螺距）外，其他螺纹均采用米制。

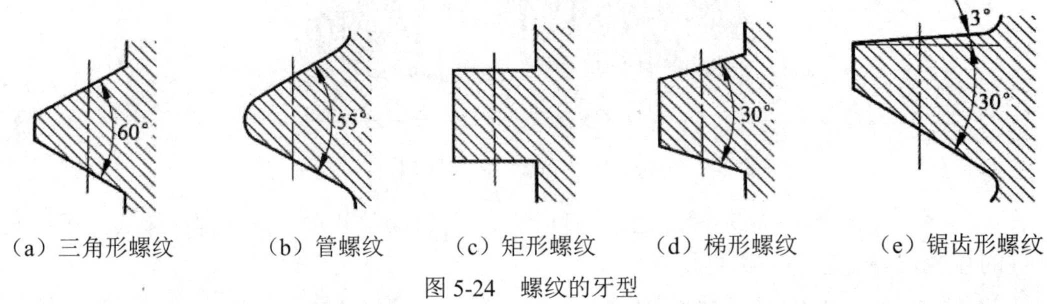

（a）三角形螺纹　（b）管螺纹　（c）矩形螺纹　（d）梯形螺纹　（e）锯齿形螺纹

图 5-24　螺纹的牙型

（1）三角形螺纹。三角形螺纹的牙型为等边三角形，其牙型角 α=60°。三角形螺纹的牙根强度高、自锁性好、工艺性好，主要用于联接。对于同一公称直径的三角形螺纹，按螺距大小分类，可分为粗牙螺纹和细牙螺纹。粗牙螺纹通常用于一般联接；细牙螺纹自锁性好，通常用于受冲击、振动和变载荷的联接，以及细小零件、薄壁管件的联接。

（2）管螺纹。管螺纹牙型为等腰三角形，其牙型角 α=55°，公称直径近似为管子孔径，以英寸（in）为单位。由于管螺纹的牙形呈圆弧状，内、外螺纹旋合时，相互挤压变形后无径向间隙，故管螺纹多用于有紧密要求以及压力不大的水、煤气、天然气、油路的管件（如旋塞、管道、阀门等）联接，以保证配合紧密。

米制圆锥管螺纹与管螺纹相似，但螺纹是绕制在 1:16 的圆锥面上，其牙型角 α=60°。米制圆锥管螺纹的紧密性更好，适用于水、气、润滑和电气联接，以及在高温、高压下的管路联接。

（3）矩形螺纹。矩形螺纹的牙型是正方形，牙厚是螺距的一半，牙型角 α=0°。矩形螺纹传动效率高，通常用于传动。但矩形螺纹牙根强度弱，对中精度低，螺旋磨损后的间隙难以修复和补偿，从而使传动精度降低，因此矩形螺纹逐步被梯形螺纹所代替。

（4）梯形螺纹。梯形螺纹的牙形是等腰三角形，其牙型角 α=30°。梯形螺纹比三角形螺纹传动效率高，比矩形螺纹牙根强度高，其承载能力也高，加工容易，对中性好，可补偿磨损间隙，是最常用的传动螺纹。

（5）锯齿形螺纹。锯齿形螺纹的牙型不是等腰三角形，其牙形角 α=33°，工作面的牙侧角 β=3°，非工作面的牙侧角 β=30°。锯齿形螺纹综合了矩形螺纹传动效率高和梯形螺纹牙根强度高的优点，但只能用于单向受力的传动。

4. 螺纹的代号

螺纹的代号由特征代号和尺寸代号组成。例如粗牙普通螺纹用“字母 M 与公称直径”表示，细牙普通螺纹用“字母 M 与公称直径×螺距”表示。当螺纹为左旋时，在代号之后加 LH。具体的螺纹代号举例如下：

M40：公称直径是 40mm 的粗牙普通螺纹。

M40×1.5：公称直径是 40mm，螺距是 1.5mm 的细牙普通螺纹。

M40×1.5LH：公称直径是 40mm，螺距是 1.5mm 的左旋细牙普通螺纹。

5.2.3 常用的螺纹联接件

螺纹联接时，需要螺栓、双头螺柱、螺钉、紧定螺钉、螺母和垫圈等联接件配合使用。其中，螺母起承受载荷的作用；垫圈起增大受力面积、保护螺母的作用。螺纹联接件分为 A、B、C 三个精度等级。A 级精度最高，用于重要联接；B 级精度次之；C 级精度多用于一般的联接。

螺纹联接件的制造材料主要有 Q215A、Q235A、10 钢、35 钢和 45 钢等。对于重要和特殊用途的螺纹联接件，可采用 15Cr 钢、40Cr 钢等力学性能较好的合金钢进行制造。

常用的螺母有六角形、圆形、方形、槽型等，其中以六角形螺母和圆形螺母最为常见，如图 5-25 所示。常用垫圈有普通圆形平垫圈、弹簧垫圈、锁紧垫圈和弹性垫圈等，如图 5-26 所示。

图 5-25 螺母

图 5-26 垫圈

5.2.4 螺纹联接的预紧和防松

1. 螺纹联接的预紧

绝大多数的螺纹联接在装配时需要将螺母拧紧，使螺栓和被联接件受到预紧力的作用，这种螺纹联接称为紧螺纹联接。但也有少数情况，螺纹联接在装配时不需要拧紧，这种螺纹联接称为松螺纹联接。螺纹联接中，预紧的目的是增强螺纹联接的刚性，提高警惕性和放松能力，确保联接安全可靠，一般螺母的拧紧主要依靠操作工的实践经验来控制，重要的紧螺纹联接，在装配时其拧紧程度要通过计算并用扭力扳手（或测力矩扳手）来控制。

在机械装配过程中，有时使用多个螺栓进行装配，此时为了使被联接件均匀受压、贴合紧密、联接牢固，需要根据螺栓的实际分布情况，按合理的顺序拧紧螺母，而拆卸时松动螺母的顺序则正好与装配时的顺序相反，如图 5-27 所示。

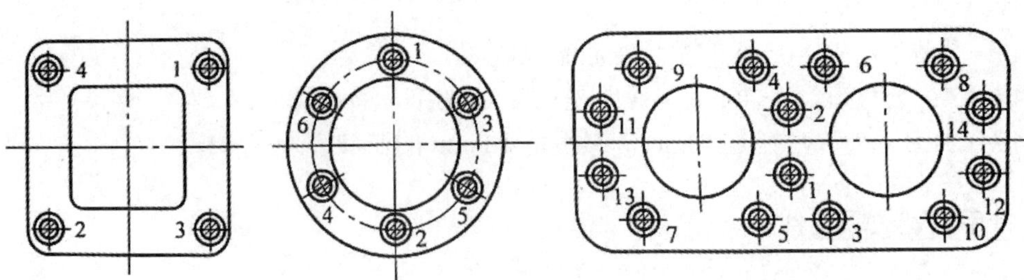

图 5-27 拧紧螺母顺序

2. 螺栓联接的防松措施

在静载荷和常温工作条件下，绝大多数螺纹联接件能自锁，不会自行脱落。但在振动、变载荷和温差变化大的工作环境下，螺纹联接有可能自松从而影响工作，甚至发生事故。因此，为了确保螺纹联接锁紧，必须采用合理的防松措施。螺纹联接中常用的防松措施有摩擦力防松、机械防松以及其他防松方法等，见表 5-1。

表 5-1 螺纹联接中常见的防松方法

类型	防松方法	简图	说明
摩擦力防松	弹簧垫圈防松		利用垫圈压平后产生的弹力使螺纹间保持压紧力和摩擦力。该方法的特点是：结构简单，工作可靠，防松方便，应用广泛
	对顶螺母防松	副螺母 主螺母	利用主、副螺母的对顶作用使螺栓始终受到附加的拉力和附加的摩擦力，该方法的特点是：结构简单，防松效果较好，用于低速重载场合，但应用不如弹簧垫圈普遍
机械防松	槽型螺母和开口销防松		将槽型螺母拧紧后，利用开口销穿过螺栓尾部小孔和螺母的槽，并将开口销尾部掰开与螺母侧面紧贴，依靠开口销阻止螺栓与螺母相对转动以防松动。该方法的特点是：安全可靠，适用于受较大冲击、振动的高速机械中，应用较广

续表

类型	防松方法	简图	说明
机械防松	止动垫圈防松		将螺母拧紧后，止动垫圈一侧被折转，垫圈另一侧折于固定处，则可固定螺母与被连接件的相对位置。该方法的特点是：结构简单，安全可靠，适用于高温部位的螺纹联接
	圆螺母和止动垫圈防松		将垫圈内翅插入键槽内，而外翅翻入圆螺母的沟槽中，使螺母和螺杆没有相对运动。该方法的特点是：防松效果好，多用于滚动轴承的轴向固定
	串联金属丝防松	不正确　正确	螺钉紧固后，在螺钉头部小孔中串入金属丝，但应注意串孔方向为旋紧方向。该方法的特点是：简单安全，但装拆不方便，常用于无螺母的螺钉组联接
其他方法防松	冲点防松		当螺母紧固后，用冲头在旋合处或端面冲点，将螺纹损坏。该方法的特点是：防松效果好，常用于装配后不再拆卸的螺纹联接
	黏结法防松	涂黏结剂	利用黏结剂涂于螺纹旋合表面，螺母拧紧后黏结剂自行固化。该方法的特点是：防松效果好，便于拆卸

5.2.5 联轴器

联轴器是用来联接不同机构中的两根轴（主动轴和传动轴）使之共同旋转以传递扭矩的机械零件。在高速重载的动力传动中，有些联轴器还有缓冲、减振、安全保护和提高轴系动态性能的作用。联轴器由两部分组成，分别与主动轴和从动轴联接。联轴器是机械传动中常用部件，它用来联接两个传动轴，使其一起转动并传递转矩。一般动力机大都借助于联轴器与工作机相联接。

另外，对于联轴器所联接的两轴，由于制造及安装误差、承载后的变形以及温度变化的影响，会导致两轴产生相对位移或偏差。因此，设计联轴器时需要从结构上采用各种措施，使联轴器具有补偿各种偏移量的能力，否则就会在轴、联轴器、轴承之间产生附加载荷，导致工作状态恶化。

1. 联轴器的类型和特点

联轴器类型很多，其中绝大多数已经标准化。根据联轴器对各种相对位移有无补偿能力进行分类，可将联轴器分为刚性联轴器（无补偿能力）和挠性联轴器（有补偿能力）两大类。

刚性联轴器不能补偿两轴间的相对位移，无减振缓冲能力，要求两轴对中性好。挠性联轴器按是否具有弹性元件，又可分为无弹性元件挠性联轴器和有弹性元件挠性联轴器。无弹性元件挠性联轴器具有补偿两轴线相对偏移的能力，但不能缓冲减振；有弹性元件挠性联轴器含有弹性元件，除了具有补充两轴间相对位移的能力外，还具有缓冲和减振作用，但传递的转矩因受到弹性元件强度的限制，一般不及无弹性元件挠性联轴器大。

2. 刚性联轴器

刚性联轴器结构简单、制造容易、承载能力大、制造成本低，但没有补偿轴线偏移能力，适用于载荷平稳、转速稳定、两轴对中性良好的场合。常用刚性联轴器主要有凸缘联轴器和套筒联轴器。

（1）凸缘联轴器。它是由两个带凸缘的半联轴器用键分别和两轴连在一起组成，再用螺栓将两个独立的半联轴器连成一体，如图 5-28 所示。凸缘联轴器结构简单，制造成本低，工作可靠、拆卸方便、刚性好。可传递较大转矩，常用于对中性精度较高、载荷平稳的两轴联接（如电动机输出轴和减速器的联接）。

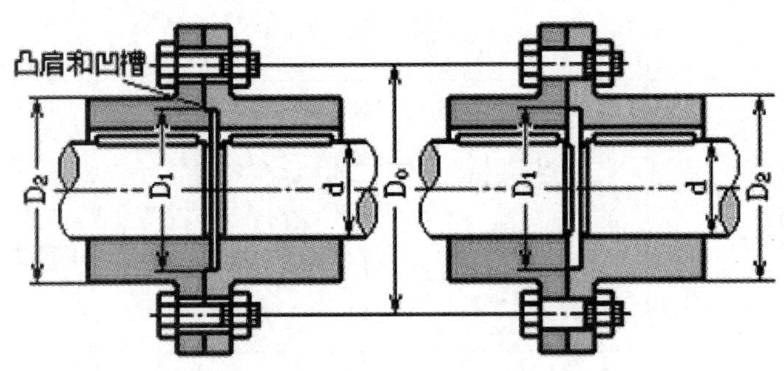

图 5-28　凸缘联轴器

（2）套筒联轴器。如图 5-29 所示，它是利用键（或销）和套筒将两轴联接起来，以传递转矩。采用销钉的套筒式联轴器可用作安全联轴器，过载时销钉被剪断，避免薄弱环节零件受到损坏。套筒联轴器结构简单、径向尺寸小、承受转矩较小，常用于严格对中、工作平稳、无冲击的两轴联接。

3. 无弹性元件挠性联轴器

无弹性元件挠性联轴器依靠本身动联接的可移动功能补偿轴线偏移，适用于载荷和转速有变化以及两轴线有偏移的场合。常用的无弹性元件挠性联轴器主要有齿式联轴器、滑块联轴器、万向联轴器和链条联轴器等。

（1）齿式联轴器。如图 5-30 所示，它是由两个带有内齿及凸缘的外套筒和两个带有外齿的内套筒组成，并依靠内外齿相啮合传递转矩。齿式联轴器结构较复杂、传递扭矩大，且允许两轴有较大的偏移量，安装精度要求不高，但总质量较大，制造成本较高，齿轮啮合处需要润滑，多用于重型机械和起重设备。

（2）滑块联轴器。如图 5-31 所示，它是由两个端面上开有凹槽的半联轴器和两面带有凸牙的中间盘组成，凸牙可在凹槽中滑动，可以补偿安装及运转时两轴间的偏移。滑动联轴器主要用于转速小于 250r/min、轴的刚度较大、低速且无剧烈冲击的两轴联接。

图 5-29　套筒联轴器

图 5-30　齿式联轴器

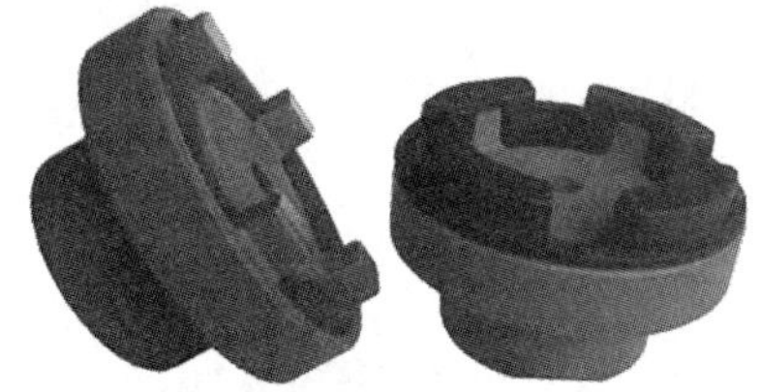

图 5-31　滑块联轴器

（3）万向联轴器。如图 5-32 所示，它是由两个叉形接头、一个中间联接件和轴组成。万向联轴器属于可动的联接，且允许两轴间有较大的夹角（夹角可达 35°到 45°），万向联轴器结构紧凑、维护方便，常成对使用，广泛用于汽车、拖拉机、多头钻床中。

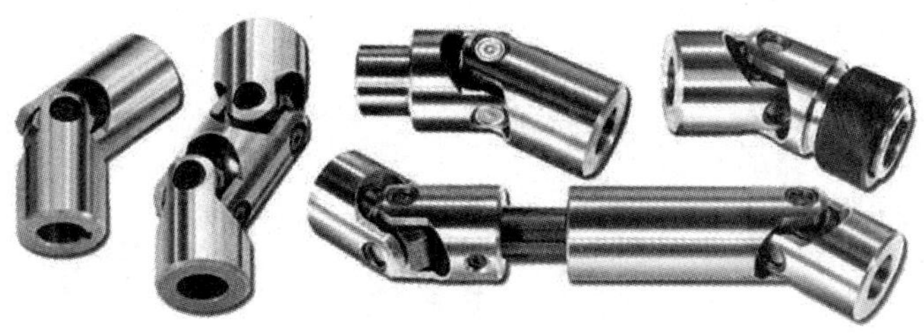

图 5-32　万向联轴器

（4）链条联轴器。如图 5-33 所示，它是由带有相同齿数链轮的半联轴器，用一条滚子链联接组成。链条联轴器结构简单、拆装方便、传动效率高，但不能承受轴向力，适合于恶劣的工作环境下的两轴联接。

4. 弹性元件挠性联轴器

弹性元件挠性联轴器依靠本身动联接的可移动功能补偿轴线偏移，适用于载荷和转速有变化以及两轴线有偏移的场合。常用的弹性元件挠性联轴器主要有弹性套柱销联轴器、弹性柱销联轴器、梅花销联轴器、轮胎式联轴器和蛇形弹簧联轴器等。

图 5-33　链条联轴器

（1）弹性套柱销联轴器。如图 5-34 所示，弹性套柱销联轴器的构造与凸缘联轴器相似，不同之处是用带有弹性套的柱销代替了联接螺栓。通过蛹状耐油橡胶（或尼龙），可提高其弹性。弹性套柱销联轴器结构比较简单，容易制造，不用润滑，弹性套更换方便，是弹性联轴器中应用最广泛的一种联轴器，多用于经常正、反转，启动频繁，转速较高的两轴联接，如电动机和机器轴之间的联接。

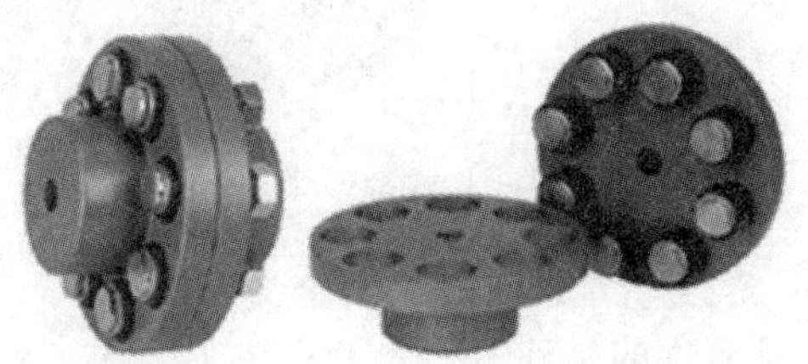

图 5-34　弹性套柱销联轴器

（2）弹性柱销联轴器。如图 5-35 所示，它采用尼龙柱销将两个独立的半联轴器联接起来，为防止柱销滑出，两侧装有挡板。弹性柱销联轴器结构简单，制造、安装容易，维修方便，传递的转矩较大，具有吸振和补偿轴向位移的能力，多用于轴向窜动量较大，经常正、反转，启动频繁，转速较高的两轴联接。

图 5-35　弹性柱销联轴器

（3）梅花销联轴器。如图 5-36 所示，它主要是通过两个独立的半联轴器和弹性元件（如橡胶）密切啮合并承受径向挤压以传递转矩。当两轴线发生偏移时，通过弹性元件的弹性变形起到自动补偿的作用。梅花销联轴器结构简单、安装制造容易、补偿能力强，主要用于经常正、反转，启动频繁，中、高转速的两轴联接。

图 5-36　梅花销联轴器

（4）轮胎式联轴器。如图 5-37 所示，它主要由两个独立的半联轴器、橡胶轮胎和止退垫板组成。止退垫板是螺钉把橡胶轮胎固定在半联轴器上，橡胶轮胎将运动传递给另一半联轴器，从而实现两轴一起运动。由于橡胶轮胎具有较好的减振作用，两传动轴允许有一定的径向和轴向偏差。轮胎式联轴器减振和补偿能力强，主要用于经常正、反转，启动频繁，有振动、冲击和轴向窜动的中小功率的两轴联接。

（5）蛇形弹簧联轴器。如图 5-38 所示，它主要由两个独立的带外齿圈的半联轴器和置于齿间的一组蛇形弹簧组成。每个齿圈上有 50～100 个齿，齿间的弹簧有 1～3 层。为了便于安装，将弹簧分成 6～8 段，蛇形弹簧用外壳罩住。蛇形弹簧联轴器补偿能力强，主要用于大功率的机械传动。

图 5-37　轮胎式联轴器

图 5-38　蛇形弹簧联轴器

5. 联轴器的选用和拆装

（1）联轴器的选用。联轴器的选用包括联轴器的类型选择以及尺寸与型号的选择。联轴器的种类多，常用联轴器绝大多数已经标准化和系列化。选择联轴器时，可根据工作条件、轴的直径、转速高低、计算转矩、两轴的偏移量、工作温度以及经济性等进行合理选择。例如对于载荷平稳、转速恒定、低速、刚性大的短轴，可选用弹性联轴器；对于刚性小的长轴，可选用无弹性元件挠性联轴器，对于在载荷多变、高速回转、启动频繁，经常正、反转以及两轴不能保证严格对中的工作场合，可选用弹性元件挠性联轴器。

（2）联轴器的拆装。安装联轴器时，需要先将半联轴器分别与轴固定，然后将两个独立的半联轴器联接在一起。联接时应保持两轴同心，尽量减小径向偏差，最后进行固定。联轴器安装好后，应运转自如，没有松紧不匀的现象。拆卸联轴器时，应注意防止损伤接合面，拆卸顺序与安装顺序相反。

练习题

一、名词解释

键联接　销联接　螺距（P）　导程（L）

二、简答题

1．与平键联接相比，花键联接的优点有哪些？
2．在销联接中，圆柱销和圆锥销各有什么特点？
3．在螺钉联接中，紧定螺钉有什么作用？
4．梯形螺纹有什么特点？
5．螺纹联接中，预紧的目的是什么？
6．什么是弹簧垫圈防松？它有什么特点？

6

支承零部件与失效

支承零部件只包括轴和轴承，它们是组成机器不可缺少的重要零部件。轴是支承传动件（如齿轮、蜗杆）的零件，轴上被支承的部位称为轴颈，轴的功用是支承回转零部件，并使回转零部件具有确定的位置，传递运动和扭矩。轴承是支承轴颈的支座，轴承的功用是保持轴的旋转精度，减少轴与支承件之间的摩擦磨损。

6.1 风力发电机组的主轴

6.1.1 轴的分类和应用

1．按轴的形状分类

轴按其形状进行分类，可分为直轴、曲轴和软轴（或挠性轴、钢丝软轴）三类。

（1）直轴。直轴是轴线为一直线。直轴按其外形进行分类，可分为光轴、阶梯轴和空心轴三类。光轴的各截面直径相同，加工方便，但不易定位，如图 6-1（a）所示；阶梯轴的各段截面直径不相等，可以很容易地对轴上的零件进行定位，也便于装拆，常用于一般机械，如图 6-1（b）所示；空心轴的中心是空心，其主要目的是减轻重量、增加刚度，此外还可以利用轴的空心来输送润滑油、切削液等，也便于放置待加工的棒料，例如车床的主轴就是典型的空心轴，如图 6-1（c）所示。

（a）光轴

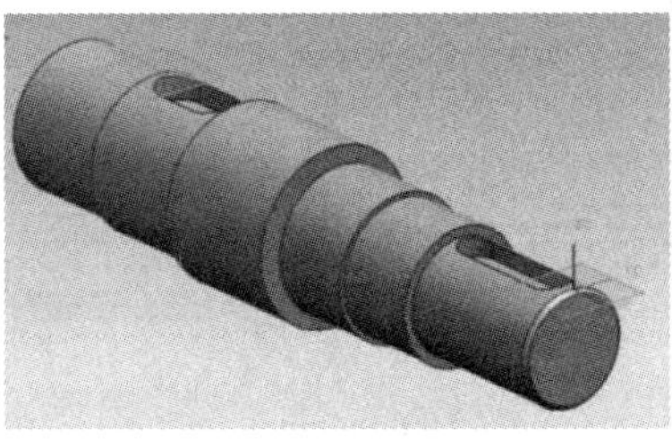

（b）阶梯轴

（c）空心轴

图 6-1　直轴

（2）曲轴。曲轴是指将回转运动转变为往复直线运动（或将往复直线运动转变为回转运动）的轴，如图 6-2 所示。曲轴兼有转轴和曲柄的双重功能，可实现运动转换和动力传递，主要用于内燃机以及曲柄压力机中。

图 6-2　曲轴

（3）软轴（或挠性轴、钢丝软轴）。软轴是由几层紧贴在一起的钢丝构成，可将扭矩（扭转及旋转）灵活地传递到任意位置的轴。软轴可以将旋转运动和不大的转矩灵活地传递到任何位置，但它不能承受弯矩，多用于转矩不大、以传递旋转运动为主的简单传动装置，如图 6-3 和图 6-4 所示。

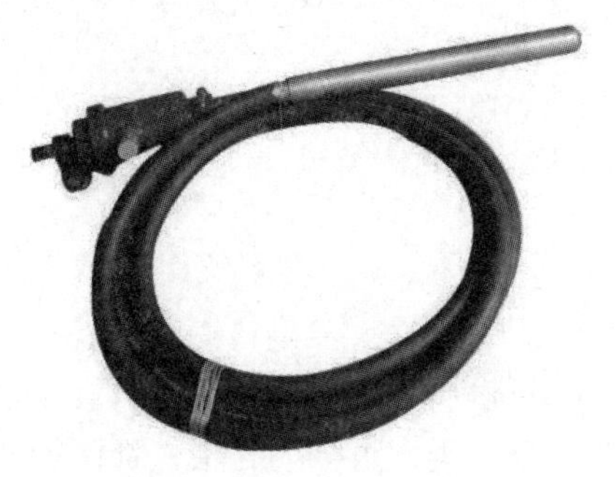

图 6-3　机械传动软轴

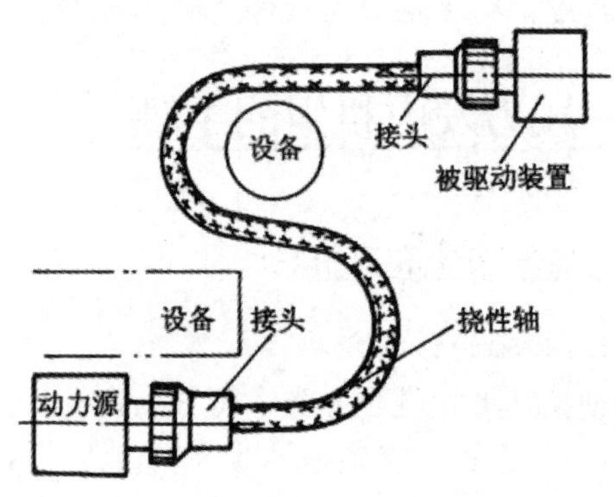

图 6-4　软轴工作示意图

2．按轴承受的载荷分类

轴按承受的载荷进行分类，可分为心轴、转轴和传动轴三类。

（1）心轴。心轴是指工作时仅承受弯矩作用而不传递转矩的轴（如自行车的前后轴），如图 6-5 所示。

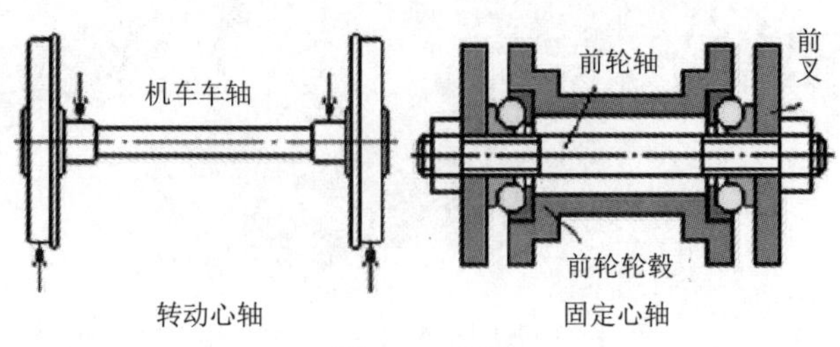

图 6-5　心轴

（2）转轴。转轴是指工作时既承受弯矩又承受转矩的轴，大部分轴都属于转轴。图 6-6 所示为齿轮轴。

图 6-6 齿轮轴

（3）传动轴。传动轴是指工作时仅传递转矩而不承受弯矩的轴，如载重汽车底盘的传动轴、汽车方向盘的传动轴等，如图 6-7 所示。

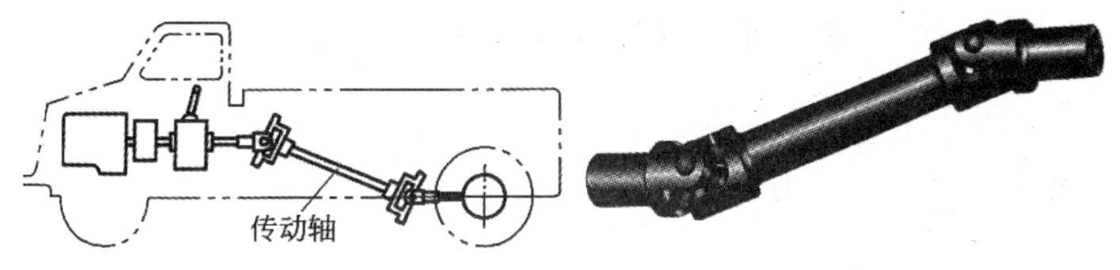

（a）载重汽车底盘传动轴　　（b）载重汽车底盘传动轴外形

图 6-7 传动轴

6.1.2 轴的结构

轴是支承回转零部件的重要零件，也是机械运动的主要部件。以典型的阶梯轴为例，轴的结构包括轴颈、轴头、轴身三部分。其中轴颈是被支承部分，轴头是安装轮毂部分，轴身是连接轴颈和轴头的部分，如图 6-8 所示。

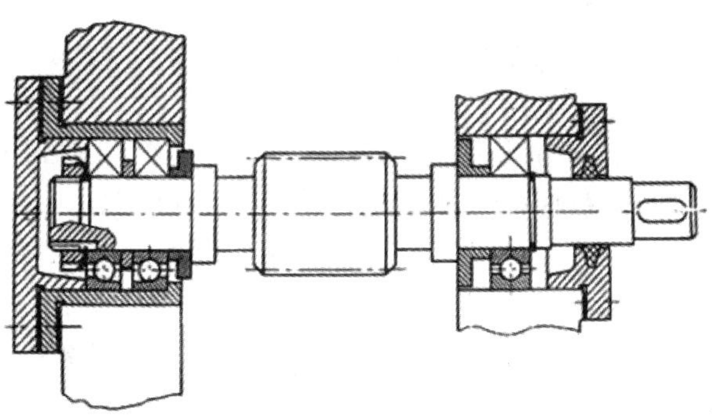

图 6-8 轴上的零件结构

轴的结构要求满足如下要求：

（1）轴的受力要合理，有利于提高轴的强度和刚度。

（2）安装在轴上的零件要够牢固且可靠地相对固定（如轴向固定、周向固定）。轴上零件的轴向固定方法有轴肩、轴环、套筒、双螺母、弹性挡圈、轴端压板、紧定螺钉、销等联接形式；轴上零件的周向固定方法有普通平键、花键、销等联接形式。

（3）当轴上安装标准零件时，轴的直径尺寸及相关尺寸应符合相应的标准或规范。例如轴上的各个键槽应开在同一个母线位置上，各圆角、倒角、砂轮越程槽及退刀槽等工艺结构尺寸应尽可能统一，如图 6-9 所示。

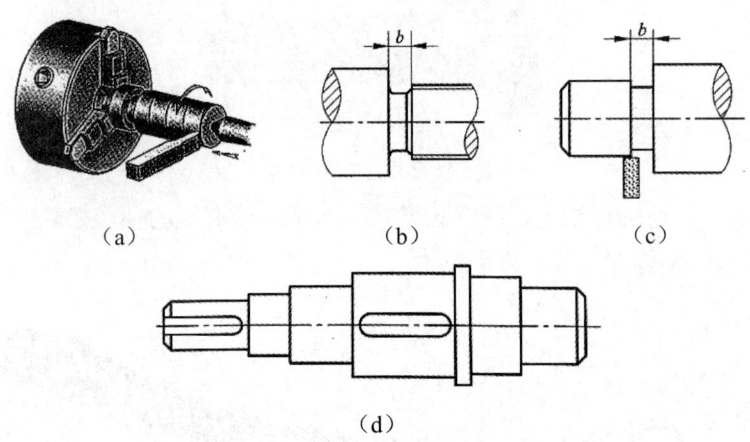

图 6-9　轴上的工艺结构合理布置

（4）轴的结构应便于加工、装拆、固定和调整。例如对于阶梯轴一般设计成两端小、中间大的形状，便于零件从两端装拆。此外，为了便于装配，轴端应有倒角。轴肩高度不能妨碍零件拆卸。

6.1.3　轴的制造材料

轴在工作过程中承受的应力多为交变应力，其失效形式主要是疲劳破坏，因此，轴的材料选择除了具有足够的强度外，还应具备足够的塑性、韧性、耐磨性、耐蚀性和疲劳强度，对应力集中的敏感性要小。目前，制造轴的主要材料是非合金钢、合金钢、铸铁。

1. 非合金钢

制造轴的非合金钢主要是碳素结构钢和优质碳素结构钢，它们的价格相对合理，对应力集中的敏感性较低，可以通过热处理（如调质、正火）提高其耐磨性和疲劳强度。对于重要的轴可以选用优质中碳钢（35 钢、40 钢、45 钢等）制造，其中以 45 钢的应用最多；对于受力较小或不重要的轴，可以选用 Q235 系列和 Q275 系列进行制造。

2. 合金钢

合金钢的强度比非合金钢高，热处理性能也较好，但合金钢对应力集中的敏感性高，价格也相对较高。对于要求高强度、高耐磨性、尺寸较小或有其他特殊性能（如耐高温、耐腐蚀）要求的轴，可以选用合金钢制造。对于要求耐磨性较高的轴，可选用 20Cr 钢、20CrMnTi 钢等低碳合金钢进行制造，并通过渗碳和淬火改善其力学性能；对于综合性能要求较高的轴，可选用 40Cr 钢、35SiMn 钢、40MnB 钢、40CrNi 钢等中碳合金钢进行制造，并通过调质和表面淬火改善其力学性能。

3. 铸铁

对于形状比较复杂的轴，如曲轴和凸轮轴等，可以选用高强度铸铁和球磨铸铁进行制造，这些铸铁不仅具有良好的工艺性能和较低的对应力集中敏感性，而且价格较低廉、吸振性好、耐磨性好。

6.1.4　轴的结构设计

轴的结构设计就是确定轴的形状和尺寸。轴通常由轴头、轴颈、轴肩、轴环等部分组成，如图 6-10 所示。

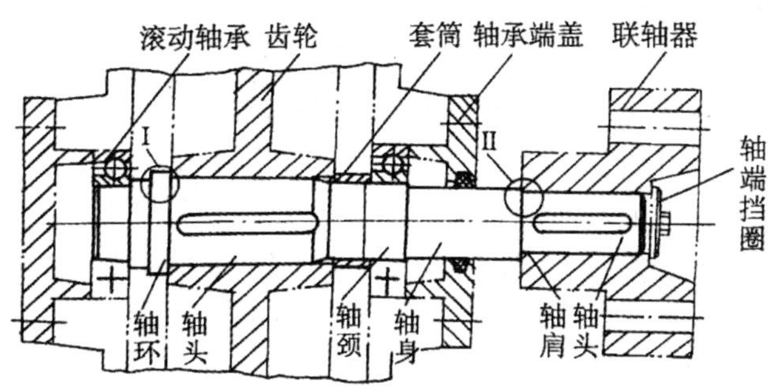

图 6-10　轴的结构

轴上与轴承配合的部分称为轴颈，与其他零件（如带轮、齿轮、联轴器等）配合的部分称为轴头，连接轴头与轴颈的部分称为轴身。

轴颈与滚动轴承配合时，其直径必须符合轴承的内径系列；轴头的直径应与配合零件的轮毂内径相等，并符合标准直径系列（见表 6-1）；轴身部分的直径可采用自由尺寸。另外，轴上的螺纹或花键部分的直径均应符合螺纹或花键的标准。为了便于加工和尽量减少应力集中，轴的各段直径变化应尽可能减少。

表 6-1　标准直径系列

10	11.2	12.5	13.2	14	15	16	17	18	19	20
21.2	22.4	23.6	25	26.5	28	30	31.5	33.5	35.5	7.5
40	42.5	45	47.5	50	53	56	60	63	67	71
75	80	85	90	95	100	106	112	118	125	132

1. 轴上零件的定位和固定

阶梯轴上截面变化的部位称为轴环或轴肩，如图 6-11 所示。它对轴上的零件起轴向定位的作用。联轴器和左端的轴承依靠轴肩作轴向定位，齿轮依靠轴环作轴向定位。右端轴承依靠套筒定位。两端轴承端盖由螺钉与箱体固定，并通过轴承对轴进行轴向定位。

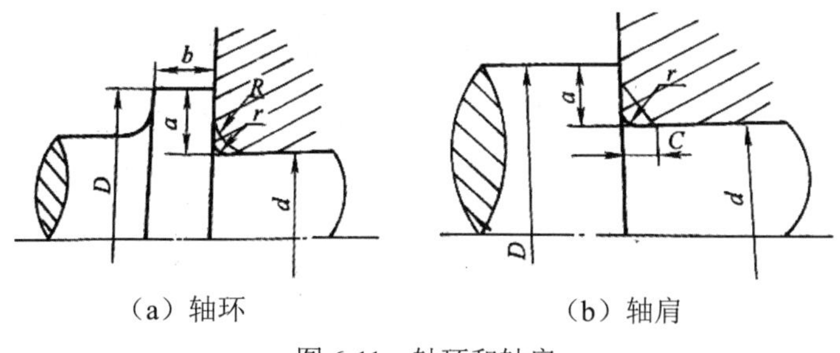

图 6-11　轴环和轴肩

2. 轴上零件的固定

（1）轴上零件的轴向固定。轴上零件的轴向固定目的是防止零件沿轴线方向移动，并承受轴向力。其常用的方法有：

1）轴环与轴肩。轴环和轴肩对轴上的零件起轴向定位作用，也是常用的轴向固定方法，结构简单，能承受较大的轴向力。

为了保证轴上零件紧靠定位面，应使轴上圆角半径r小于相配零件的圆角半径R或倒角C。C、r、R值可查阅手册。轴肩的高度a应该大于R或C，通常取（0.07～1）d，轴环宽度$b\approx1.4a$。与滚动轴承相配合的a与r值应根据轴承的类型和尺寸确定。

2）套筒。套筒常用于轴上相邻零件间距较小时两零件间的固定。这种固定方法简单可靠，避免因在轴上开槽、钻孔或车螺纹等而削弱轴的强度，但不宜用于高速轴。

3）圆螺母。当轴上相邻零件间距较大，而又允许车螺纹时，常用双圆螺母作轴向固定，如图 6-12（a）所示。它固定可靠，装拆方便，可承受较大的轴向载荷。圆螺母与止动垫圈也可用于轴端零件的固定，如图 6-12（b）所示。

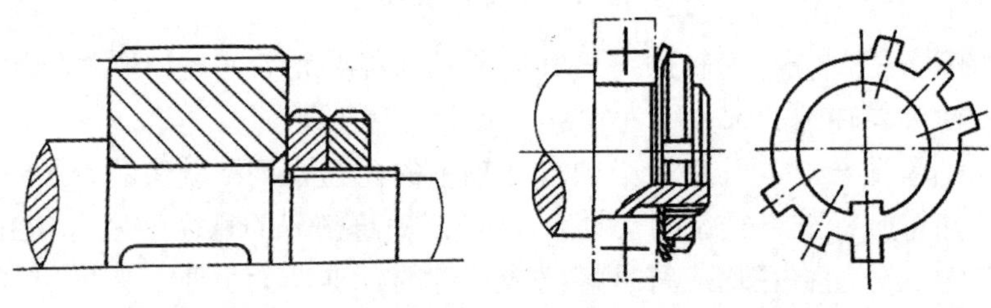

（a）双圆螺母轴向定位　（b）圆螺母与止动垫圈轴向固定

图 6-12　圆螺母轴向固定

4）弹性挡圈、紧定螺钉和锁紧挡圈。它们适用于轴向力很小或为了防止轴向移动时的轴向固定。弹性挡圈常用于固定滚动轴承，如图 6-13（a）所示；紧定螺钉可用作轴向固定和周向固定，如图 6-13（b）所示；锁紧挡圈常用于光轴上零件的固定，如图 6-13（c）所示。

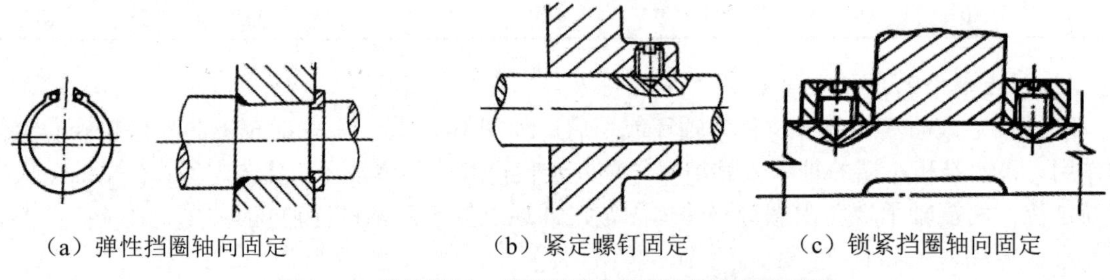

（a）弹性挡圈轴向固定　（b）紧定螺钉固定　（c）锁紧挡圈轴向固定

图 6-13　弹性挡圈、锁紧螺母和锁紧挡圈的轴向固定

5）轴端挡圈和圆锥面。适用于固定轴端零件，可承受剧烈冲击和振动。图 6-10 所示轴的右端是用轴端挡圈和轴肩实现对联轴器的双向固定。图 6-14 所示是用轴端挡圈和圆锥面实现轴上零件的双向固定。

为了使套筒、圆螺母、轴端挡圈等压紧在轴上零件的端面上，轴头长度应略小于零件的轮毂长度，一般约短 1～3mm，如图 6-14 所示。

（2）轴上零件的周向固定。轴上零件的周向固定的目的是传递转矩，防止零件与轴产生相对转动。常用的固定方法有键连接、花键连接和过盈配合等。

当传递转矩很小时，可采用紧定螺钉或销钉实现轴向和周向固定。图 6-15 所示为销钉固定。

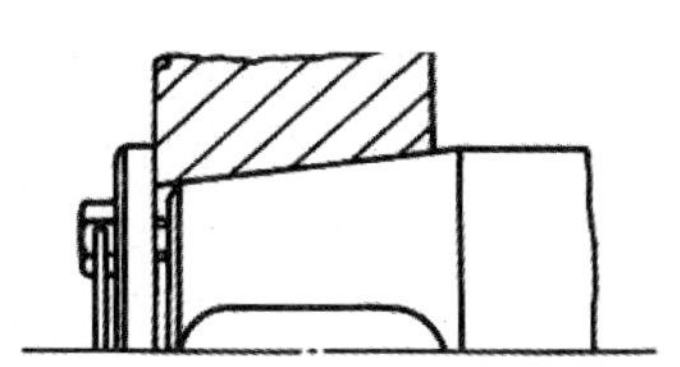

图 6-14　轴端挡圈和圆锥面轴向定位

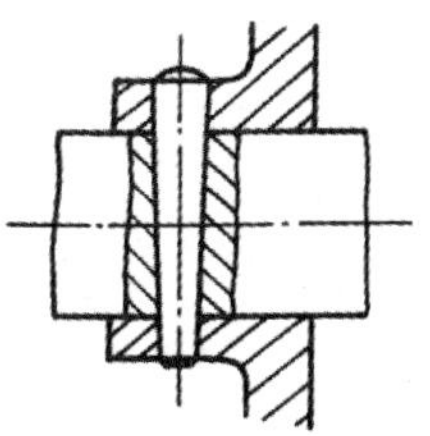

图 6-15　销钉固定

3. 提高轴的疲劳强度

轴一般是在交变应力下工作，因此轴的失效大多是由于疲劳破坏引起的，降低应力集中和提高轴的表面质量是提高轴的疲劳强度的主要措施。

（1）改进轴的结构，降低应力集中。

1）尽量使轴颈变化过渡平稳，宜采用较大的过渡圆角以减小应力集中。当相配合零件的内孔倒角或倒圆很小时，可采用凹切圆角，如图 6-16（a）所示；或采用间隔环，如图 6-16（b）所示。

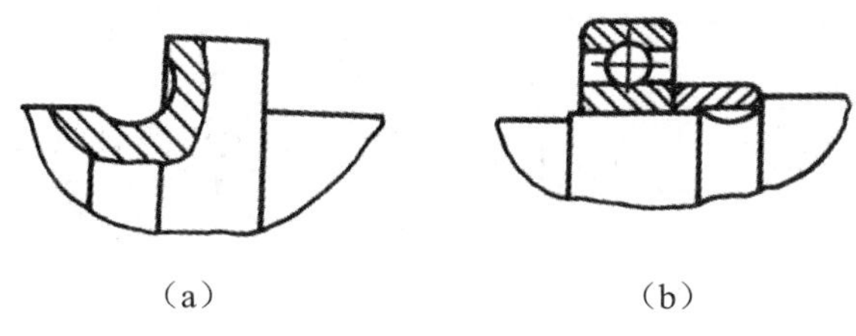

（a）　（b）

图 6-16　减小圆角应力集中的结构

2）过盈配合处的应力集中会随过盈量增大而增大，如图 6-17（a）所示。当过盈量较大时，可采用增大配合处直径[图 6-17（b）]、轴上开卸荷槽[图 6-17（c）]以及在轮毂上开卸荷槽[图 6-17（d）]等方法来减小应力集中。

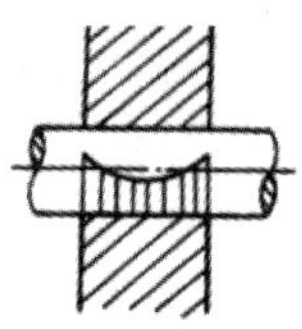

（a）过盈配合处的应力集中

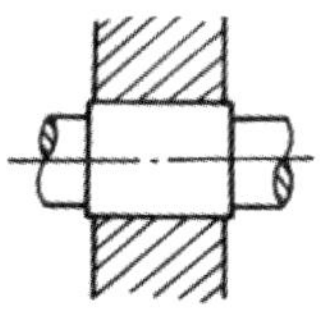

（b）增大配合处直径以减小应力集中

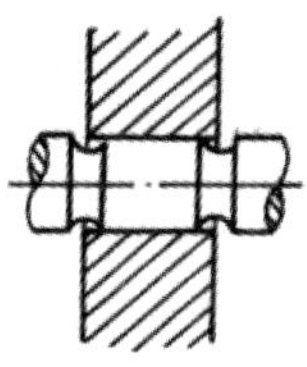

（c）轴上开卸荷槽以减小应力集中

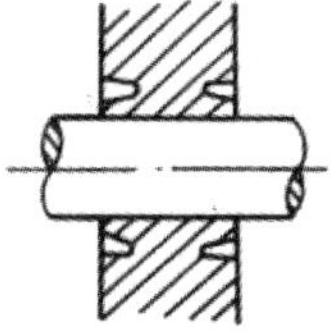

（d）轮毂上开卸荷槽以减小应力集中

图 6-17　过盈配合处的合理结构

3）键槽端部与轴肩距离不宜过小，以避免损伤过渡圆角，减少多种应力集中源重合的机会，如图 6-18 所示。

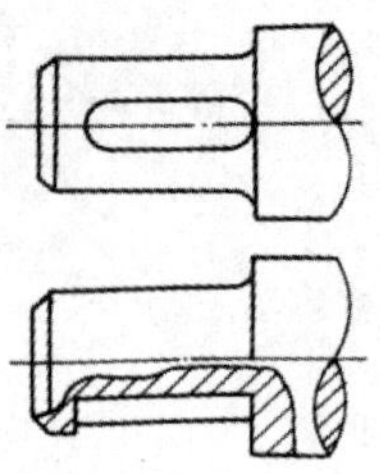

图 6-18　键槽的不合理位置

（2）提高轴的表面质量。轴工作时其表面工作应力最大，所以降低轴的表面粗糙度值，并对表面进行热处理和化学处理等强化措施，如表面淬火、渗碳、渗氮或碾压、喷丸等，都可以显著提高轴的疲劳寿命。此外，合理布置轴上零件，可减小轴所受载荷，相应地提高轴的疲劳强度。例如将图 6-19（a）中的输入轮 1 置于输出轮 2、3 之间，如图 6-19（b）时，则可降低最大转矩。

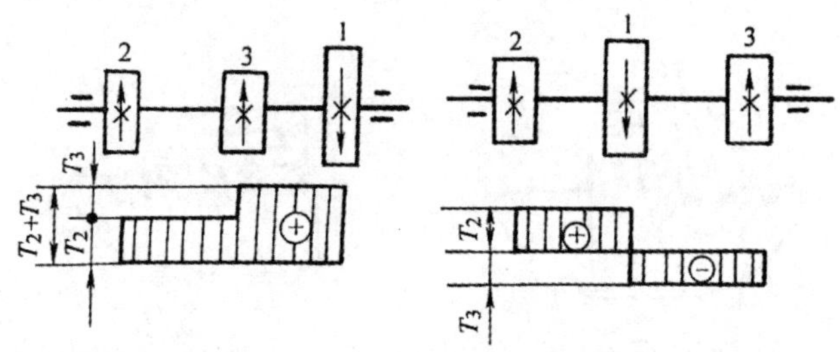

（a）输入轮 1 置于右端　　（b）输入轮 1 置于输出轮 2、3 之间

图 6-19　轴上零件的合理布置

6.1.5　轴的失效分析

常见轴的失效分析如下：

（1）因疲劳强度不足产生疲劳断裂。大多数的轴工作时受交变应力作用，当应力数值及变化次数超过极限应力时，产生疲劳裂纹，裂纹发展将造成疲劳断裂而失效。

（2）因静强度不足断裂。轴在运转中受到严重冲击或过载，将造成脆性断裂而失效。

（3）刚度不足变形过大。精密或较重要的机械常因轴的变形过大失去机械的精度而不能正常工作。

（4）轴共振断裂。高速机械的轴可能因为发生共振而断裂。

（5）其他失效。轴颈严重磨损、因摩擦高温而产生“烧轴”、在腐蚀介质中工作因腐蚀加速疲劳等失效。

6.2　轴承

轴承是用来支撑轴或轴上回转零件的部件。根据轴工作时摩擦性质的不同，轴承分为滑动轴承和滚动轴承两大类。滚动轴承一般由专业的轴承厂家制造，广泛应用于各种机器中。但应用于高速、重载、高精度、冲击较大、结构要求剖分的轴承，则大多数使用滑动轴承。

6.2.1 滑动轴承

滑动轴承是工作时轴承和轴颈的支承面间形成直接或间接滑动摩擦的轴承。滑动轴承根据承受载荷方向的不同，可分为向心滑动轴承和推力滑动轴承两大类。其中向心滑动轴承只能承受径向载荷，它又分为整体式滑动轴承和剖分式滑动轴承两类。

1. 滑动轴承的结构、特点和应用

滑动轴承通常由轴承座、轴瓦（或轴套）、润滑装置和密封装置等组成。

（1）整体式滑动轴承的结构。图 6-20 所示是典型的整体式滑动轴承，它由轴承座、轴瓦及与机架连接的螺栓组成。轴承座孔内压入用减摩材料制成的轴瓦，为了润滑，在轴承座的顶部设置油杯螺纹孔，轴瓦上设有进油孔，并在轴瓦内表面开设轴向油沟以分配润滑油。

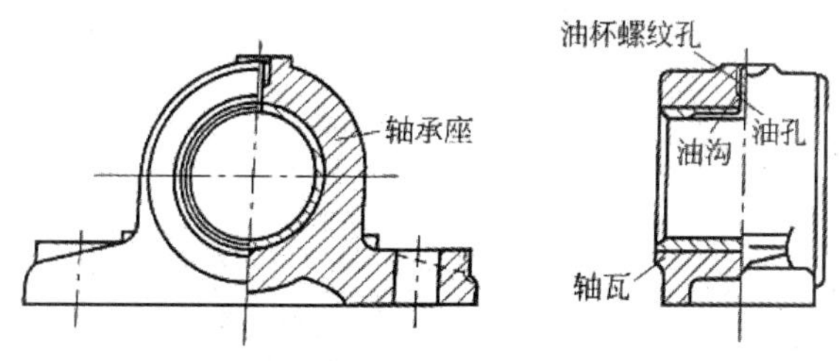

图 6-20　整体式滑动轴承

整体式滑动轴承的特点是结构较为简单、制造成本低，但拆装时轴或轴承需要做轴向移动。轴承磨损后，轴与滑动轴承之间的径向间隙无法调整。轴颈只能从端部装入轴承中，这对粗重的轴或具有中间轴颈的轴则不便安装，甚至无法安装。整体式滑动轴承适用于轻载、低速、有冲击以及间歇工作的机械传动，如绞车、手动起重机等。

（2）剖分式滑动轴承的结构。图 6-21 所示是典型的剖分式滑动轴承，它由轴承座、轴承套、剖分式轴瓦（分为上瓦、下瓦）及轴承座、轴承盖联接螺栓等组成。

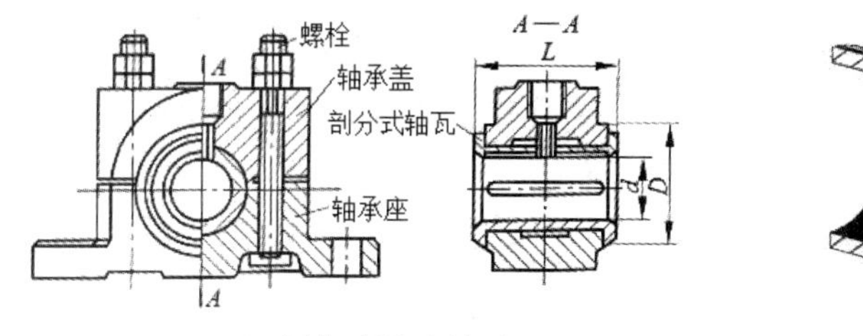

（a）剖分式滑动轴承　　（b）剖分式轴瓦

图 6-21　剖分式滑动轴承

剖分式滑动轴承的特点是剖分面应与载荷方向近于垂直，多数轴承剖分面是水平的，也有斜的。轴承盖与轴承座的剖分面常做成阶梯形，以便定位和防止剖分式滑动轴承工作时错动。剖分式滑动轴承装拆方便，轴瓦和轴的间隙可以调整。轴瓦磨损后的轴承间隙可以通过减小剖分处的金属垫片或将剖面刮掉一层金属的办法来调整，同时再合理刮配轴瓦，以保证传动精确。

剖分式滑动轴承应用广泛，主要适用于重载、高速、有冲击的机械传动，如汽轮机、水轮机、曲轴轴承、精密磨床等。

2. 轴瓦的结构

轴瓦是滑动轴承中的重要零件，它的结构设计是否合理对于滑动轴承的使用性能影响很大。轴瓦应具有一定的强度和刚度，在滑动轴承中定位可靠，便于注入润滑剂，容易散热，并且装拆、调整方便。常用的轴瓦分为整体式轴瓦和剖分式轴瓦两种结构。另外，为了节约贵重金属，常在轴瓦内表面浇注一层滑动轴承合金作为减摩材料，以改善轴瓦接触表面的摩擦状况，提高滑动轴承的承载能力，这层滑动轴承合金称为轴承衬。

（1）整体式轴瓦（轴套）。整体式轴瓦一般在轴套上开设油孔和油沟以便润滑，如图 6-20 所示。粉末冶金材料制成的轴套一般不带油沟。

（2）剖分式轴瓦。剖分式轴瓦有上、下两半瓦组成，图 6-21 所示的上轴瓦开有油孔和油沟，轴瓦上的油孔用来供应润滑油，油沟的作用是使润滑油均匀分布，并且油沟（或油孔）开设在非承载区。

3. 滑动轴承的失效形式

滑动轴承的失效形式有磨料磨损、刮伤、胶合（咬粘）、疲劳剥落、腐蚀等，具体产生过程见表 6-2。

表 6-2 滑动轴承的失效形式

失效形式	产生过程说明
磨料磨损	由于硬质颗粒进入轴承和轴的间隙中，并产生研磨，研磨作用最终导致轴承表面磨损
刮伤	轴表面硬廓峰顶刮伤轴承内表面
胶合（咬粘）	滑动轴承在运行过程中，由于温度升高，在压力的作用下，导致油膜破裂，最终导致胶合
疲劳剥落	滑动轴承在运行过程中，由于载荷反复作用，最终导致疲劳裂纹产生、扩展及剥落
腐蚀	滑动轴承在运行过程中，由于润滑剂氧化，产生酸性物质，逐渐腐蚀轴承和轴

4. 滑动轴承的制造材料

滑动轴承的制造材料包括两部分，第一部分是轴承座及轴承盖的制造材料，通常采用铸铁制造。第二部分是轴瓦（轴承衬）的制造材料，通常采用滑动轴承合金（如锡基巴氏合金、铅基巴氏合金、铜基滑动轴承合金、铝基滑动轴承合金）、粉末冶金材料、非金属材料（如塑料、橡胶）以及铸铁等进行制造。其中重要的轴瓦通常采用锡基巴氏合金、铅基巴氏合金进行制造。

5. 滑动轴承的装拆和维护

（1）滑动轴承的装拆。整体式滑动轴承装配前，需要对轴和轴承进行试装，达到转动灵活、精度满足使用要求后才能正式安装。在注入足够的润滑剂后，方可开车试运行；剖分式滑动轴承试装时，可用调整垫片微调轴与滑动轴承之间的间隙，也可对轴瓦做必要的刮削检查，保证轴瓦的接触斑点达到规定要求。

滑动轴承组的安装应保证各滑动轴承的中心线在同一直线上。常用吊线法和光学准直仪来矫正。

拆卸剖分式滑动轴承时，应先拆卸轴承盖，移出轴后再拆卸轴承座。

（2）滑动轴承的维护事项。

1）注意油路畅通，保证油路和油槽接通。

2）注意清洁，修刮调试过程中凡出现油污件，每次修刮后都要清洗涂油。

3）轴承运行过程中要经常检查润滑、发热、振动等问题。如果有发热（通常在 60℃以下为正常）、干摩擦、冒烟、卡死以及异常振动、声响等现象时，要及时进行检查、分析，查明原因，采取合理措施解决。

4）轴瓦使用一段时间后，如果达到失效状态时，要及时报废和更新。

6.2.2　滚动轴承

滚动轴承是将运转的轴和轴座之间的滑动摩擦变为滚动摩擦，从而减少摩擦损失的一种精密的机械元件。

1. 滚动轴承的结构及类型

如图 6-22（a）所示，滚动轴承一般由内圈、外圈、滚动体和保持架组成。内圈的作用是与轴相配合并与轴颈一起转动；外圈的作用是与轴承座相配合，装在机座或轴承孔内，固定不动，起支撑作用。内、外圈都制有滚道，当内、外圈相对旋转时，滚动体将沿着滚道滚动。保持架的作用是将滚动体沿滚道均匀地隔开，防止滚动体脱落，引起滚动体旋转并起润滑作用。滚动轴承的结构及类型如图 6-22 所示。

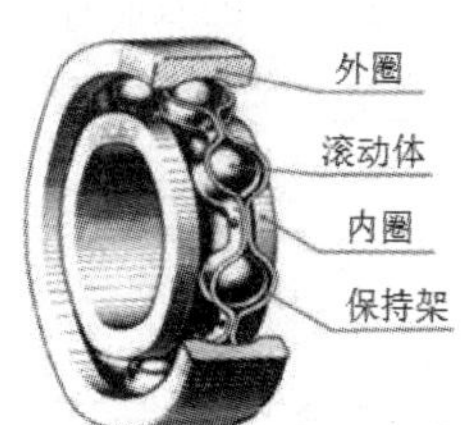

（a）深沟球轴承

（b）推力球轴承

（c）圆锥滚子轴承

图 6-22　滚动轴承的结构及类型

常见的滚动体有球、短圆柱滚子、长圆柱滚子、球面滚子、圆锥滚子、螺旋滚子、滚针等多种，如图 6-23 所示。

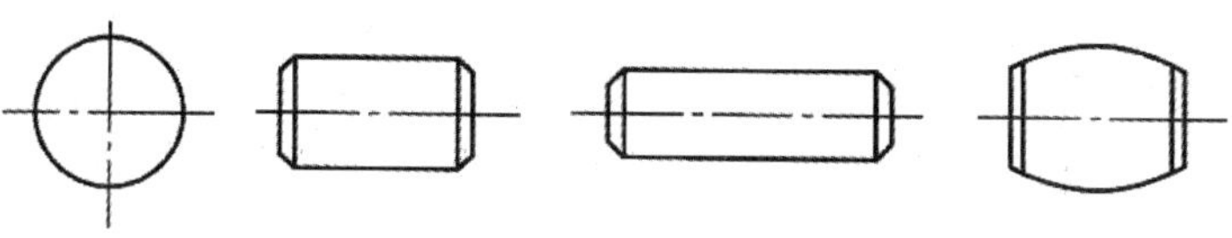

（a）球　（b）短圆柱滚子　（c）长圆柱滚子　（d）球面滚子

（e）圆锥滚子

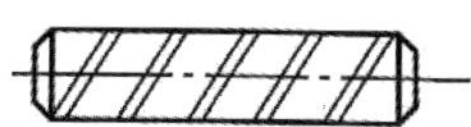

（f）螺旋滚子

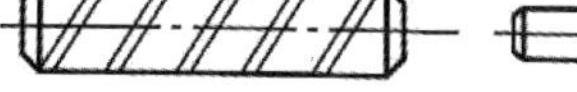

（g）滚针

图 6-23　滚动体的形状

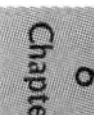

2. 滚动轴承的特点

与滑动轴承相比，滚动轴承具有摩擦阻力小、轴向尺寸小、径向间隙小、起动灵敏、传动效率高、润滑简便、易于互换、使用和维护方便、工作可靠、起动性能好，在中等速度下承载能力较强等优点，因此应用广泛。滚动轴承的缺点是抗冲击能力差，易产生振动，高速运转时容易出现噪声，工作寿命不及液体摩擦的滑动轴承。目前，滚动轴承的生产已经标准化，并由专业厂家大批量生产。

3. 滚动轴承的类型

滚动轴承的分类方法很多，按滚动轴承所能承受的载荷方向或公称接触角进行分类，可分为向心滚动轴承和推力滚动轴承，其中向心滚动轴承主要用于承受径向载荷的机械传动，推力滚动轴承主要用于承受轴向载荷的机械传动；按滚动轴承中滚动体的种类进行分类，可分为球轴承和滚子轴承，其中球轴承的滚动体为球，滚子轴承的滚动体为滚子。滚子轴承按滚子种类进行分类，可分为圆柱滚子轴承和圆锥滚子轴承；按滚动轴承工作时能否进行调心进行分类，可分为调心轴承和非调心轴承（或称为刚性轴承），其中调心轴承的滚道是球面形，可适应两滚道轴心线间的角偏差及角运动的轴承，非调心轴承是可阻止滚道间轴心线有偏移的轴承。常用滚动轴承的类型、特性和应用见表 6-3。

表 6-3　常用滚动轴承的类型、特性和应用

滚动轴承类型	简图	类型代号	特性和应用
调心球轴承		1 型	主要承受径向载荷，也可承受较小的双向轴向载荷，外圆滚道是球面，具有自动调心性能，适用于多支点和弯曲刚度较小的轴
调心滚子轴承		2 型	主要承受径向载荷，也可以承受较小的双向轴向载荷；承载能力比调心球轴承大；具有自动调心性能，适用于其他种类轴承不能胜任的重载机械，如大功率减速器、吊车车轮、轧钢机
圆锥滚子轴承		3 型	可承受较大的径向载荷和轴向载荷，内、外圈可分离，轴承游隙可在安装时调整，通常成对使用，对称安装；承载能力大。常用于斜齿轮轴、锥齿轮轴和蜗杆减速器轴以及机床主轴的支承等
双列深沟球轴承		4 型	主要承受径向载荷，也可以承受较小的双向轴向载荷；承载能力比深沟球轴承大；承受冲击能力较差；在不宜采用推力轴承时，可以代替推力轴承承受轴向载荷。适用于刚性较大的轴，常用于机床齿轮轴，小功率电动机等
推力球轴承		5 型	只能承受单向轴向载荷，而且载荷作用线必须与轴承轴线重合，不允许有角偏差。适用于轴向载荷大而且转速较低的轴，常用于起重机吊钩，蜗杆轴和立式车床主轴的支承等

续表

滚动轴承类型	简图	类型代号	特性和应用
深沟球轴承		6 型	主要承受径向载荷，也可承受较小的双向轴向载荷；摩擦阻力小，极限转速高，结构简单，应用广泛；承受冲击能力较差；在不宜采用推力轴承时，可以代替推力轴承承受轴向载荷，适用于刚性较大的轴，常用于机床齿轮轴、小功率电动机以及普通民用设备等
角接触球轴承		7 型	可承受较大的径向和单向轴向载荷；接触角越大，承受轴向载荷的能力也越大，通常成对使用；转速高时，可以代替推力球轴承。适用于刚性较大、跨距较小的轴，如斜齿轮减速器和蜗杆减速器中轴的支承等
推力圆柱滚子轴承		8 型	只能承受单向轴向载荷，承载能力比推力球轴承大得多，不允许轴线偏移。适用于轴向载荷大且不需要调心的轴
圆柱滚子轴承		N 型	只能承受径向载荷，不能承受轴向载荷；承受载荷能力比同尺寸的球轴承大，尤其是承受冲击载荷能力大。适用于刚性较大、对中性良好的轴，常用于大功率电动机、人字齿轮减速器等

4. 滚动轴承的代号

滚动轴承的类型和尺寸很多，为了便于设计、生产和选用，我国在 GB/T 272－1993 中规定，一般用途的滚动轴承代号由基本代号、前置代号和后置代号构成，其排列顺序如图 6-24 所示。

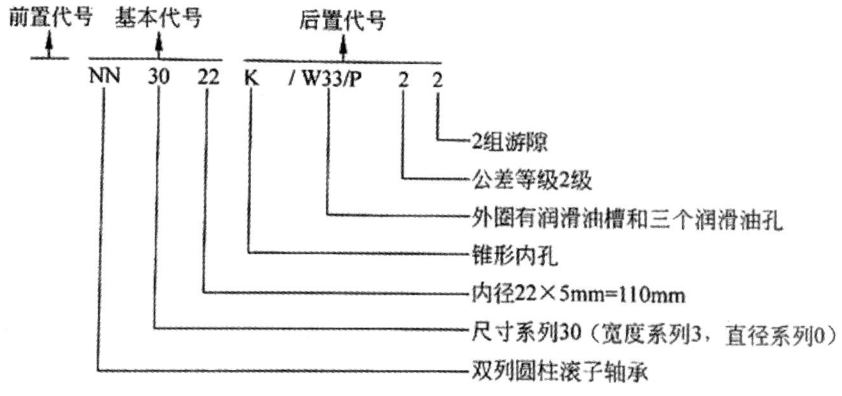

图 6-24　滚动轴承的代号示例

（1）基本代号。基本代号表示滚动轴承的基本类型、结构和尺寸，是滚动轴承代号的基础。除了滚针轴承外，基本代号由滚动轴承类型代号、尺寸系列代号及内径代号构成。

1）类型代号。滚动轴承的类型代号用数字或大写阿拉伯字母表示，见表 6-4。

2）尺寸系列代号。滚动轴承的尺寸系列代号由滚动轴承宽度（高）度系列代号和直径系列代号组合而成。组合排列时，宽度系列在前，直径系列在后，见表 6-4。

表 6-4　滚动轴承的尺寸系列代号

直径系列代号	向心轴承			
	宽度系列代号			
	1	2	3	4
	尺寸系列代号			
0	10	20	30	40
1	11	21	31	41
2	12	22	32	42
3	13	23	33	—
4	—	24	—	—

3）内径代号。内径代号表示滚动轴承公称内径的大小，其表示方法见表 6-5。

表 6-5　滚动轴承的内径代号

代号	04～99	00	01	02	03
内径	代号表示数字乘以 5 等于内径，如 25×5=125	10	12	15	17

滚动轴承的基本代号一般由五个数字组成：

例如滚动轴承 61206，其中 06 表示滚动轴承的内径代号，d=30mm；12 表示尺寸系列代号，1 是宽度系列，2 是直径系列；6 表示滚动轴承类型是深沟球轴承。

再如滚动轴承 N2211，其中 11 表示滚动轴承的内径代号，d=55mm；22 表示尺寸系列代号，第一个 2 是宽度系列，第二个 2 是直径系列；N 表示滚动轴承类型是圆柱滚子轴承。

（2）前置代号和后置代号。前置代号和后置代号是滚动轴承在结构形状、尺寸、公差、技术要求等有改变时，在其基本代号左右添加的补充代号，其排列见表 6-6。

表 6-6　滚动轴承前置代号、后置代号的排列

前置代号	基本代号	后置代号							
		1	2	3	4	5	6	7	8
成套滚动轴承分部件		内部结构	密封与防尘套圈变型	保持架及其材料	滚动轴承材料	公差等级	游隙	配置	其他

滚动轴承的公差等级分为 0 级、6 级、6X 级、5 级、4 级和 2 级共 6 级，其代号分别是/P0、/P6、/PX6、/P5、/P4、/P2，依次由低级到高级，0 级是普通级，在滚动轴承代号中省略不标。

5. 滚动轴承的失效形式

滚动轴承的失效形式主要有疲劳点蚀、塑性变形、磨料磨损、粘着磨损（或胶合磨损）等。

疲劳点蚀式滚动轴承在正常润滑、密封、安装和维护的条件下，由于循环接触应力的作用，经过一定次数的循环后，导致滚动轴承内、外圈表面形成微观裂纹，随着润滑油渗入微观

裂纹，在挤压的作用下，滚动轴承内、外圈表面逐渐形成了点蚀。

塑性变形是滚动轴承在过大的静载荷和冲击载荷的作用下，滚动体或内、外圈滚道上出现的不均匀塑性变形凹坑。塑性变形多出现在转速很低或摆动的滚动轴承中。

滚动轴承在密封不好或多尘的环境下运行时，容易发生磨料磨损。通常在滚动体与内、外圈表面之间，特别是滚动体和保持架之间存在滑动摩擦，如果润滑条件不好，容易导致发热现象，严重时可使滚动轴承产生回火现象，甚至产生粘着磨损（或胶合磨损），而且转速越高，磨损越严重。

6. 滚动轴承的制造材料

由于滚动体与内、外圈之间是点或线接触，接触应力较大，因此，滚动轴承与内、外圈均采用强度高、耐磨性好的高碳铬轴承钢和合金渗碳钢制造，例如铁道车辆的滚动轴承采用18CrMnTi 或 20CrMnTi 钢制造，其他滚动轴承采用 GCr15、GCr9、GCr6、GCrSiMn 钢以及不锈钢 68Cr17 钢制造。滚动轴承与内、外圈经热处理后，要求其硬度为 61～65HRC，工作表面须经磨削和抛光加工。

保持架通常采用低碳钢冲压后并经铆接或焊接制成，高速滚动轴承多采用非铁金属（如黄铜）或塑料。

7. 滚动轴承的装拆与维护

（1）滚动轴承的装拆。滚动轴承安装时不可用锤直接锤击滚动轴承的断面和非受力面，应使用压块、套筒（图 6-25）或其他安装工具（工装设备）使滚动轴承均匀受力，切勿通过滚动体传递力进行安装，切勿用手锤直接锤击滚动轴承。安装时，在滚动轴承表面涂上润滑油将使安装过程更顺利。如果滚动轴承与轴的配合过盈量较大时，应将轴承放入矿物油中加热至80～90℃后立刻安装，加热时应严格控制油温不超过 100℃，以防止滚动轴承发生回火现象而降低其硬度。特别值得注意的是安装类型为 5 的推力滚动轴承时，两个座圈中有一个的内孔比标准内径值大 0.2mm 左右，应当将其安装在固定的工件上。

拆卸滚动轴承困难时，应使用专用拆卸工具。拆卸配合较松的小型滚动轴承时，可用手锤和铜棒从背面沿轴承内圈四周将轴承轻轻敲击，慢慢卸下滚动轴承，如图 6-26 所示。

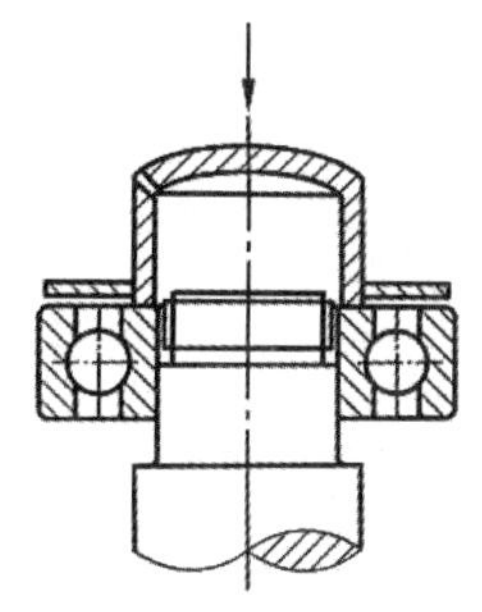

图 6-25　用手锤和套筒安装轴承

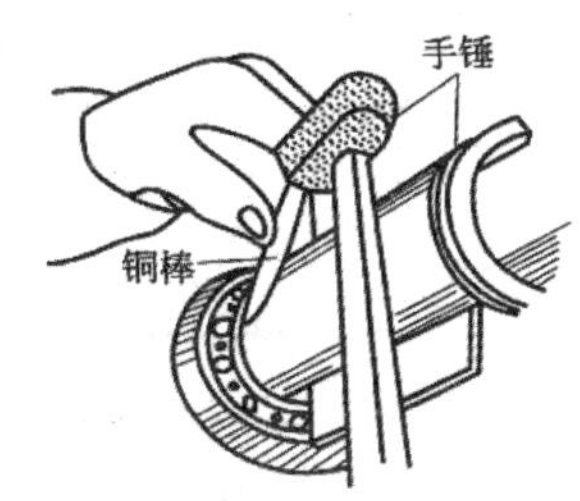

图 6-26　用手锤和铜棒拆出轴承

（2）滚动轴承的维护事项。

1）保持良好的润滑。良好的润滑不仅可以起到减小摩擦的作用，同时还对滚动轴承和轴上零件具有冷却、吸振、防锈和密封的作用。

2）保持滚动轴承周围干净，防止灰尘进入滚动轴承中。

3）保持滚动轴承密封。密封的目的是防止灰尘、水分、杂质等侵入轴承，并阻止润滑油的流失。此外，良好的密封可保持机器正常工作，降低噪声并延长滚动轴承的使用寿命。

8. 滚动轴承的选用原则

选用滚动轴承需要综合考虑载荷、转速、工作条件和经济性等因素。

（1）考虑载荷的大小、方向和性质。

1）载荷小而平稳时，可选用球轴承；载荷大且有冲击时，可选用滚子轴承。

2）仅受径向载荷时，可选用径向向心轴承；仅受轴向载荷时，可选用径向推力轴承。

3）同时受径向载荷和轴向载荷时，可根据具体情况合理选择；当以径向载荷为主时，可选用深沟球轴承、公称接触角不大的角接触球轴承、圆锥滚子轴承；当轴向载荷稍大时，可选用公称接触角较大的角接触球轴承、圆锥滚子轴承；当以轴向载荷为主时，可选用径向接触轴承和推力轴承的组合结构，分别承受径向和轴向载荷。

（2）考虑轴承转速。

1）当其他条件不变时，转速高的轴可选用球轴承，转速低的轴可选用滚子轴承。

2）受轴向载荷作用而且转速高的轴，最好选用角接触球轴承或深沟球轴承。

3）转速较低的轴，可选用滚子轴承。

（3）考虑工作条件。

1）如果轴承工作时，轴的变形较大，两端的轴承座不在同一直线上，或两端的轴承座不在同一平面上时，要求轴承的内圈允许有一定的角位移，应选用调心球轴承或调心滚子轴承。

2）对于受空间限制的轴承，可选用窄或特窄系列的轴承或滚针轴承。

（4）考虑经济性。为了降低成本，在满足工作要求的条件下，应优先选用精度较低的滚动轴承；球轴承比滚珠轴承的价格低，球面轴承最贵。

练习题

一、名词解释

轴　曲轴　滚动轴承　滑动轴承

二、简答题

1. 轴的结构应满足哪些要求？
2. 整体式滑动轴承的特点有哪些？
3. 剖分式滑动轴承的特点有哪些
4. 滑动轴承的制造材料有哪些？
5. 与滑动轴承相比，滚动轴承有何优点？
6. 滚动轴承的维护事项有哪些？

7 风机常用工具的正确使用

从工场所发生的事故情况来看，使用手动工具操作时所造成的损伤同其他操作相比，发生频率高且危险性大。正因为手动工具是操作人员手边的工具，制定明确的操作管理规程是非常重要的。

手动工具的安全管理要点如下：

（1）将工具整齐地放置在工具房或工具箱内。

（2）损坏的工具不要随意放置，应立即进行修理或做报废处理。

（3）根据作业要求选择适合的工具，并按正确的操作方法加以使用。

（4）工具在搬运或使用过程中要注意安全。

7.1 螺钉旋具的分类及使用

1. 功用

螺钉旋具又称为螺丝刀、起子、改锥，用来拆装小螺钉，它分为一字槽和十字槽两种。

2. 结构

螺钉旋具由手柄、刀体和刃口组成，如图 7-1 所示，其规格以刀体部分的长度来表示。常用的规格有 100mm、150mm、200mm 和 300mm 等。

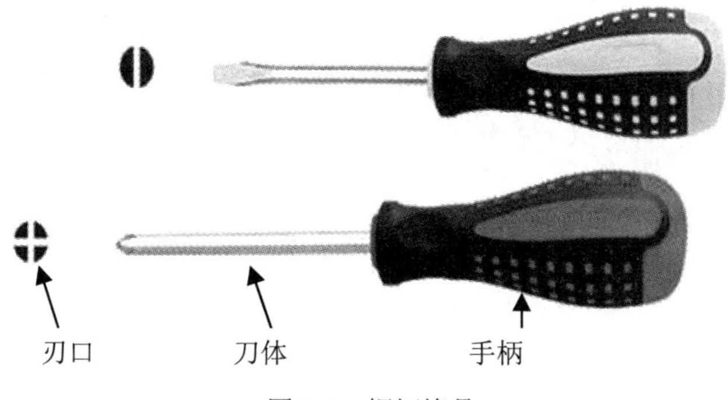

图 7-1 螺钉旋具

图 7-2 所示的是各种旋具。使用时根据需要选取合适的螺钉头，和手柄、刀体组合在一起来使用。

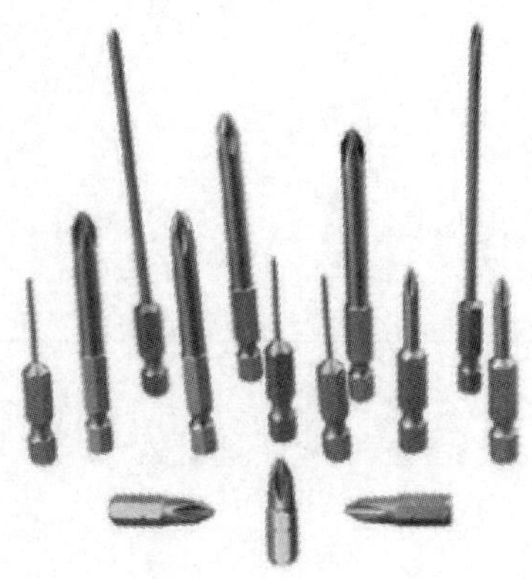

图 7-2 各种旋具

3. 使用要求

根据螺钉槽选择合适的螺钉旋具类型和规格，旋具的工作部分必须与槽型、槽口相配，防止破坏槽口。施加力偶时，旋具与螺钉轴线尽可能重合；旋松螺钉时，除施加旋转力矩外，还应施加适当的轴向力，以防滑脱损坏零件。使用时，手心应顶住柄端，并用手指旋转旋具手柄，如使用较长的螺钉旋具，左手应把住旋具的前端；螺钉旋具或工件上有油污时应擦净后再用；普通型旋具端部不能用手锤敲击；不能把旋具当作凿子、撬杠等其他工具使用；注意安全。

7.2 扳手的分类及使用

扳手是利用杠杆原理拧转螺栓、螺钉、螺母和其他螺纹紧固件的手工工具。扳手通常在柄部的一端或两端制有夹持螺栓或螺母的开口或套孔。使用时沿螺纹旋转方向在柄部施加外力，就能拧转螺栓或螺母。

1. 呆扳手

（1）结构。呆扳手又称开口扳手（或称死扳手），主要分为双头呆扳手和单头呆扳手，如图 7-3 所示。双头呆扳手的型号规格（以 MM 为单位）有 4×5、5.5×7、8×10、9×11、12×14、13×15、14×17、17×19、19×22、22×24、30×32、32×36、41×46、50×55、65×75。

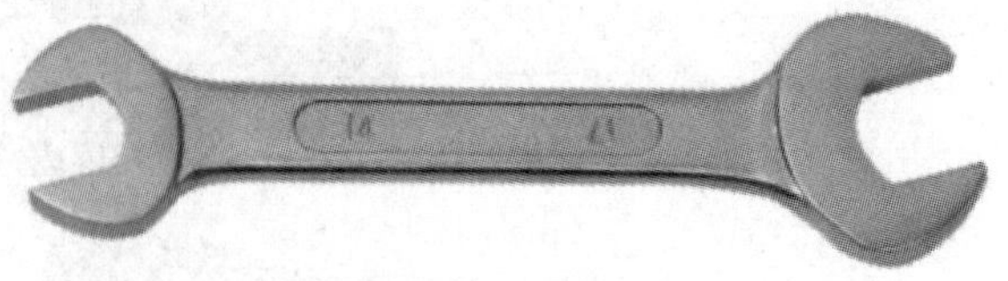

图 7-3 呆扳手

（2）功用。应用广泛，主要用于机械检修、设备装置连接件中紧固或拆卸六角头螺栓、螺母和方头螺栓、螺母等。

（3）使用要求。使用时，先将开口扳手套住螺栓或螺母的两个对象面，确保扳手与螺栓完全配合后才能施力。大拇指抵住扳头，另四指握紧扳手柄部往身边拉扳，切不可向外推扳，以免将手碰伤。为了防止扳手损坏和滑脱，应使拉力作用在开口较厚的一边，顺时针扳动呆扳手正确，逆时针使用错误，扳转时不准在呆扳手上任意加套管或锤击，以免损坏扳手或损伤螺栓、螺母。禁止使用开口处磨损过甚的呆扳手，以免损坏螺栓、螺母的六角；不能将呆扳手当撬棒使用。禁止用水或酸、碱液清洗扳手，应用煤油或柴油清洗后再涂上一层薄润滑脂保管。

2. 梅花扳手

（1）结构。梅花扳手两端呈花环状，其内孔是由 2 个正六边形相互同心错开 30°而成。很多梅花扳手都有弯头，常见的弯头角度在 10°～45°之间，从侧面看旋转螺栓部分和手柄部分是错开的，如图 7-4 所示。

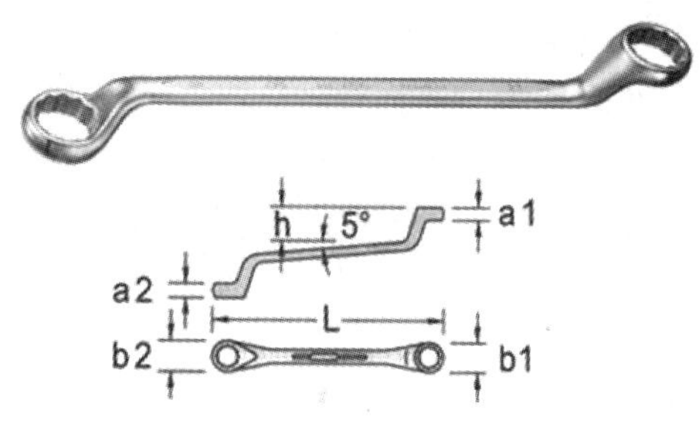

图 7-4　梅花扳手

这种结构方便拆卸装配在凹陷空间的螺栓、螺母，并可以为手指提供操作间隙，以防止擦伤。用在补充拧紧和类似操作中，可以使用梅花扳手对螺栓或螺母施加大扭矩。梅花扳手有各种大小，使用时要选择与螺栓或螺母大小对应的扳手。因为扳手钳口是双六角形的，可以很容易地装配螺栓或螺母，还可以在一个有限空间内重新安装。

（2）用途。用于紧固或拆卸六角头螺栓或螺母。两端具有带六角孔或十二角孔的工作端，适用于工作空间狭小、不能使用普通扳手的场合。

（3）使用方法。使用梅花扳手时，左手推住梅花扳手与螺栓连接处，保持梅花扳手与螺栓完全配合，防止滑脱，右手握住梅花扳手另一端并加力。扳手转动 30° 后，就可更换位置，特别适用于拆装处于空间狭小位置的螺栓、螺母。

梅花扳手可将螺栓、螺母的头部全部围住，因此不会损坏螺栓角，可以施加大力矩。

但扳转时，严禁将加长的管子套在扳手上以延伸扳手的长度增加力矩，严禁捶击扳手以增加力矩，否则会造成工具的损坏。严禁使用带有裂纹和内孔已严重磨损的梅花扳手。

3. 两用扳手

（1）结构。一端与单头呆扳手相同，另一端与梅花扳手相同，两端拧转相同规格的螺栓或螺母，如图 7-5 所示。

（2）用途。用于紧固或拆卸六角头螺栓或螺母和方头螺栓或螺母。

（3）使用方法。在紧固的过程中，可先使用开口端把螺栓旋到底，再使用梅花端完成最后的紧固，而拧松时则先使用梅花端。

4. 敲击扳手

（1）结构。一般手持端为敲击端，前端为工作端。主要有敲击梅花扳手和敲击呆扳手两种形式。敲击扳手是由 45 号中碳钢或 40Cr 钢整体锻造而成，是一类重要的手动扳手，如图 7-6 所示。

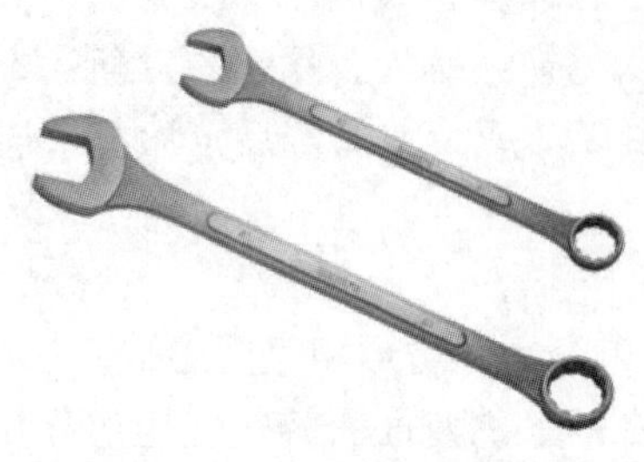
图 7-5　两用扳手

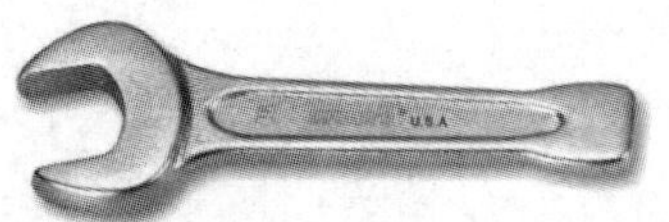
图 7-6　敲击扳手

敲击梅花扳手是敲击扳手中最常用的一种扳手，其内角为 12°，外型有直柄和弯柄两种，因在拧螺母时角度变换较为方便而被用户定为首选。敲击呆扳手是最普通的呆扳手样式，产品尾部是敲击端，一端有固定尺寸的开口，用以拧转一定尺寸的螺母或螺栓。

（2）用途。适用于工作空间狭小、不能使用普通扳手的场合。用来拧出六角头螺栓或螺母。转角较小，可用于只有较小摆角的地方（只需转过扳手 1/2 的转角），且由于接触面大，可用于强力拧紧。

敲击扳手是工业用大型工具之一，广泛应用于石油开采、油田、炼油、石化、化工、发电、造船、冶金、矿石、机械等行业，应用范围广、坚固耐用。

（3）使用方法。根据螺栓的大小选择相对应的敲击扳手，将扳手平放在螺栓或螺母上卡好，使用手锤敲击扳手另一端，使扳手转动，达到螺栓或螺母松动的目的；也可以用钢管加长力臂或进行敲击、锤击，轻松拧紧或拆卸大型螺母。

5．活扳手

（1）结构。活扳手是一种通用扳手，又叫络扳手，如图 7-7 所示，是一种旋紧或拧松有角螺丝钉或螺母的工具。

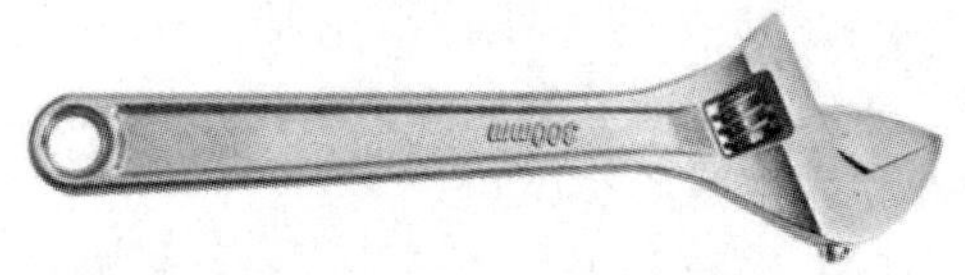

图 7-7　活口扳手

（2）用途。其开口尺寸只能在一定的范围内任意调整，其规格是以最大开口宽度（mm）×扳手长度（mm）来表示的。电工常用的扳手有 150mm×19mm（6′）、200mm×24mm（8′）、250mm×30mm（10′）、300mm×36mm（12′）三种，使用时应用大拇指调整蜗轮，以适应螺母的大小。

（3）使用方法。使用活动扳手时应先将活动扳手调整合适，使活动扳手钳口与螺栓、螺母两边完全贴紧，不应存在间隙，如图 7-8 所示。

使用活扳手时的注意事项：

1）手要握紧扳手手柄的后端，不能为了加大扳紧力矩或省力而在扳手手柄上套上一根长管来加长手柄，更不允许采用把一只扳手的开口咬合在另一只扳手的手柄上的办法来加长手柄。

图 7-8 活扳手的使用方法

2）应使扳手开口的固定部分承受主要用力，即扳手开口的活动部分位于受压方向。活扳手切不可反过来使用。

3）不能把扳手当作榔头使用，以免损坏扳手的零件。

4）扳紧力不能超出螺栓或螺母所能承受的限度。

5）扳手的开口尺寸应调整到与被扳紧部位尺寸一致，将其紧紧卡牢。

6）在扳动生锈的螺母时，可在螺母上滴几滴煤油或机油，方便拧动。

6. 内六角扳手

（1）结构。内六角扳手通过扭矩施加对螺钉的作用力，大大降低了使用者的用力强度，其结构如图 7-9 所示，是工业制造中不可或缺的得力工具。

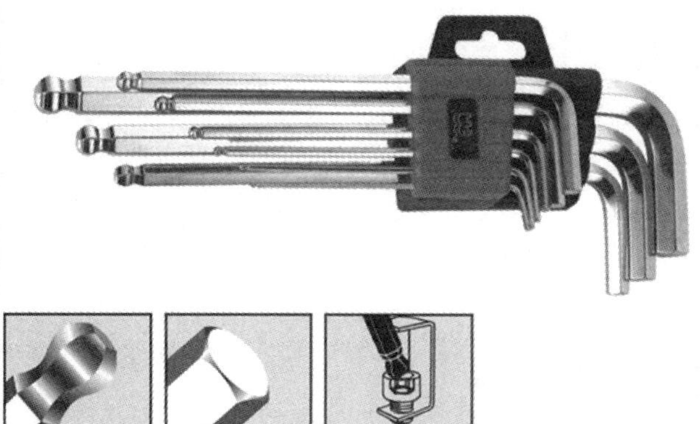

图 7-9 内六角扳手

（2）用途。成 L 形的六角棒状扳手专用于拧转内六角螺钉，专供紧固或拆卸机床、车辆、机械设备上的圆螺母。

（3）使用方法。将六棱的扳手放在螺丝的内六角槽内，顺时针紧固螺丝，逆时针松动螺丝。

7. 棘轮扳手

（1）结构。一种手动松紧螺栓或螺母的工具，拥有单头、双头多规格活动柄（固定孔的），如图 7-10 所示。它是由不同规格尺寸的主梅花套和从梅花套通过铰接键的阴键和阳键咬合的方式连接的。由于一个梅花套具有两个规格的梅花形通孔，使它可以用于两种规格螺栓的松紧，从而扩大了使用范围，节省了原材料和工时费用。活动扳柄可以方便地调整扳手使用角度。这种扳手用于螺栓的松紧操作，具有适用性强、使用方便和造价低的特点。

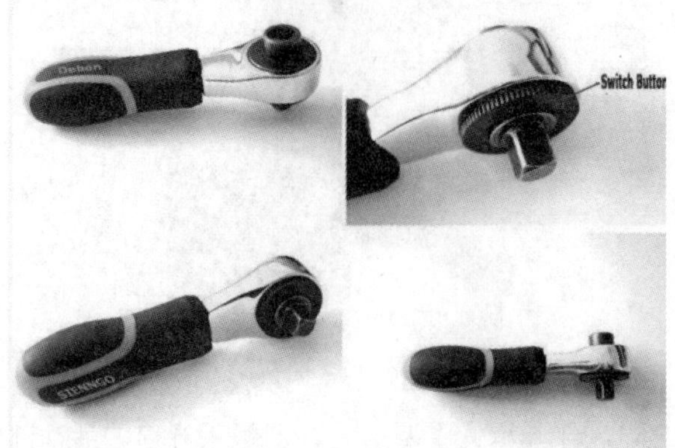

图 7-10　棘轮扳手

（2）用途。用于旋转置于狭窄或难于接近的位置的螺栓或螺母，棘轮扳手与操作杆端部是可旋转的连接。棘轮扳手中有与操作杆相连接的重块，重块可沿操作杆的长度方向滑动，在所说重块前部的操作杆上具有挡住重块冲撞的前部重块承载部分。或者，在所说重块后部的操作杆上具有挡住重块冲撞的后部重块承载部分。而且，操作杆上还可以既具有前部重块承载部分又具有后部重块承载部分，可广泛应用于电力、冶金、船舶、交通、建筑、航空等领域中大中型机械设备及钢结构的安装和维修工程，使用方便。拆卸或组装时，可以连续不断地转动，不需拿出。

（3）使用方法。当螺钉或螺母的尺寸较大或扳手的工作位置很狭窄，就可使用棘轮扳手。这种扳手摆动的角度很小，能拧紧和松开螺钉或螺母。拧紧时，顺时针转动手柄。方形的套筒上装有一个撑杆，当手柄向反方向扳回时，撑杆在棘轮齿的斜面中滑出，因而螺钉或螺母不会跟随反转。如果需要松开螺钉或螺母，只需反转棘轮扳手朝逆时针方向转动即可。

8. 力矩扳手

（1）结构。力矩扳手又称扭力计、扭力螺钉旋具。它是依据梁的弯曲原理、扭杆的弯曲原理和螺旋弹簧的压缩原理而设计的，能测量出作用在螺母上的力矩大小，如图 7-11 所示。扭矩扳手有一根长的弹性杆，其一端装有手柄，另一端装有方头或六角头，在方头或六角头上套装一个可换的套筒，用钢珠卡住。在顶端上还装有一个长指针，刻度的单位是 N •m。使用前，先将安装在扳手上的指示器调整到所需的力矩，然后扳动扳手，当达到该预定力矩时，指示器上的指针就会向销轴一方转动，最后指针与销轴碰撞，通过音箱信号或传感信号告知操作者。

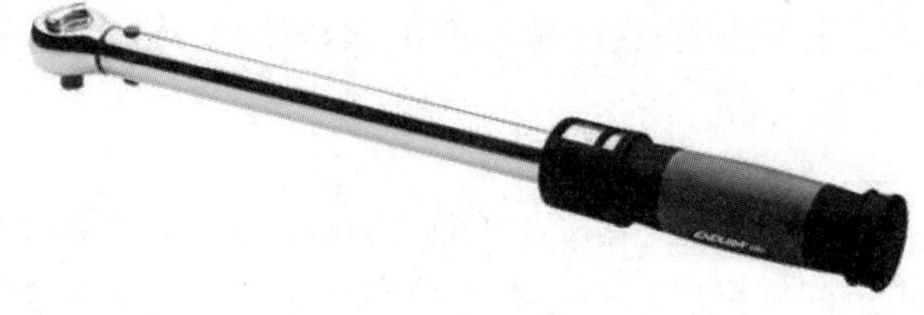

图 7-11　力矩扳手

（2）用途。力矩扳手就是紧固螺栓的。

（3）使用方法。

1）设定所需的扭矩值，并将锁紧装置拨至 lock 位置。

2）请从小值往大值方向调整扭矩，若超过设定值，请往回调至低于设定扭矩值后再调。

3）请勿直接从最大值调至最小值。

4）检查扭矩扳手驱动头是否适合，或选用合适额转接头。

5）施力前需确定扳手与被施力的物体结合。

6）施力位置为握把正中心。

7）施力应平稳缓慢，听到音响（即弹簧释放）后，即停止施力。

8）使用后需将设定值转回最小刻划。

9）使用大扭矩扳手时，操作者需注意身体重心。

9. 液压扳手

液压扳手（图 7-12）是液压力矩扳手的简称，是以液压为动力、提供大扭矩输出、用于螺栓的安装及拆卸的专业螺栓上紧工具，经常用来上紧和拆松 M14～M120 的螺栓。

图 7-12 液压扳手

（1）结构。常规的液压扭矩扳手套件一般是由液压扭矩扳手本体、液压扭矩扳手专用泵站以及双联高压软管和高强度重型套筒组成的。液压扭矩扳手专用泵可以是电动或者气动两种驱动方式之一。液压泵启动后通过马达产生压力，将内部的液压油通过油管介质传送到液压扭矩扳手，然后推动液压扭矩扳手的活塞杆，由活塞杆带动扳手前部的棘轮，棘轮带动驱动轴来完成螺栓的预紧拆松工作。

液压扭矩扳手的本体主要由三部分组成：本体（也叫壳体）、油缸和传动部件。油缸输出力、油缸活塞杆与传动部分组成运动副，油缸中心到传动部件中心距离是液压扳手放大力臂，油缸输出力乘以力臂，就是液压扳手的理论输出扭矩。

（2）用途。在船舶工程、石油化工、风电、水电、热电、矿山、机械、钢厂、橡胶、管道等行业的施工、检修、抢修等工作中，液压扭矩扳手对于大规格的螺栓的安装与拆卸都是一种较为重要的工具；有其他工具的不可替代性，不仅使用方便，而且所提供的扭矩非常精准，扭矩重复精度达到±3%左右。

（3）使用方法。

1）线控开关按钮功能：按下 RUN 按钮，油缸推进；松开按钮，油缸自动复位。按下 STOP 按钮，油泵停止。

2）液压泵起动前，先打开（旋松）压力调节阀，再打开电源（ON），检查液压泵运转是否正常；然后按动线控按钮数次，运转数分钟后将压力调节到所需预设压力值。额定压力为70MPa。

3）调节压力时，应按住线控按钮，当听到扳手“啪”的一声后快速释放杆跳下，扳手到位停止转动，压力表从0急速上升，另一只手缓慢向上调节压力调节阀，并可用锁紧螺母锁紧。

4）空运转，将液压扳手放在地上，按下RUN按钮，扳手开始转动，当听到扳手“啪”的一声，则扳手到位停止转动；此时松手，扳手自动复位，当再次听到扳手“啪”的一声，则复位完成，即：RUN—推进—啪—松手—复位—啪。重复几个工作循环，观察扳手转动无异常后，可将扳手放至螺帽上作业。

5）拆松螺帽：将液压泵压力调到最高（70MPa），确认扳手转向为拆松方向，找好反作用支点、靠稳，反复进行油缸的进退工作循环。如果拆不动，则采取除锈措施，如果螺母还拆不动，则换用更大型号的液压扳手。

6）锁紧螺帽：查扭矩对应表确定液压泵的压力设定，确认扳手转向为锁紧方向，找好反作用支点、靠稳，反复进行油缸的进退工作循环，直至螺帽不动为止。

7）液压扳手作业停止时，应及时关闭电源。

8）工作完毕后切断电源，按卸压阀卸去系统余压，完全打开压力调节阀，再拆卸油管。

9）扳手搬运时必须卸下油管后进行。

10. 力矩倍增器

（1）结构。力矩倍增器采用高效行星变速机构作为主传动，体积小、重量轻。由于变速比大，输入较小力量就能产生很大的输出扭矩，反作用支脚可360°任意调换位置，如图7-13所示。

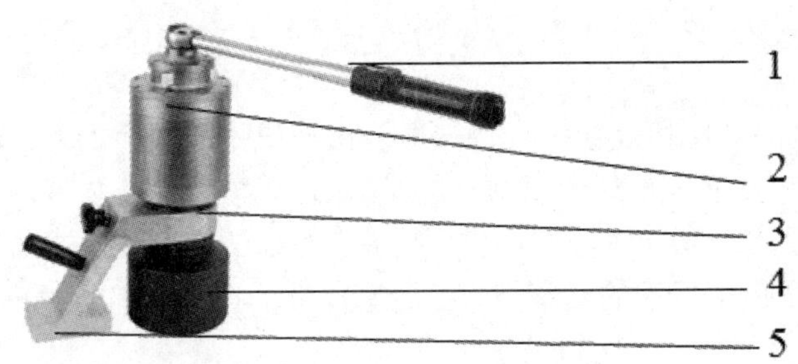

1—扭矩扳手；2—防弹锁；3—倍增器体；4—转接套筒；5—反作用力臂

图7-13　力矩倍增器

（2）用途。操作人员只需施加很小的力，力矩倍增器便能将输入的扭力放大4～40倍，方便获得大扭力的定扭力输出，可以很轻便地完成紧固或拆卸螺母及紧固螺栓工作，且使多个螺栓达到受力一致的紧固效果。尤其适合操作环境小、不准用电等场合的使用。配套扭力扳手根据传动比预置好扭力，达到相应的预紧扭矩，能自动发出讯号“嗒”的一声报警，同时伴有明显的手感振动，从而轻松便捷地完成螺栓、螺母的紧固拆卸工作。

反回弹安全装置在进行锁紧螺母施工时，高倍率齿轮箱（1:25或更高）会产生一定量的反冲力，而当每次输入装置释放（或松脱）时，会产生回弹动作，回弹方向与操作方向相反。反回弹安全装置的作用是当回弹力产生时，反回弹棘轮装置会保持弹力而不释放。

（3）使用方法。

1）需注意配合的扭力扳手的扭矩值，请勿过载使用。

2）尽量保持扭力扳手驱动头、倍增器和被锁物同轴线对准。

3）尽量保持反作用力臂与抵挡物可靠的平面接触。

4）尽量保持反作用力与反作用力臂成直角。

5）反作用力点应尽量远离倍增器，并在安全三角区内。

6）基于安全考虑，不容许使用双臂或平衡式反作用力臂。

7）要取下倍增器，需先移去扭力扳手和拨动反回弹装置，切忌敲打。

（4）扭矩倍增器的保养。

1）每年定期更换倍增器内部的润滑油。

2）请勿使倍增器外观受损。

11. *液压螺栓拉伸器*

液压螺栓拉伸器是利用手动或电动高压泵产生的拉力作用在螺栓上，使其在弹性弯形区内被拉长，螺栓直径微量变小，螺母可轻松地旋到底，拉伸器卸载后即完成紧固工作，反之则可轻松地拆下螺母，而螺栓副的螺纹不受损伤、拉力准确的一种安全、高效、便捷的螺栓副紧固、拆卸工具。

（1）结构。液压螺栓拉伸器主要由油缸、拉伸头和支撑桥三部分组成，结构原理图如图7-14所示。

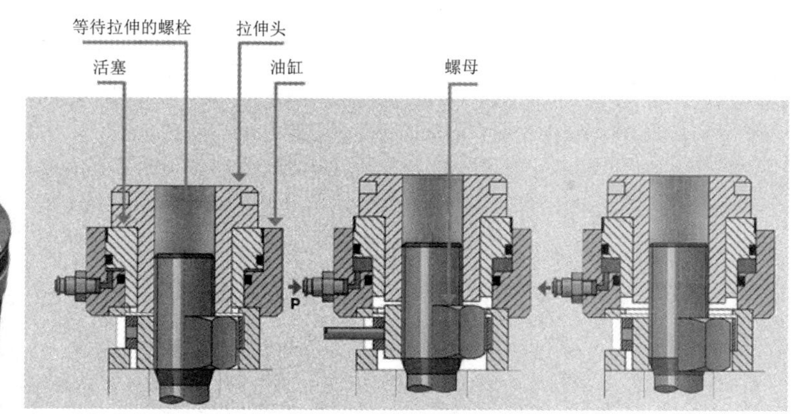

图7-14　液压螺栓拉伸器结构原理图

液压缸位于螺栓轴线的位置，用于对螺栓进行轴向拉伸，实现螺栓需要的拉伸力。而正是螺栓的这种延长量或拉伸量产生了螺栓紧固所需的夹紧力。螺栓受到拉伸时，螺栓会与法兰接触面脱离开来。拉伸器下端有一个开口，供操作人员人工转动螺母（通常螺母的转动是通过拨动螺母外的一个拨圈来实现的，拨圈通过一根金属拨来拨动）。卸掉拉伸器中的油缸后，螺母经转动已再次与接合面紧贴，从而将螺栓的轴向形变锁住，也就是将剩余螺栓载荷锁在螺栓里。对螺栓施加的载荷与液压油缸中油压成正比关系，这样的设计能够非常精确地留住有效载荷。由于载荷直接施加在螺栓上，且所有作用力都用于螺栓拉长，因此载荷产生所需的空间可以达到最小。

目前国际上最常用的两种紧固方式为拉伸方式和力矩方式。

螺栓拉伸方式是利用液压油缸直接对螺栓端头施加外力，将螺栓拉伸到所需长度，然后用手轻轻地将螺母拧紧，使施加的载荷得以保留。由于不受螺栓润滑效果和螺纹摩擦大小的影响，拉伸方式可以得到更为精确的螺栓载荷。此外，拉伸工具还可对多个螺栓进行同步拉升，使整圈螺栓受力均匀，得到均衡装载和拉伸方式，尤其适用于关键法兰等紧固精度要求较高的接合应用，它能使法兰受力均匀地实现接合，真正地防止泄漏。

（2）用途。液压螺栓拉伸器动力元件是指液压系统中的油泵，它向整个液压系统提供动力，将原动机的机械能转换成液体的压力能，适用于电力、船舶工业、冶金煤矿、石油化工、重型机械等领域。

（3）使用方法。

1）用快换接头将螺栓拉伸器、油管和手动液压泵连接起来。

2）空运行：将手动泵上卸荷阀上的手轮顺时针旋紧，再提升、压下手动泵上的手柄即可使活塞杆顶升，当活塞杆顶升到油缸的额定行程时，逆时针旋松卸荷阀上的手轮，用重力将活塞杆复位。

3）将螺栓拉伸器“按螺套→支撑架→螺栓拉伸器缸体组件→拉伸头”的顺序依次套装在所需锁紧的螺母上。

4）准备就绪：用手动泵打压使螺栓拉伸器活塞杆顶出，即螺栓拉长，当螺栓拉伸到螺栓材料所规定的长度时（可用百分表配测及其他工装配测），用螺栓拉伸器配带的手柄旋下所需锁紧的螺母，再将手动泵卸荷阀上的手轮逆时针旋松，然后用重力将活塞杆复位，最后将螺栓拉伸器按上述步骤3）逆向卸下。此时，螺栓拉伸器的整个工作工序完成，可进行下一个螺栓的拉伸。

12. 电动扳手

（1）结构。电动扳手就是以电源或电池为动力的扳手，是一种拧紧螺栓的工具，主要分为冲击扳手、扭剪扳手、定扭矩扳手、转角扳手、角向扳手、液压扳手、扭力扳手、充电式电动扳手，如图7-15所示。

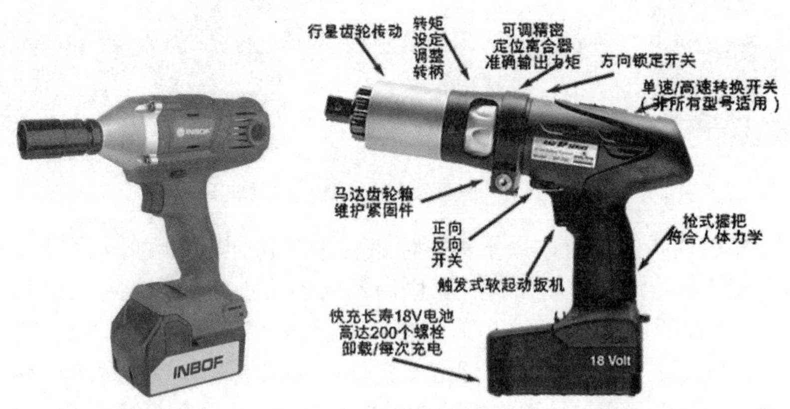

图7-15　电动扳手（充气式）

（2）用途。电动扳手主要应用于钢结构安装行业，专门安装钢结构高强螺栓。高强螺栓是用来连接钢结构接点的，通常是以螺栓群的方式出现。高强螺栓可分为扭剪型和大六角型两种，国标扭剪型高强螺栓有M16、M20、M22、M24四种，非国标的有M27、M30两种；国标大六角高强螺栓有 M16、M20、M22、M24、M27、M30 等。一般地，对于高强螺栓的紧固都要先初紧再终紧，而且每步都需要有严格的扭矩要求。大六角高强螺栓的初紧和终紧都必须使用定扭矩扳手。故各种电动扳手就是为各种紧固需要而来的。

（3）使用方法。

1）确认现场所接电源与电动扳手铭牌是否相符。是否接有漏电保护器。

2）根据螺帽大小选择匹配的套筒，并妥善安装。

3）在送电前确认电动扳手上开关处于断开状态，否则插头插入电源插座时电动扳手将出其不意地立刻转动，可能招致人员伤害危险。

4）若作业场所在远离电源的地点，需延伸线缆时，应使用容量足够、安装合格的延伸线缆。延伸线缆如通过人行过道应高架或做好防止线缆被碾压损坏的措施。

5）尽可能在使用时找好反向力矩支靠点，以防反作用力伤人。

6）使用时发现电动机碳火花异常时，应立即停止工作，进行检查处理，排除故障。此外，碳刷必须保持清洁干净。

7）站在梯子上工作或高处作业应做好高处坠落措施，梯子应有地面人员扶持。

（4）日常保养。

1）电动扳手的金属外壳应可靠接地，其外壳应有定期试验检验合格证，并在有效期范围内。

2）检查电动扳手机身安装螺钉紧固情况时，若发现螺钉松了，应立即重新扭紧，否则会导致电动扳手故障。

3）保持手持电动扳手两侧手柄完好，不开裂、不破损，安装牢固。

7.3　测量工具

1. 卷尺

（1）结构。

卷尺的主要类型是钢卷尺，其次是纤维卷尺，就是大家常看到的皮尺，也就是布尺。皮尺一般都是公英制的，就是一面 150 厘米，另外一面 60 英寸。英寸是国外常用的计量单位，电视机和显示器的尺寸单位就是英寸。而量衣尺是市尺的，一面是 150 厘米，一面是 45 市寸。

卷尺能卷起来是因为卷尺里面装有弹簧，在拉出测量长度时，实际是拉长标尺及弹簧的长度，一旦测量完毕，卷尺里面的弹簧会自动收缩，标尺在弹簧力的作用下也跟着收缩，所以卷尺就会卷起来。

钢卷尺由外壳、尺条、制动、尺钩、提带、尺簧、防摔保护套和贴标八个部件构成，如图 7-16 所示。

图 7-16　卷尺

（2）用途。卷尺是日常生活中常用的工量具。

（3）使用方法。尺子的 0 刻度对准并紧贴着物体一端，然后我们保持与物体平行，拉动尺子到物体的另一端，并且紧贴这一端，视线与尺子上的刻度保持垂直，读取数据。

2. 百分表

（1）结构。百分表是利用精密齿条齿轮机构制成的表式通用长度测量工具，通常由测量头、测量杆、防振弹簧、齿条、齿轮、游丝、表盘及指针等组成，如图 7-17 所示。

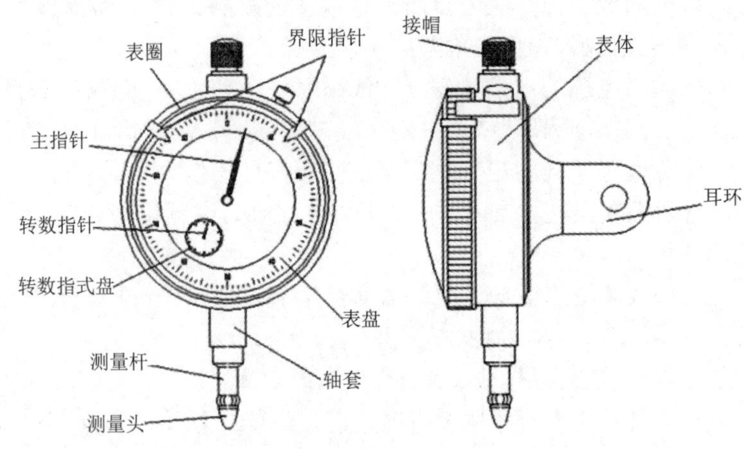

图 7-17　百分表的结构

（2）用途。百分表主要用于测量制件的尺寸、形状、位置误差等。分度值为 0.01mm，测量范围为 0～3mm、0～5mm、0～10mm。百分表的读数方法如图 7-18 所示。

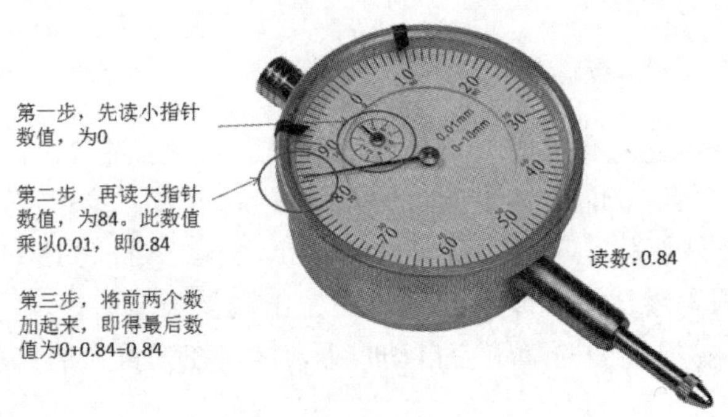

图 7-18　百分表的读数

（3）使用方法。

1）百分表在使用时，要把百分表装夹在专用表架或其他牢靠的支架上，千万不要贪图方便把百分表随便卡在不稳固的地方，这样不仅造成测量结果不准，而且有可能把表摔坏。百分表的装夹如图 7-19 所示。

2）把百分表装夹套筒夹在表架紧固套内时，夹紧力不要过大，夹紧后测量杆应能平稳、灵活地移动，无卡住现象。

图 7-19　百分表的装夹

3）百分表装夹后，在未松开紧固套之前不要转动表体，如需转动表的方向时应先松开紧固套。

4）测量时，应轻轻提起测量杆，把工件移至测量头下面，缓慢下降，使测量头与工件接触。不准把工件强迫推入至测量头下，也不得急剧下降测量头，以免产生瞬时冲击测力，给测量带来测量误差。

5）用百分表校正或测量工件时，应当使测量杆有一定的初始测量压力，即在测量头与工件表面接触时，测量杆应有 0.3～1mm 的压缩量，使指针转过半圈左右，然后转动表圈，使表盘的零位刻线对准指针。轻轻地拉动手提测量杆的圆头，拉起和放松几次，检查指针所指零位有无改变。当指针零位稳定后，再开始测量。如果是校正工件，此时开始改变工件的相对位置，读出指针的偏摆值，就是工件安装的偏差数值。

（4）百分表的工作原理。百分表是将被测尺寸引起的测量杆微小直线移动，经过齿轮传动放大，变为指针在刻度盘上的转动，从而读出被测尺寸的大小，如图 7-20 所示。

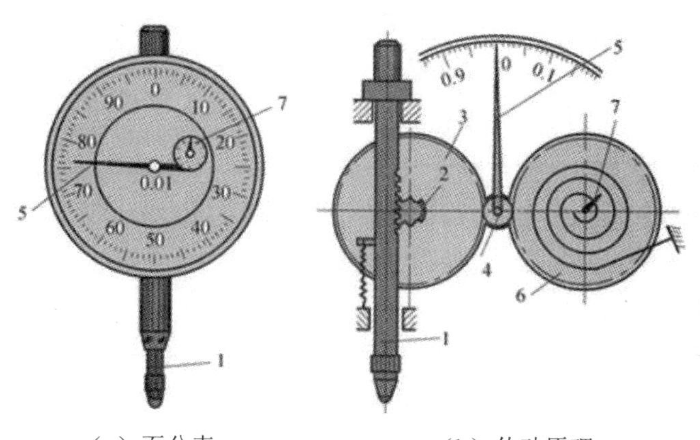

（a）百分表　　（b）传动原理

图 7-20　百分表的工作原理

3. 塞尺

（1）结构。塞尺又称为测微片或厚薄规，是由一组具有不同厚度级差的薄钢片组成的量规。横截面为直角三角形，在斜边上有刻度，利用锐角正弦直接将短边的长度表示在斜边上，这样就可以直接读出缝的大小了，如图 7-21 所示。塞尺一般由不锈钢制造，最薄的为 0.02mm，最厚的为 3mm。自 0.02～0.1mm 间，各钢片厚度级差为 0.01mm；自 0.1～1mm 间，各钢片的厚度级差一般为 0.05mm；自 1mm 以上，钢片的厚度级差为 1mm。

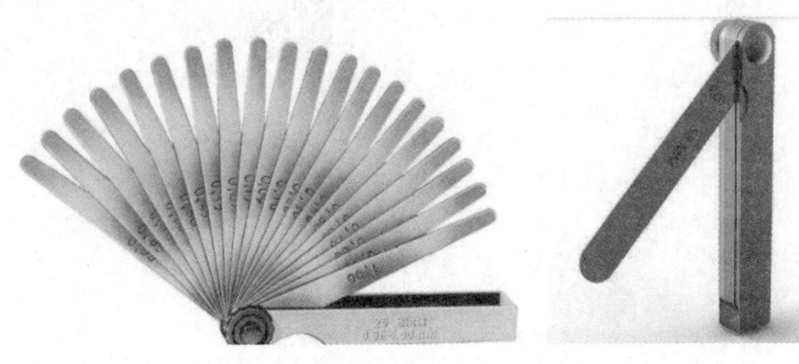

图 7-21　塞尺

（2）用途。主要用于间隙间距的测量。

（3）使用方法。

1）用干净的布将塞尺测量表面擦拭干净，不能在塞尺沾有油污或金属屑末的情况下进行测量，否则将影响测量结果的准确性。

2）将塞尺插入被测间隙中，来回拉动塞尺，感到稍有阻力，说明该间隙值接近塞尺上所标出的数值；如果拉动时阻力过大或过小，则说明该间隙值小于或大于塞尺上所标出的数值。

3）进行间隙的测量和调整时，先选择符合间隙规定的塞尺插入被测间隙中，然后一边调整，一边拉动塞尺，直到感觉稍有阻力时拧紧锁紧螺母，此时塞尺所标出的数值即为被测间隙值。

4）使用时可用一片或数片重叠插入间隙，以稍感拖滞为宜。测量动作要轻，不允许硬插，也不允许测量温度较高的零件。

（4）注意事项。

1）不允许在测量过程中剧烈弯折塞尺，或用较大的力硬将塞尺插入被检测间隙，否则将损坏塞尺的测量表面或零件表面的精度。

2）使用完后，将塞尺擦拭干净，并涂上一薄层工业凡士林，然后将塞尺折回夹框内，以防锈蚀、弯曲、变形而损坏。

3）存放时，不能将塞尺放在重物下，以免损坏塞尺。

4. 游标卡尺

（1）结构。游标卡尺由主尺和附在主尺上能滑动的游标两部分构成，如图 7-22 所示。主尺一般以毫米为单位，而游标上则有 10、20 或 50 个分格，根据分格的不同，游标卡尺可分为 10 分度游标卡尺、20 分度游标卡尺、50 分度游标卡尺等，游标的刻度为：10 分度的有 9mm，20 分度的有 19mm，50 分度的有 49mm。游标卡尺的主尺和游标上有两副活动量爪，分别是内测量爪和外测量爪，内测量爪通常用来测量内径，外测量爪通常用来测量长度和外径。

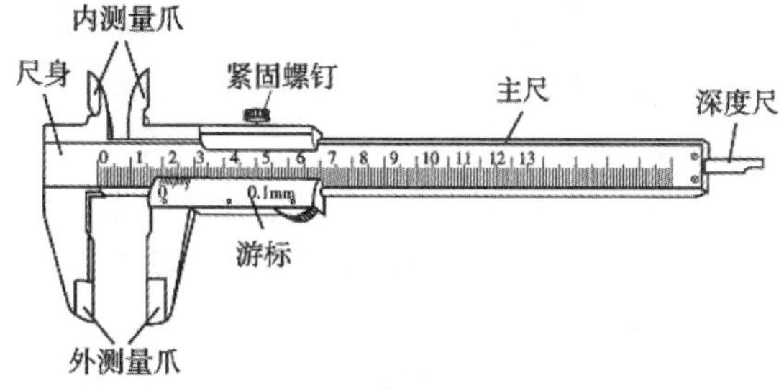

图 7-22　游标卡尺

（2）用途。游标卡尺是一种测量长度、内外径、深度的量具。

（3）使用方法。用软布将量爪擦干净，使其并拢，查看游标和主尺身的零刻度线是否对齐。如果对齐就可以进行测量，如没有对齐则要记取零误差。游标的零刻度线在尺身零刻度线右侧的叫正零误差，在尺身零刻度线左侧的叫负零误差（这种规定方法与数轴的规定一致，原点以右为正，原点以左为负）。

测量时，右手拿住尺身，大拇指移动游标，左手拿待测外径（或内径）的物体，使待测物位于外测量爪之间，当与量爪紧紧相贴时，即可读数。当测量零件的外尺寸时，卡尺两测量面的连线应垂直于被测量表面，不能歪斜。测量时，可以轻轻摇动卡尺，放正垂直位置。否则，量爪若在错误位置上，将使测量结果比实际尺寸要大。再把卡尺的活动量爪张开，使量爪能自由地卡进工件，把零件贴靠在固定量爪上，然后移动尺框，用轻微的压力使活动量爪接触零件。如卡尺带有微动装置，此时可拧紧微动装置上的固定螺钉，再转动调节螺母，使量爪接触零件并读取尺寸。绝不可把卡尺的两个量爪调节到接近甚至小于所测尺寸，把卡尺强制地卡到零件上去。这样做会使量爪变形，或使测量面过早磨损，使卡尺失去应有的精度。

游标卡尺使用完毕后用棉纱擦拭干净。长期不用时应将它擦上黄油或机油，两量爪合拢并拧紧紧固螺钉，放入卡尺盒内盖好。

（4）读数原则。读数时首先以游标零刻度线为准在尺身上读取毫米整数，即以毫米为单位的整数部分。然后看游标上第几条刻度线与尺身的刻度线对齐，如第 6 条刻度线与尺身刻度线对齐，则小数部分即为 0.6 毫米（若没有正好对齐的线，则取最接近对齐的线进行读数）。如有零误差，则一律用上述结果减去零误差（零误差为负，相当于加上相同大小的零误差），读数结果为：

$$L=\text{整数部分}+\text{小数部分}-\text{零误差}$$

5. 千分尺

千分尺，又称螺旋测微器，是比游标卡尺更精密的测量长度的工具，用它测长度可以准确到 0.01mm，测量范围为几个厘米。

千分尺的一部分加工成螺距为 0.5mm 的螺纹，当它在固定套管 B 的螺套中转动时，将前进或后退，活动套管 C 和螺杆连成一体，其周边等分成 50 个分格。螺杆转动的整圈数由固定套管上间隔 0.5mm 的刻线去测量，不足一圈的部分由活动套管周边的刻线去测量，最终测量结果需要估读一位小数。

螺旋测微器分为机械式千分尺和电子千分尺两类。机械式千分尺，如标准外径千分尺，简称千分尺，是利用精密螺纹副原理制成的，是一种手携式通用长度测量工具，通过改变千分尺测量面形状和尺寸架就可以制成不同用途的千分尺,如用于测量内径螺纹中径齿轮公法线锁深度等的千分尺。电子千分尺，如数显外径千分尺，也叫数显千分尺，测量系统中应用了光栅测长技术和集成电路等。

（1）结构。如图 7-23 所示，测微测杆的活动部分加工成螺距为 0.5mm 的螺杆，当它在固定套管中转动一周时，螺杆将前进或后退 0.5mm，螺套周边为 50 个分格。大于 0.5mm 的部分在主尺上直接读出，不足 0.5mm 的部分由活动套管周边的刻线去测量。所以用螺旋测微器测量长度时，读数也分为两步：①从活动套管的前沿在固定套管的位置，读出主尺数（注意 0.5mm 的短线是否露出）；②从固定套管上的横线所对活动套管上的分格数，读出不到一圈的小数，二者相加就是测量值。

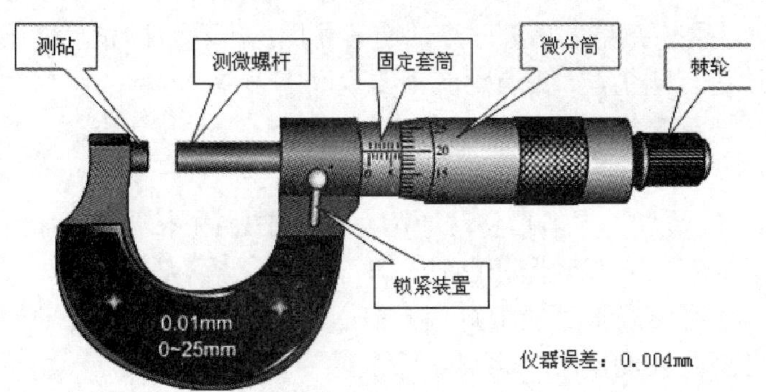

图 7-23　千分尺

螺旋测微器的尾端有一个微调螺钉，拧动微调螺钉可使侧杆移动，当测杆和被测物相接后的压力达到某一数值时，棘轮将滑动并有“咔咔”的响声，活动套管不再转动，测杆也停止前进，这时就可以读数了。

（2）工作原理。螺旋测微器是依据螺旋放大的原理制成的，即螺杆在螺母中旋转一周，螺杆便沿着旋转轴线方向前进或后退一个螺距的距离。因此，沿轴线方向移动的微小距离，就能用圆周上的读数表示出来。螺旋测微器的精密螺纹的螺距是 0.5mm，可动刻度有 50 个等分刻度，可动刻度旋转一周，测微螺杆可前进或后退 0.5mm，因此旋转每个小分度，相当于测微螺杆前进或推后 0.5/50=0.01mm。可见，可动刻度每一小分度表示 0.01mm，所以螺旋测微器可准确到 0.01mm。由于还能再估读一位，即可读到毫米的千分位，故又名千分尺。

千分尺是应用螺旋副传动原理，将回转运动变为直线运动的一种量具。

（3）使用方法。

1）使用前应先检查零点：缓缓转动微调旋钮，使测杆和测砧接触，直到棘轮发出声音为止，此时可动尺（活动套筒）上的零刻线应当和固定套筒上的基准线（长横线）对准，否则有零误差。

2）左手持尺架，右手转动旋钮使测微螺杆与测砧间距稍大于被测物，放入被测物，转动微调旋钮到夹住被测物，直到棘轮发出声音为止，拨动固定旋钮使测微螺杆固定后读数。

（4）千分尺的读数方法。

1）先读固定刻度。

2）再读半刻度，若半刻度线已露出，计作 0.5mm；若半刻度线未露出，计作 0.0mm。

3）再读可动刻度（注意估读）。计作 $n\times0.01$mm。

4）最终读数结果为固定刻度+半刻度+可动刻度。

（5）千分尺的注意事项。

1）测量时，注意要在测微螺杆快靠近被测物体时应停止使用旋钮，而改用微调旋钮，避免产生过大的压力，这样既可使测量结果精确，又能保护千分尺。

2）在读数时，要注意固定刻度尺上表示半毫米的刻线是否露出。

3）读数时，千分位有一位估读数字，不能随便扔掉，即使固定刻度的零点正好与可动刻度的某一刻度线对齐，千分位上也应读取为 0。

4）当测砧和测微螺杆并拢时，可动刻度的零点与固定刻度的零点不相重合，将出现零误差，应加以修正，即在最后测长度的读数上去掉零误差的数值。

（6）千分尺的正确使用和保养方法。

1）检查零位线是否准确。

2）测量时需把工件被测量面擦干净。

3）工件较大时应放在 V 型铁或平板上测量。

4）测量前将测量杆和砧座擦干净。

5）拧活动套筒时需用棘轮装置。

6）不要拧松后盖，以免造成零位线改变。

7）不要在固定套筒和活动套筒间加入普通机油。

8）用后擦净上油，放入专用盒内，置于干燥处。

7.4　其他常用维护工具

1. 油脂加注枪

油脂泵类工具主要有油脂泵和黄油枪，是用来给转动部件注油和自动润滑泵加脂的。

油脂加注枪就是黄油枪，黄油枪是一种给机械设备加注润滑脂的手动工具，如图 7-24 所示。它可以选装铁枪杆（铁枪头）或软管（平枪头）加油嘴。对加油位置方便、处于空间宽敞的地方可用铁枪杆，对加油位置隐蔽的地方就必须用软管来加油。黄油枪小巧轻便，但盛油量较小，适用于发电机等注油量相对较小的位置注油，每次出油约 2～3g。黄油枪具有操作简单、携带方便、使用范围广等诸多优点，是广大农机手、维修中心的必备工具。

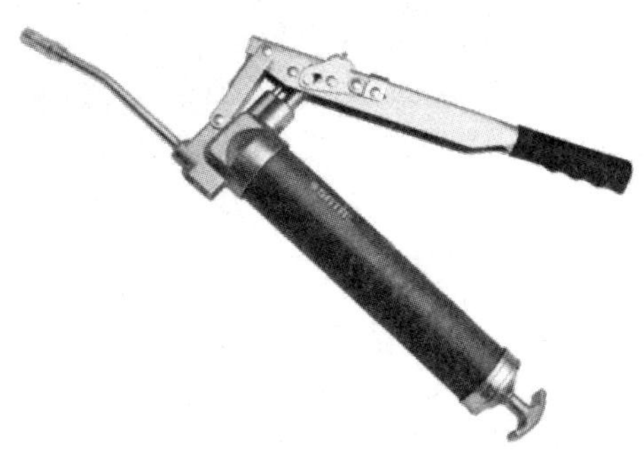

图 7-24　油脂加注枪

（1）结构。黄油枪由手柄、枪头、枪管、拉手四部分构成，加油嘴可分为尖嘴和平嘴两种，附件分软管和硬管两种，枪管内部是由皮碗、弹簧、钢珠、排气螺栓等组成。

（2）用途。黄油枪广泛应用于汽车制造业、港口、工厂车间、电力、化工、工程机械、矿山、汽车维修车间、换油中心、冶金、船厂、电动工具、造纸等行业。

（3）使用方法。

1）逆时针旋开油枪头，使油枪头与枪筒分开。

2）把拉杆拉出，将拉杆中间的槽拉到枪后面盖子的腰圆孔外，这样弹簧便压缩，然后将皮碗退到盖端的位置。

3）将储油筒旋下，从储油筒口端加入清洁的润滑脂。

4）顺时针旋紧储油筒，并把拉杆旋转一个角，放回还原状。

5）用力将压手柄往返压注，使用时，应用注油嘴压紧设备黄油嘴，平稳摇动手柄。当发现油枪油嘴处有滑脂油连续出现时油枪即可使用。

（4）使用技巧。

1）主要故障：①皮碗不好，这个几乎是所有国产油枪的通病；②压油机构不好；③黄油中混入几颗沙粒，因此一定要保持所用黄油的洁净，不可用不干净的工具加油，放油的容器要及时盖好。

2）应对措施：①如果有硬拉杆的话，可以拉动杆子数次，使得里面的空气能够和润滑脂混合，减小单个气泡的体积；②最有效的方法就是放气法，但是这需要硬件的支持，有些枪体有排气口的设计，当你慢慢地打开排气螺丝的时候，里面的空气会出来；③当你觉得里面有气体而不能打出的时候，只要转动油枪体和泵体结合的丝扣几下或来回几下（最好是边转边压）即可。

2. 油脂泵

（1）分类。油脂泵是容量较大的泵油工具，常用的油脂泵有电动油脂泵和机械式油脂泵两种：电动油脂泵通过电机带动活塞，将油泵出，如图 7-25 所示；而机械式油脂泵需要人工摆动机械泵进行泵油，油泵相对比较笨重，但储量大，适用于自动润滑泵等注油量相对较高的位置注油，每次出油 10～12g。

图 7-25　油脂泵

（2）用途。电动油脂泵是一种利用直流电源或交流电源驱动的油脂泵，适用于递进式润滑系统。其特点是输出压力高，并有 3 个出油口供选择。每个出油口可通过各自的分配器组成独立的润滑系统，通过程控器可将润滑脂定时定量地输送至各润滑点。若配以油位开关可实现低油位报警，广泛应用于工程、运输、机床、纺织、轻工、锻压等机械的集中润滑系统。

3. 锉刀

（1）结构。锉刀是用碳素工具钢T12 或 T13 经热处理后，再将工作部分淬火制成的。按照毛坯锉身处的断面形状不同，又可以分为扁锉、半圆锉、方锉、三角锉、圆锉等，如图 7-26 所示。锉刀的基本尺寸主要包括宽度、厚度。对圆锉而言，指其直径。锉纹号是表示锉齿粗细的参数。按照每 10mm轴向长度内主锉纹的条数划分为五种：1 号、2 号、3 号、4 号、5 号。锉纹号越小，锉齿越粗。

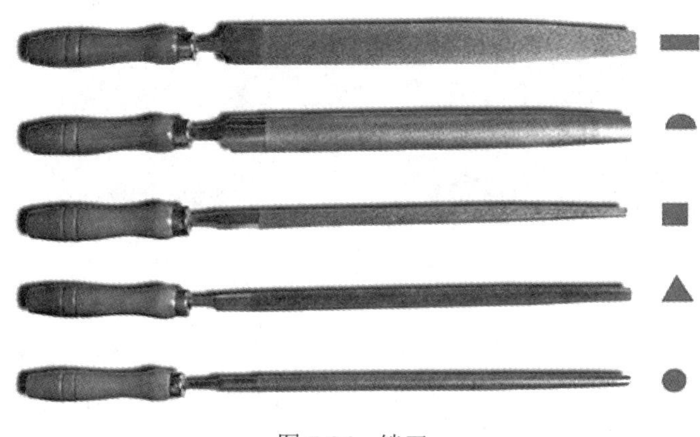

图 7-26　锉刀

（2）用途。锉刀表面上有许多细密刀齿、条形，用作锉削工件的手工工具，可对金属、木料、皮革等表层做微量加工。

（3）锉刀的选用原则。

1）锉刀断面形状的选用。应根据被锉削零件的形状来选用，使两者的形状相适应。锉削内圆弧面时，要选用半圆锉或圆锉（小直径的工件）；锉削内角表面时，要选择三角锉；锉削内直角表面时，可以选用扁锉或方锉等。选用扁锉锉削内直角表面时，要注意使锉刀没有齿的窄面（光边）靠近内直角的一个面，以免碰伤该直角表面。

2）锉刀齿粗细的选择。锉刀齿的粗细要根据加工工件的余量大小、加工精度、材料性质来选择。粗齿锉刀适用于加工余量大、尺寸精度低、形位公差大、表面粗糙度数值大、材料软的工件，反之应选择细齿锉刀。

3）锉刀尺寸规格的选用。锉刀尺寸规格应根据被加工工件的尺寸和加工余量来选用。加工尺寸大、余量大时，要选用大尺寸规格的锉刀，反之要选用小尺寸规格的锉刀。

（4）锉刀的使用要求。

1）使用台虎钳夹紧工件。站立时，左脚在前，右脚在后。

2）操作者右手握锉刀柄，左手握锉刀前部。

3）操作者向前运锉时，稍向下用力。向后运锉时，稍提起锉刀，使锉刀面和工件加工面脱离接触。向前运锉时，左右手各自向下用的力的大小要以锉刀加在工件加工面上的力量大小保持恒定为准。根据这一准则，在向前运锉时，左右手各自向下用的力是不断变化的。

4）运锉过程中，锉刀面始终要保持水平状态。锉刀往返的最佳频率为 40 次/分，锉刀的使用长度占锉齿面全长的 2/3。

4. 丝锥

（1）结构。丝锥为一种加工内螺纹的刀具，按照形状可以分为螺旋丝锥和直刃丝锥，如图 7-27 所示；按照使用环境可以分为手用丝锥和机用丝锥；按照规格可以分为公制、美制和英制丝锥。丝锥由工作部分和柄部组成，工作部分又分切削部分和校准部分，前者磨有切削锥，担负切削工作，后者用以校准螺纹的尺寸和形状。丝锥是制造业操作者加工螺纹的最主要工具。

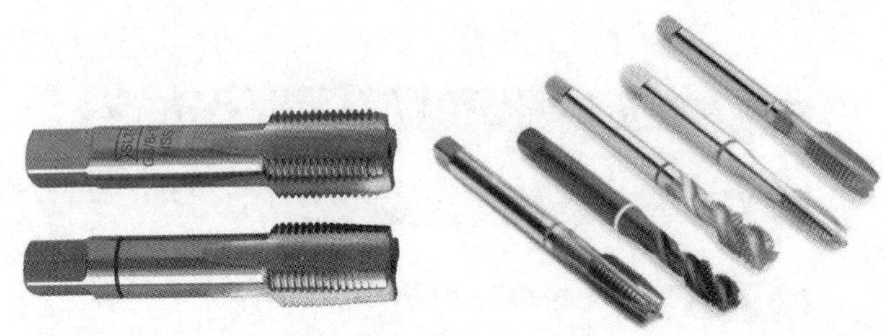

图 7-27　丝锥

（2）用途。供加工螺母或其他机件上的普通内螺纹用（即攻丝）。机用丝锥通常是指高速钢磨牙丝锥，适用于在机床上攻丝；手用丝锥是指碳素工具钢或合金工具钢滚牙（或切牙）丝锥，适用于手工攻丝。

丝锥是加工各种中、小尺寸内螺纹的刀具，它结构简单、使用方便，既可手工操作，也可以在机床上工作，在生产中应用得非常广泛。

对于小尺寸的内螺纹来说，丝维几乎是唯一的加工刀具。丝维的种类有手用丝维、机用丝锥、螺母丝锥、挤压丝锥等。

攻丝是属于比较困难的加工工序，因为丝锥几乎是被埋在工件中进行切削的，其每齿的加工负荷比其他刀具都要大，并且丝锥沿着螺纹与工件接触面非常大，切削螺纹时它必须容纳并排除切屑，可以说丝锥是在很恶劣的条件下工作的。为了使攻丝顺利进行，应事先考虑可能出现的各种问题，如工件材料的性能、选择什么的刀具及机床、选用多高的切削速度和进给量等。

（3）使用方法。

1）攻丝时，先插入头锥使丝锥中心线与孔中心线一致。

2）两手均匀地旋转并略加压力使丝锥进刀，进刀后不必再加压力。

3）每转动丝锥一次反转约 45° 以割断切屑，以免阻塞。

4）丝锥旋转困难时不可增加旋转力，否则丝锥会折断。

5. 板牙

（1）结构。板牙是加工外螺纹的刀具，相当于一个硬度很高的螺母，螺孔周围制有几个排屑孔，一般在螺孔的两端磨有切削锥，如图 7-28 所示。圆板牙应用最广，规格范围为 M0.25～M68mm。当加工出的螺纹中径超出公差时，可将板牙上的调节槽切开，以便调节螺纹中径。板牙可装在板牙扳手中手工加工螺纹，也可装在板牙架中在机床上使用。

（2）用途。板牙可作为加工或修正外螺纹的螺纹加工工具。板牙加工出的螺纹精度较低，但由于结构简单、使用方便，在单件、小批生产和修配中得到了广泛应用。

图 7-28　板牙

（3）使用方法。用圆片板牙加工螺纹时，呈半切削半挤压状态。板牙的内径和中径为切削部分，尤其是板牙内径要承受较大的切削力，因此必须具有一定的强度和切削能力。螺纹的外径是通过切削时金属在板牙的挤压作用下塑性变形而得到的。

6. 断丝取出器

（1）结构。断丝取出器螺纹为左螺旋，如图 7-29 所示。

图 7-29　断丝取出器

（2）用途。供手工取出断裂在机器、设备里面的六角头螺栓、双头螺柱、内六角螺钉等之用。

（3）使用方法。使用时，需先选一适当规格的麻花钻，在螺栓的断面中心位置钻一小孔，再将取出器插入小孔中，然后用丝锥扳手或活扳手夹住取出器的方头，用力逆时针转动，即可将断裂在机器、设备里面的螺栓取出。

7.5　特殊用途工具

7.5.1　激光对中仪

今天的工业生产对高质量的对中要求越来越多，使用激光对中技术最大的优点在于测量快速、准确、不需要现场测量经验，以及解决了长跨距传统方法不能进行准确测量的难题。

几乎 50%的停机故障是由不对中引起的，不对中可以导致轴承失效、轴弯曲、密封失效、联轴器磨损、能量损失、振动变大等。而良好的对中则可以增加设备运转时间、减少轴承和密封的磨损、减少联轴器磨损、减小振动、降低维修费用等。图 7-30 所示为激光对中仪。

对中的目的：使传动轴在运转时能保持均衡状态，即传动部件及被传动部件的旋转轴能共同在同一旋转中心上。当两者共同转动时，经由联轴器连接，使这些部件组合旋转时，产生较小的振动。

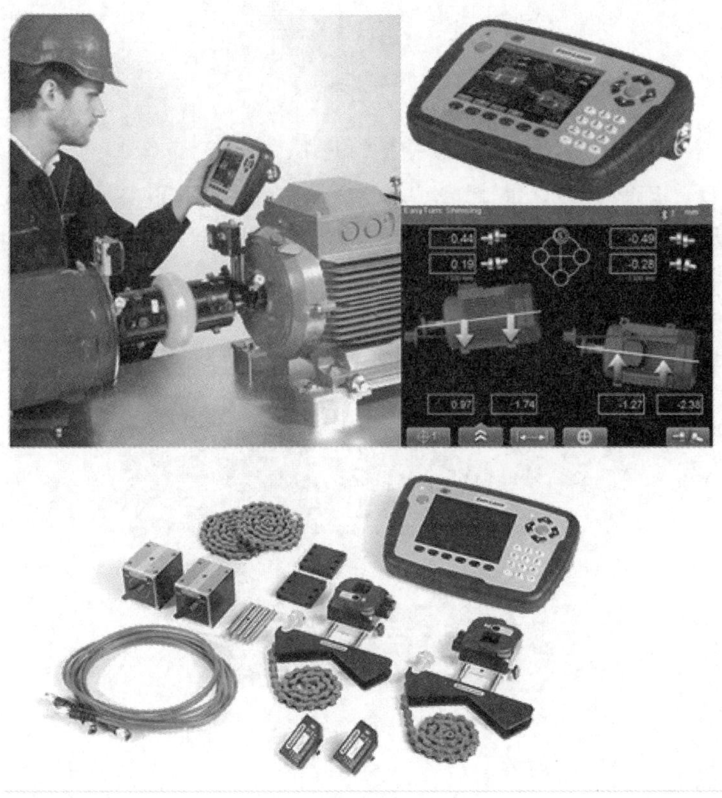

图 7-30 激光对中仪

（1）结构：1 个显示器单元、2 根带快速接头电缆（2m）、2 个激光测量单元（10×10mm）、2 套延长杆、2 个 V 型安装支架、2 套安装链条等。

（2）用途：使用 PSD 激光感应技术，准确生动的图形化操作指引以及蓝牙无线连接，让工程师现场操作更加快捷、方便、精准。

一些专业术语（如图 7-31 所示）：

（1）平行偏差（位移偏差）：两个轴的中心线不同心但平行。

（2）角度偏差（张口）：两个轴的中心线不平行。

（3）软脚：设备的地脚和基础的接触情况，在对中之前要先做软件测量。

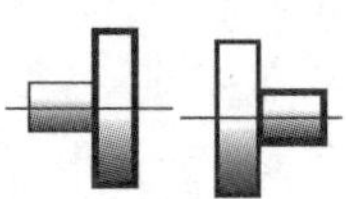

（a）平行偏差

（b）角度偏差

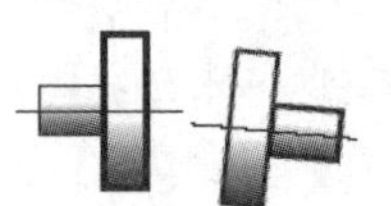

（c）平行偏差和角度偏差

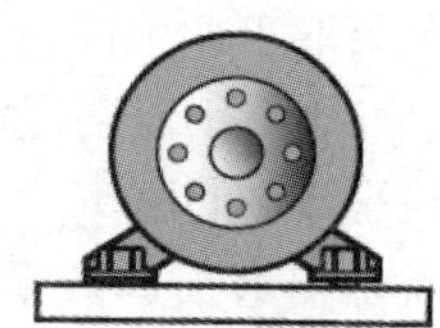

（d）软脚

图 7-31 专业术语对照图

7.5.2 激光原理

（1）激光发射器采用半导体 He-Ne 激光器，激光波长为 635～670nm，处于可见光的边缘，颜色为红色，具体光波位置如图 7-32 所示。

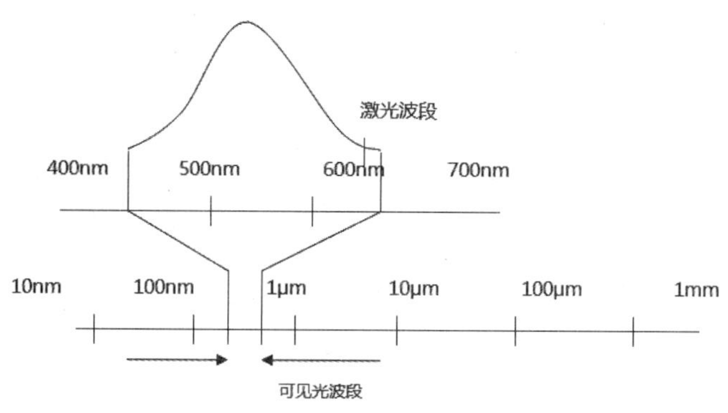

图 7-32 激光波段

图 7-33 所示为激光发射器示意图。阴极管内充满氦气和氖气，通过高电压激发出相应波长的光波，再通过两端透镜和反射镜的反复作用，只有平行于中心线的光束被发射出去，形成激光。

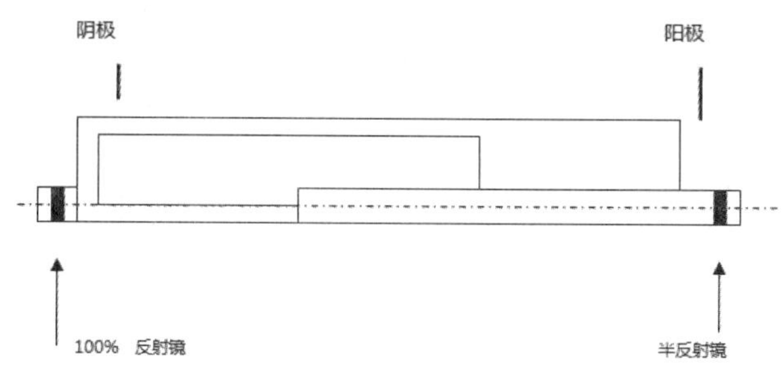

图 7-33 激光发射器原理示意图

（2）激光接收器采用先进的 PSD 定位技术，而传统的激光接收器采用的是 CCD 技术，即将激光感应平面分为 $m \times n$ 个等份，接收到激光后计算出激光的位置。其分辨率由等份的密度来决定，因此有上限约束。而 PSD 技术是在感应面的两端加适当电压，激光打到感应面的不同位置则会在两端产生不同的电流，其分析的是模拟量，理论上讲模拟量的精度是无穷大，因此大大提高了测量精度。仪器最终的精度不受感应面的限制，只取决于 A/D 转换器的位数，如图 7-34 所示。

（3）关于激光束的中心位置的确定。激光束并不是绝对圆形的，激光的能量分布也不是均匀的。但是这一点并不影响最终的测量结果，因为探测器测量和读取的是激光的能量中心。如果激光有部分照射到靶区之外，能量就会部分损失，因此在测量时必须保证激光束全部打在探测器内，如图 7-35 所示。

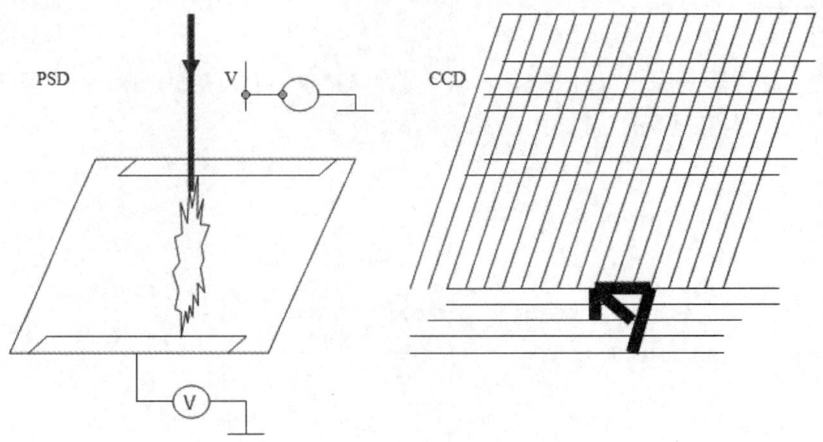

图 7-34　激光探测器感应原理

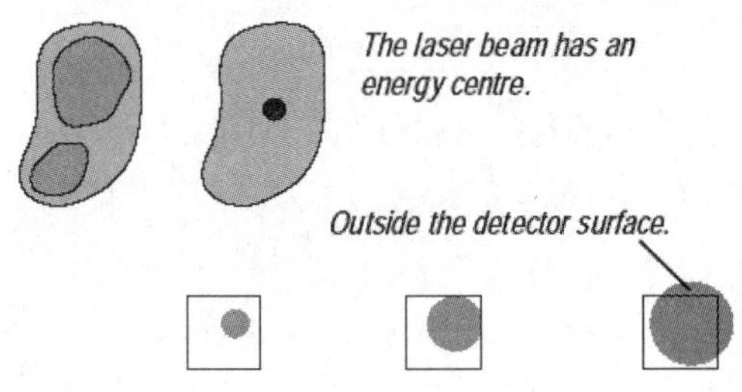

图 7-35　激光束的中心位置

（4）热量对激光测量是有影响的，这一点类似于夏天我们经常看到由于柏油马路上升起的热浪而使远处的物体发生变形的情形。当激光通过不同温度的气体时，其光束发生了折射。因此在测量时应避免周围有明显的热源或冷风，如图 7-36 所示。

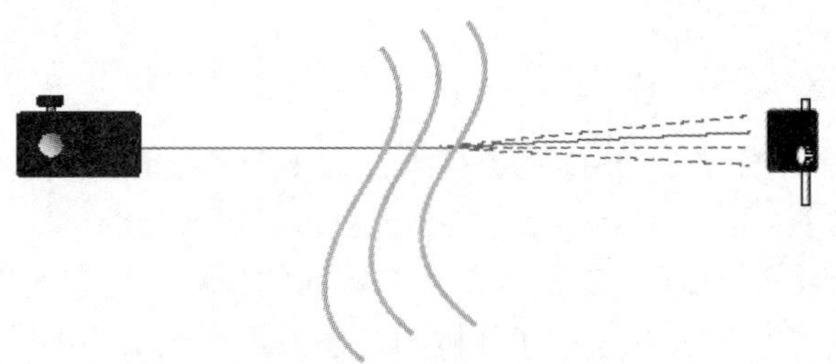

图 7-36　热量对激光束的影响

（5）激光对中计算原理：激光对中的计算基于基本的三角几何原理，图 7-37 和图 7-38 描述了计算的数学方法。

1）对中容差（允许偏差）：如果没有设备生产厂家的推荐数据，可以根据图 7-39 作为对中允许偏差的参考。此表的容差是允许的最大值，没有考虑热膨胀或工艺补偿。这个标准根据设备转速由低到高而允许偏差值由大到小，标准分为两类，一类是 excellent（优秀的），一类是 acceptable（可接受的），用户可以依据实际情况采用不同的标准来判断对中偏差是否合格。

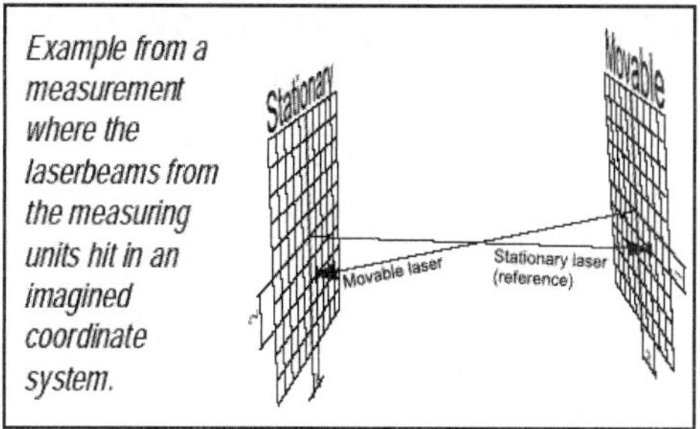

图 7-37　激光对中仪的计算原理

Foot position $= \left(\frac{(M-S)}{\text{Distance S,M}} \times \text{Distance S,Fx}\right)+S$	$F1=\left(\frac{-4-6}{100}\times 200\right)+6=14$ and $F2=\left(\frac{-4-6}{100}\times 300\right)+6=24$
Angle $= \left(\frac{(M-S)\times 100}{\text{Distance S,M}}\right)$	$\frac{-4-6}{100}\times 100=-10/100$
Offset $= \left(\frac{(M-S)}{\text{Distance S,M}} \times \text{Distance S,C}\right)+S$	$\left(\frac{-4-6}{100}\times 50\right)+6=1$

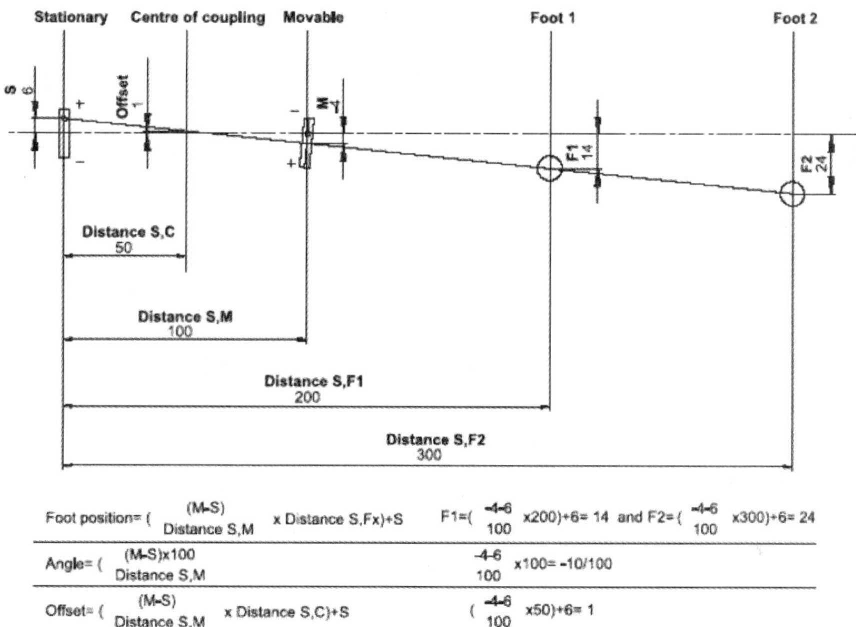

图 7-38　激光对中仪的计算方法

	Excellent		Acceptable	
Offset rpm	mils	mm	mils	mm
0000-1000	3.0	0.07	5.0	0.13
1000-2000	2.0	0.05	4.0	0.10
2000-3000	1.5	0.03	3.0	0.07
3000-4000	1.0	0.02	2.0	0.04
4000-5000	0.5	0.01	1.5	0.03
5000-6000	<0.5	<0.01	<1.5	<0.03
Angular error rpm	mils/"	mm/100	mils/"	mm/100
0000-1000	0.6	0.06	1.0	0.10
1000-2000	0.5	0.05	0.8	0.08
2000-3000	0.4	0.04	0.7	0.07
3000-4000	0.3	0.03	0.6	0.06
4000-5000	0.2	0.02	0.5	0.05
5000-6000	0.1	0.01	0.4	0.04

图 7-39　对中允许偏差

2）皮带对中允许偏差：根据不同的皮带，允许偏差在 0.25°～0.5°之间，如图 7-40 所示。

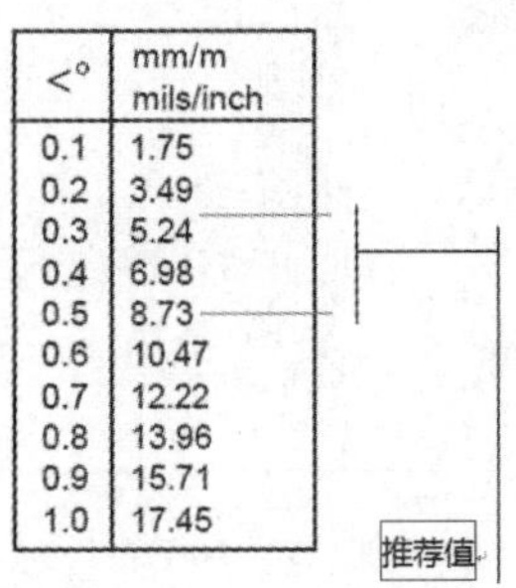

<°	mm/m mils/inch
0.1	1.75
0.2	3.49
0.3	5.24
0.4	6.98
0.5	8.73
0.6	10.47
0.7	12.22
0.8	13.96
0.9	15.71
1.0	17.45

图 7-40　皮带对中允许偏差

7.5.3　部件说明

1. D279 显示单元

技术参数如下：

- 外壳材料：铝合金/ABS
- 键盘：16 键薄膜键盘
- 显示：带背光的 4.5 寸 LCD
- 电池：4 节 2 号碱性电池
- 使用时间：48 小时，连接 2 个测量单元时，可以连续使用 24 小时
- 显示分辨率：可选，最高 0.001mm
- 存储：1000 组对中数据或 7000 个测点数据
- 接口：测量单元接口和 RS－232 接口
- 外形尺寸：180mm×175mm×40mm
- 重量：1100g

显示单元为电池供电，允许按系列号的顺序连接 4 个测量单元。显示单元含 16 键薄膜按键和带背光的 LCD。显示单元可以存储数据并可以将数据传送到 PC 机或打印机上，如图 7-41 所示。

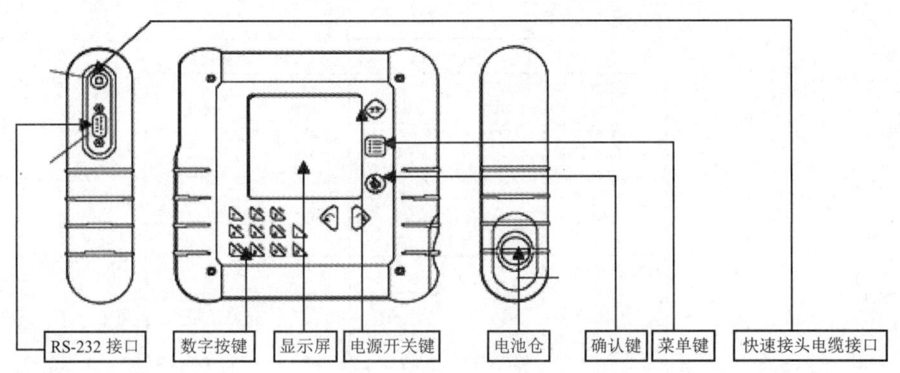

图 7-41　显示器

2. PSD 激光探测器（18mm × 18mm）

PSD 激光探测器集测量单元、温度传感器、电子倾角计和激光发射器于一体，外壳有一

系列安装孔、2 个水平仪、1 个目标靶、2 个连接接口用于连接显示单元和其他的测量单元，购买时注意 PSD 探测器是一对（S 单元和 M 单元）。

接口说明如图 7-42 所示。

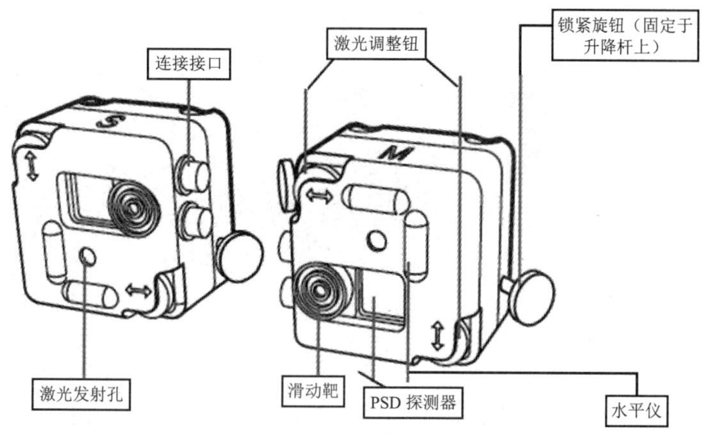

图 7-42 接口

技术参数如下：

- 探测器类型：1 轴或 2 轴 PSD
- 探测器尺寸：18×18mm
- 线性：优于 1%
- 激光：<1mw，class2
- 激光波长：635～670nm
- 激光束直径：出口处 3mm
- 倾角计：精度 0.1°
- 水平仪精度：5mm/m
- 温度传感器：精度±1°
- 外形尺寸：60mm×60mm×50mm
- 外壳材料：铝合金

重量：198g

3. 轴固定器

标准带链条的 V 型轴固定器，适用轴径 20～450mm，宽 20mm，当轴径超过 150mm 时，使用延长链条，如图 7-43 所示。

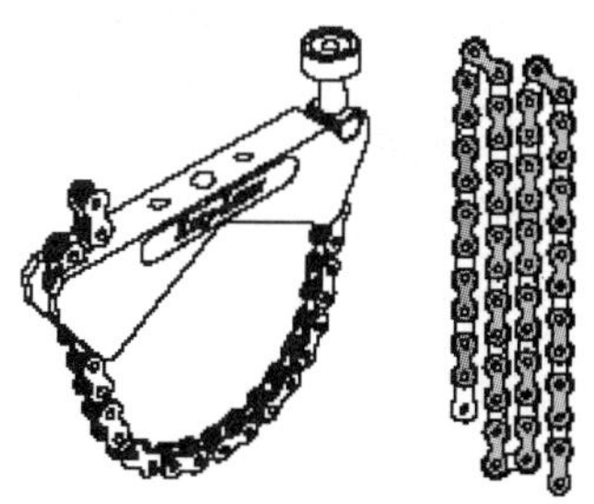

图 7-43 链条

安装时，将链条套在V型支架上，然后捆绑在轴上，将延长杆拧在V型支架的螺孔上，用小扳手拧紧，然后将探测器（测量单元）安装在延长杆上，将探测器上的锁紧旋钮拧紧，如图7-44所示。

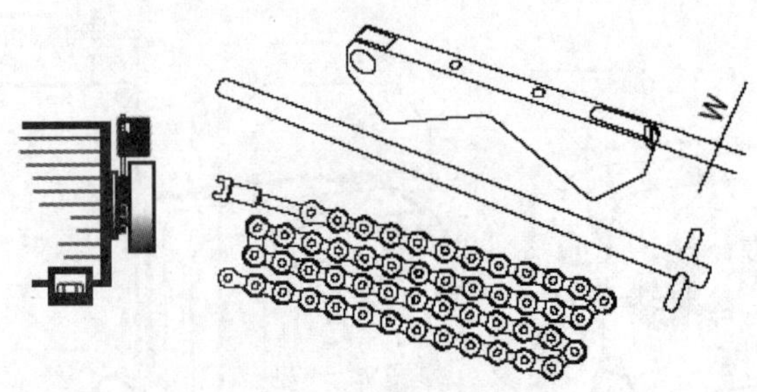

图7-44　薄型轴固定器

注意：安装探测器时，需要将带有S或M标记的一侧朝上，两个探测器面对面安装。

（1）薄型轴固定器宽12mm，带链条和链条锁紧工具，如图7-45所示。用于轴向固定的磁性轴固定器宽10mm，偏移块允许固定器轴向移动，如图7-46所示。

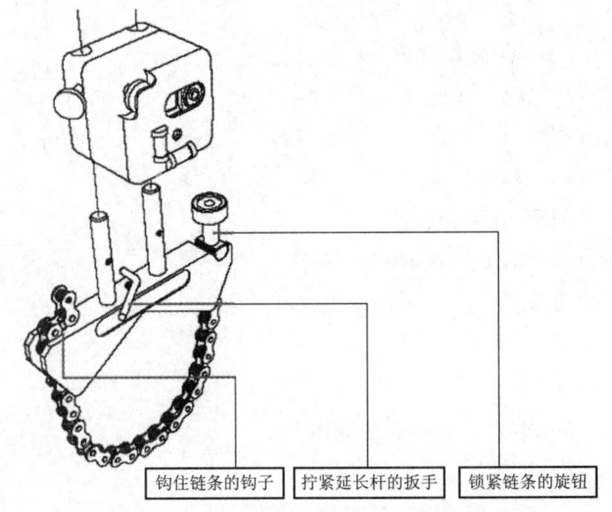

图7-45　链条的安装

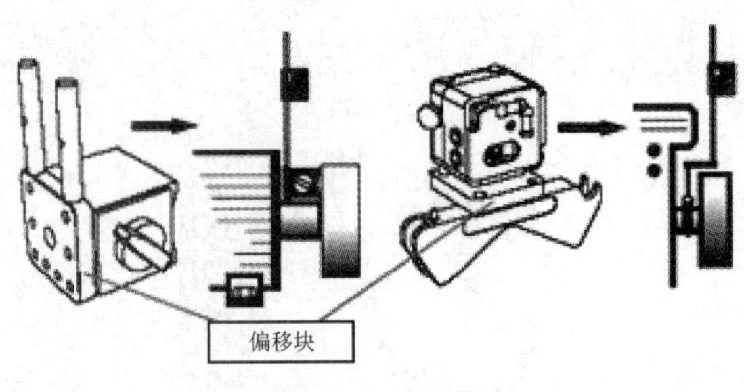

图7-46　偏移块

（2）滑动轴固定器。当轴不能转动时使用该固定器，可以用标准链条或磁吸座固定，可根据需要选择带旋转头或不带旋转头，如图 7-47 所示。

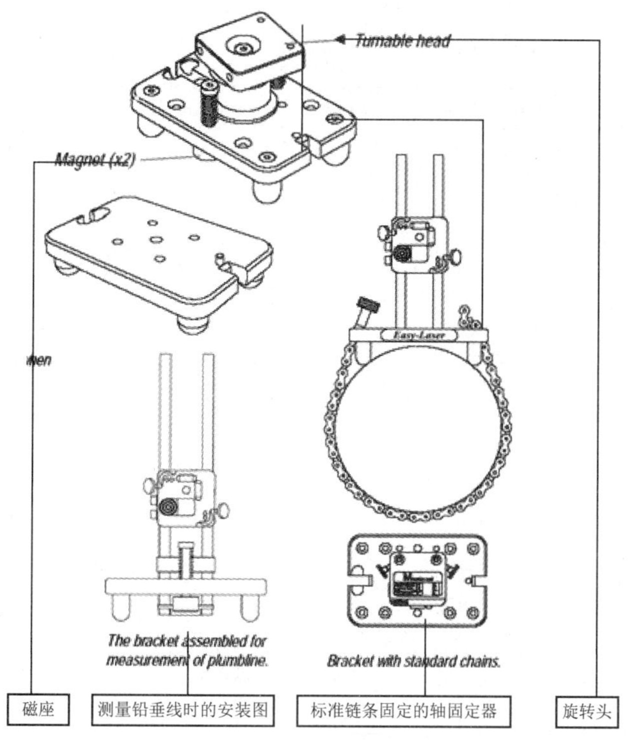

图 7-47　滑动轴固定器

7.5.4　显示单元基本操作

主菜单如图 7-48 所示。

①：LCD 背景灯开/关键，循环按下此键控制背景灯光的开关

②：改变 LCD 显示的对比度，循环按下此键调节屏幕的明亮变化

③：设置系统日期，按下此键可调整系统日期

④：设置系统时间，按下此键可调整系统时间

⑤：设置自动关机时间，从 10 到 99 分钟，设置 00 取消自动关机，系统默认值为 00

⑥：设置测量滤波值，0～99

⑦：改变测量显示单位

⑧：打印测量结果

⑨：将测量结果传送至 PC 机或打印机

⓪：存储或回放测量结果

▢：帮助菜单，显示该屏幕下可以选择的操作步骤

☰：返回上级菜单

开机后，按☰键进入主菜单，再按相应数字键可以对上述数据进行设置，也可以在测量过程中任意时刻按此键，当关闭显示单元时，除了测量滤波器设置外，所有设置将被保留。

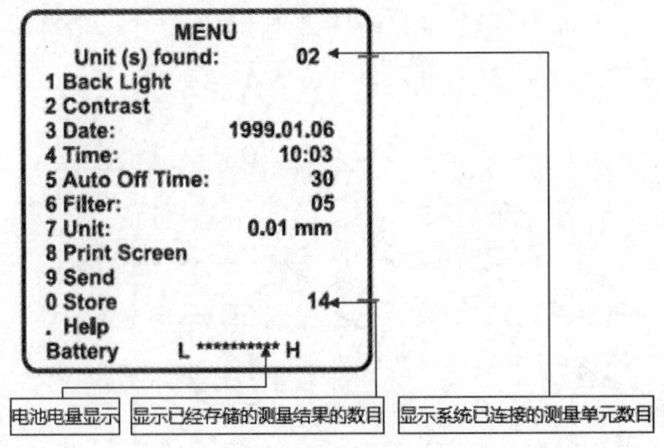

图 7-48　主菜单

电池电量显示中，H 表示最大，L 表示最小，当*的数目减少到 2 个时，应该更换电池。

7.5.5　测量程序

1. 轴对中介绍

EASY-LASER 轴对中就是通过固定在轴上的两个测量单元，在轴转动过程中测量 3 个位置的值，系统自动计算出两个联轴器的平行偏差、角度偏差以及调整端设备地脚的调整值。

简要步骤如下：

（1）安装测量单元及连接电缆。

（2）选择需要的测量程序。

（3）按提示输入测量时需要输入的各种距离。

（4）进行测量。

（5）如果必要，调整设备。

（6）存储、打印或传输测量结果。

★安全警告：确信在工作时，你所测量的设备不会突然启动。

2. 固定测量单元

链条及测量单元的安装如图 7-49 所示。用一根 2m 电缆连接 2 个探测器，另外一根电缆一端接 2 个探测器的任意一个，另一端接显示单元，如图 7-50 所示。

图 7-49　用标准轴固定器固定测量单元

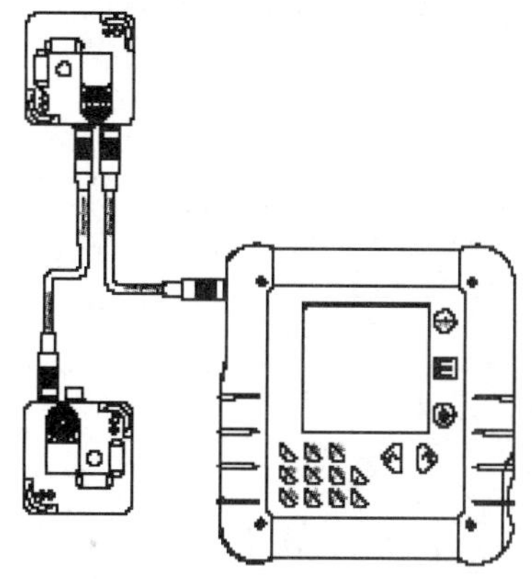

图 7-50 链条与测量单元安装

★重要信息：S 测量单元固定在基准端的设备上，M 测量单元固定在调整端的设备上，从调整端 M 看基准端 S，9 点钟在图片的左边，右边是 3 点钟，竖直方向是 12 点钟，如图 7-51 所示。

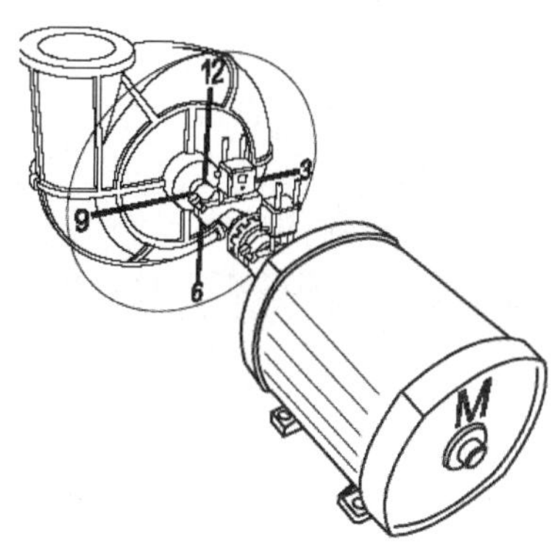

图 7-51 测量单元固定

3. 利用激光对中仪进行设备粗调

当转动固定着测量单元的轴时，激光束将划出一道弧线，弧线的中心和轴的中心重合，在转动过程中，激光束在对面的测量单元表面移动，当设备对中情况很差的时候，激光束可能打到对面测量单元的接收靶区外边，如果发生这种情况，就必须进行设备的粗略对中。

粗略对中（以 M 单元照射到 S 为例，如图 7-52 所示）步骤如下：

（1）固定测量单元。

（2）转动固定着测量单元的轴到 9 点钟位置，调整激光束到对面关闭的目标靶的中心。

（3）转动固定着测量单元的轴到 3 点钟位置。

（4）检查激光束打在对面靶区上的位置，调整激光束到靶心距离的一半。

（5）调整移动端设备，使激光束打到靶心。

（6）S 单元照射到 M 单元同理进行调整。

（7）然后开始对中测量。

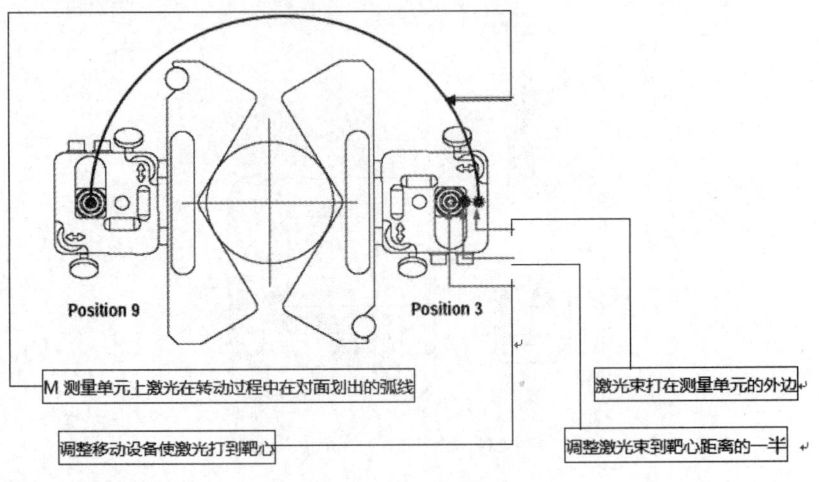

图 7-52　设备粗调

4. 时钟法水平机械对中

时钟法水平机械对中（如图 7-53 所示）步骤如下：

（1）固定测量单元。

（2）按下电源开关键开机。

（3）在测量程序菜单中选择 11 功能。

（4）在 12 点钟位置调整测量单元发射的激光，使两个探测器发射的激光都能够打到对面探测器的靶心位置。这样调整的意义在于使探测器的接收半径最大。

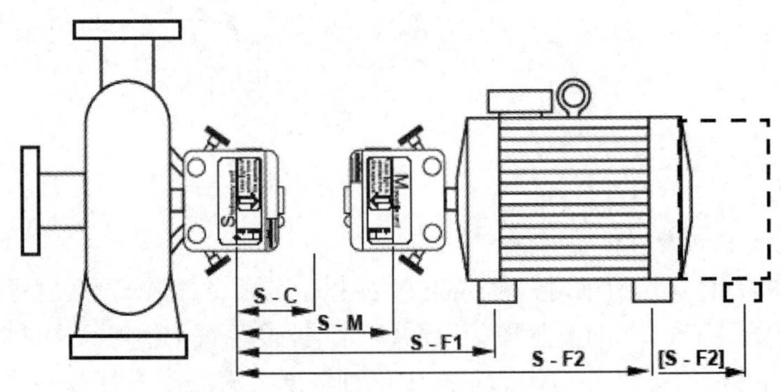

图 7-53　时钟法水平机械对中

5. 输入距离

距离的定义：

- S-M：两个测量单元之间的距离
- S-C：S 测量单元到联轴器中心线的距离
- S-F1：S 测量单元到调整设备前地脚中心线的距离
- S-F2：S 测量单元到调整设备后地脚中心线的距离，注意该值必须大于 S-F1 的值

【S-F2】：如果调整设备有 3 对或 3 对以上的地脚，你可以在测量完成后输入新的 S-F2 的值，系统自动计算新的垫平值和调整值。这对于多地脚设备的对中调整是非常有意义的。

按系统要求输入各个距离值，按键确认，按键返回上一步重新输入。

6. 开始测量

（1）9 点钟：按水平仪指示转动轴到 9 点钟位置，打开目标靶，记录第一个测量值，按键确认，按键重新测量，如图 7-54 所示。

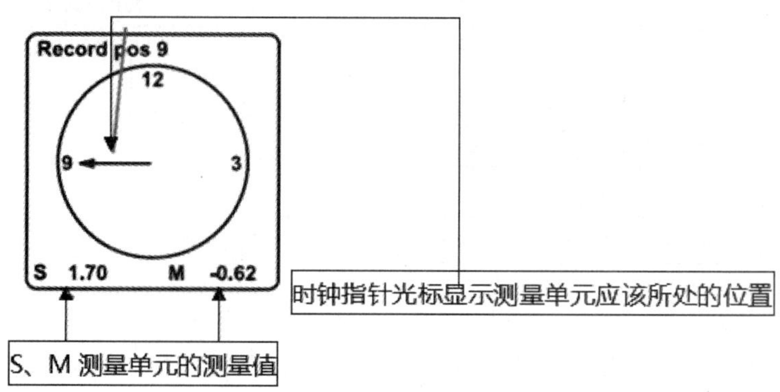

图 7-54　测量步骤 1

（2）12 点钟：得到 9 点钟的数据后，指针指向 12 点钟，转动轴到 12 点钟，记录测量值，按键确认，按键重新测量，如图 7-55 所示。

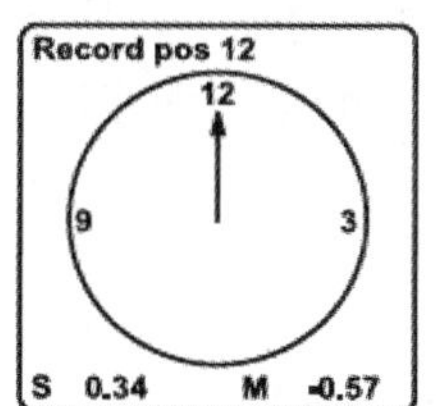

图 7-55　测量步骤 2

（3）3 点钟：得到 12 点钟数据后，指针指向 3 点钟，转动轴到位置，记录测量值，按键确认，按键重新测量，如图 7-56 所示。

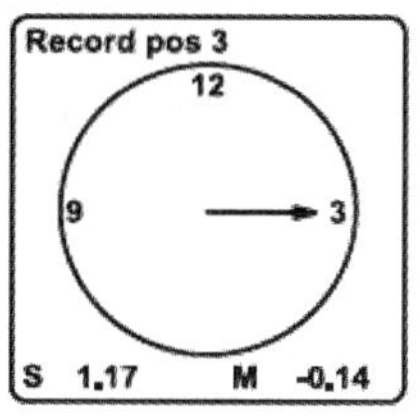

图 7-56　测量步骤 3

（4）显示测量结果。仪器显示调整设备的水平方向和垂直方向的平行偏差、角度偏差、调整值，如图 7-57 所示。

在测量过程中，要保证 9－12－3 点钟 3 个位置激光都照射在接收靶心区域内。在测量过程中，激光不可以再调整。

轴是否转动到 9－12－3 点钟位置，要观测探测器上的水平仪，当水平仪的气泡在两个黑色刻度线中间位置时，说明轴已经转动到合适位置。

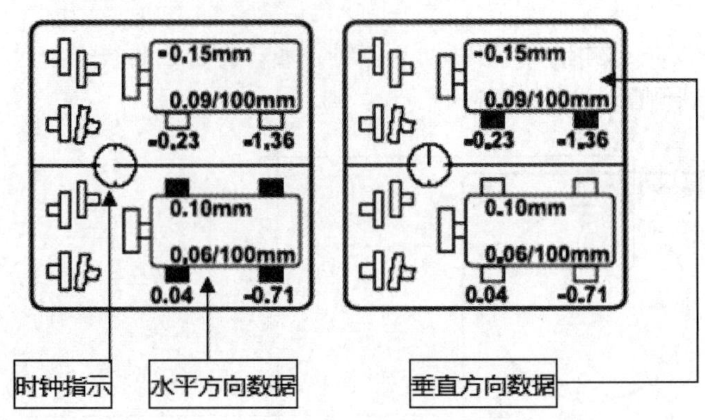

图 7-57　测量步骤 4

当测量结果出来后，如果设备是多组地脚的，按键显示输入新的 S-F2 距离，允许用户输入 S 单元到第 3 对地脚的距离，仪器按照新输入的距离重新计算并显示新的调整值。

按9键在 9 点钟位置开始重新测量；按4键进行容差测量；按6键进行热膨胀值预置测量；按5键实现水平和垂直方向的数据切换，当按下该键后，一个方向的数据激活（此时该方向的调整地脚变为黑色），另外一个方向的数据被锁定（此时该方向的调整地脚变为白色），同时屏幕中间的时针指示图会随着轴的转动指向相应位置。

（5）了解测量结果的意义。测量结果显示了调整设备的位置，以及如何调整和垫平设备，如图 7-58 所示。

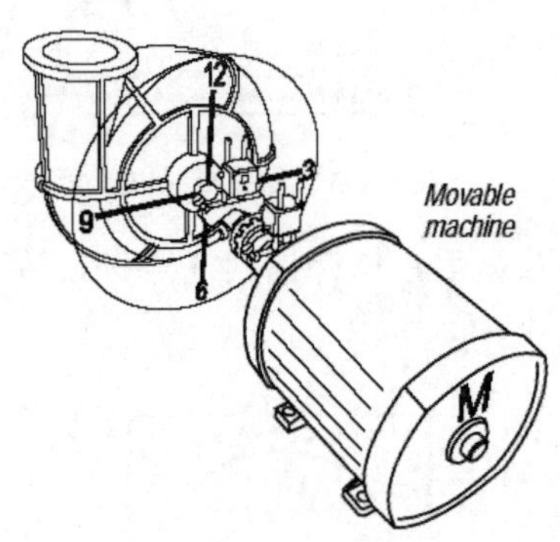

图 7-58　测量结果分析

1）读测量结果，判断设备是否有不对中的情况。

2）按仪器显示的垂直方向的垫平数据添加或减少垫片。

3）按仪器显示的水平方向的调整值对设备进行调整。

4）如果垂直方向地脚调整数据显示为“+”号，表示需要减少垫片；如果是“-”号，表示需要添加垫片。

5）如果水平方向地脚调整数据显示为“+”号，表示需要向 9 点钟方向调整；如果是“-”号，表示需要向 3 点钟方向调整。

6）当进行设备调整时，平行偏差、角度偏差以及地脚调整数据会实时变化，当平行偏差和角度偏差数据变化到允许偏差范围之内时，可以结束调整。

7）调整水平方向时，测量单元必须在 3 点钟位置；调整垂直方向时，测量单元必须在 12 点钟位置。这样才能够正确地实时观察数据变化，如图 7-59 所示。

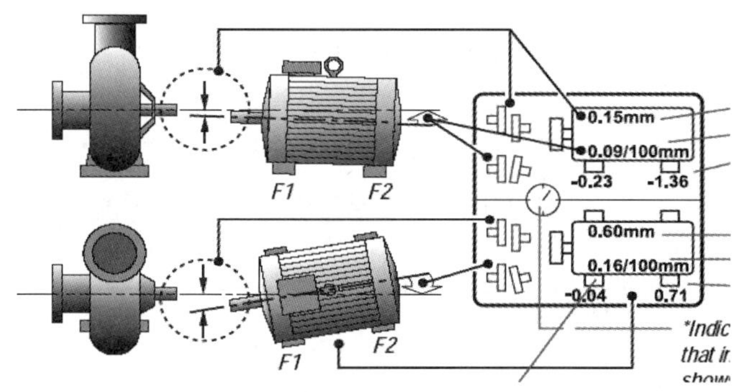

图 7-59　根据测量结果调整

从调整端（M）看基准端（S），9 点钟位置在左边，如图 7-60 所示。

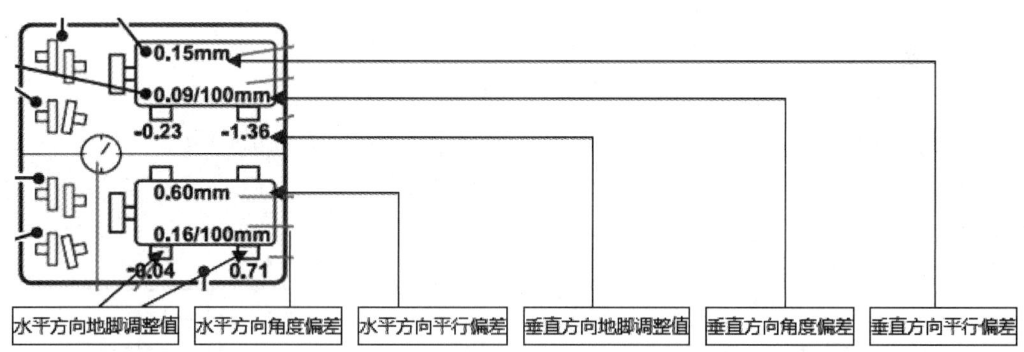

图 7-60　测量结果分析

（6）容差测量。当测量数据显示后，可以通过仪器内置的容差标准来判断显示数据是否达到允许的偏差范围之内，这种偏差允许值是和设备的转速相关的。而容差允许值是按照比较严格的标准制定的，有可能会优于设备制造厂商提供的数据。另外，仪器还可以允许输入自己设定的容差标准，具体见表 7-1。

表 7-1　容差标准

转速	0～1000	1000～2000	2000～3000	3000～4000	>4000	rpm
平行偏差	3.5	2.8	2.0	1.2	0.4	mils
	0.09	0.07	0.05	0.03	0.01	mm
角度偏差	0.9	0.7	0.5	0.3	0.1	mils/inch
	0.09	0.07	0.05	0.03	0.01	mm/100mm

1）在显示结果出来后按 4 键，如图 7-61 所示。

2）按键和键选择设备转速和相应标准，按键确认，如图 7-62 所示。如果希望自己设定容差标准，可以在该界面下进行输入，如图 7-63 所示。

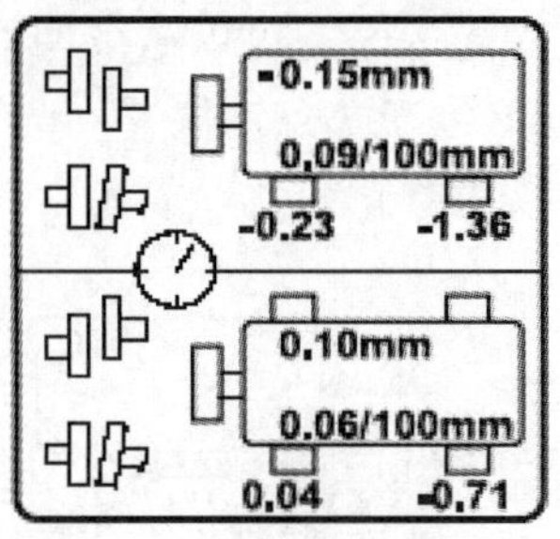

图 7-61　显示结果 1

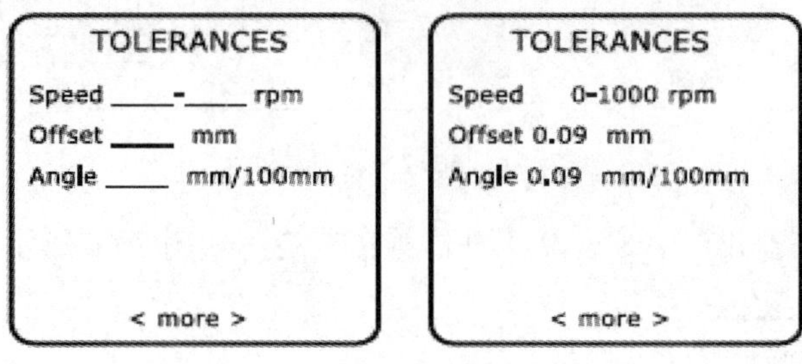

图 7-62　显示结果 2

按键，输入平行偏差，按键确认后，再输入角度偏差，按键确认。

3）如果某个数据达到要求，相应的基准端联轴器示意图会变为黑色，如图 7-64 所示。继续调整设备，直到所有的基准端联轴器示意图全部变为黑色。

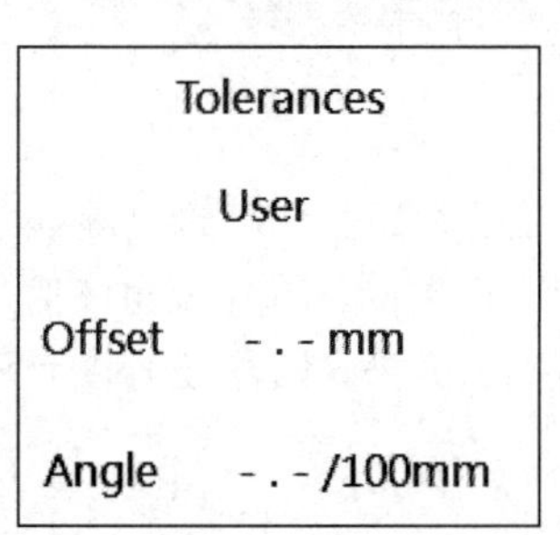

图 7-63　输入容差标准

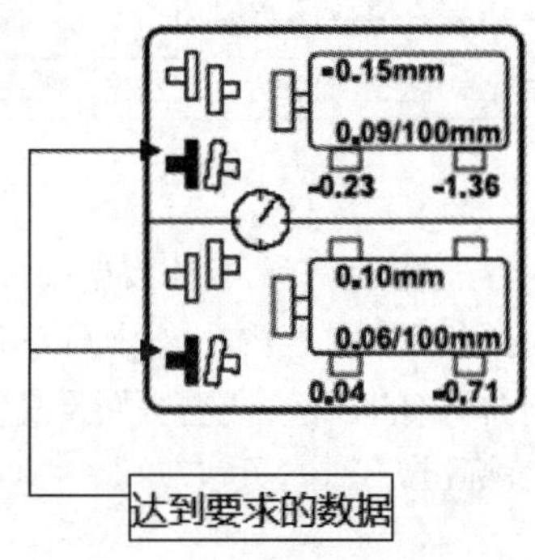

图 7-64　联轴器示意图

（7）热膨胀值预置。基准端和调整端的设备如果因为膨胀系数不同将会对对中时的方法产生影响，例如钢的膨胀系数为 0.01mm/（m・℃）。一般情况下基准端和调整端设备在冷态下（常温）做好对中后，在工作温度下也可以保证有良好的对中，但在其他情况下（如基准端和调整端设备的工作温度不同）进行冷态对中时需要对热膨胀进行补偿。

设备的制造厂商通常会给出他们的热膨胀参数信息。当要进行热膨胀补偿时要检测下列参数：基准端、调整端设备的工作温度、现场环境温度、中心高，基准端、调整端的线膨胀系数，热膨胀补偿值。

注意：输入的补偿值必须是正确的。

在某些情况下，即使没有热膨胀的因素，考虑到一些特殊的工艺要求（例如在风力发电行业和船舶制造行业），也会要求在常温对中时预留出一定的偏差空间。

操作步骤：

1）输入水平方向平行偏差热补偿偏差值的方向，如图 7-65 所示。

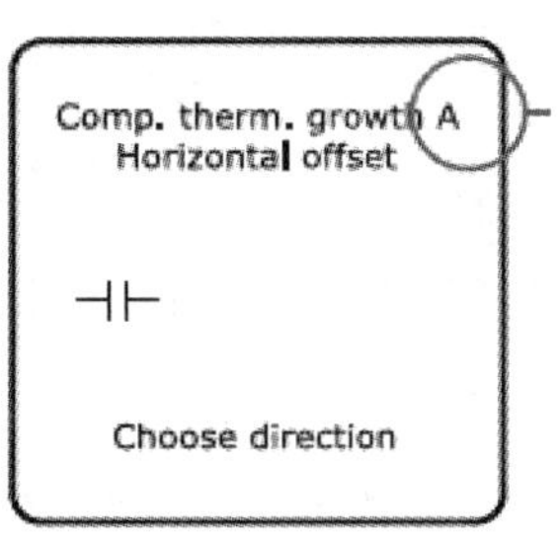

图 7-65　输入水平方向平行偏差热补偿偏差值的方向

按 6 键进入选择程序，按↷键在 ⊣⊢ 、 ⊣⊢ 、 ⊣⊢ 之间切换，按确认键确认，按↶键重新输入。输入水平方向平行偏差热补偿值的大小，如图 7-66 所示。

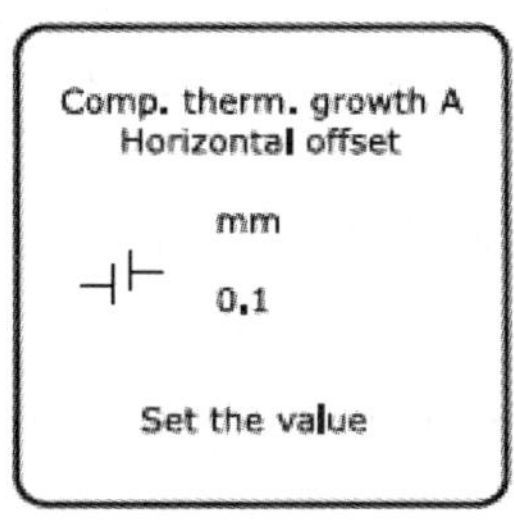

图 7-66　输入水平方向平行偏差热补偿值的大小

通过数字键输入，按确认键确认，重新输入按↶键。

2）输入水平方向角度偏差热补偿值的方向，如图 7-67 所示。

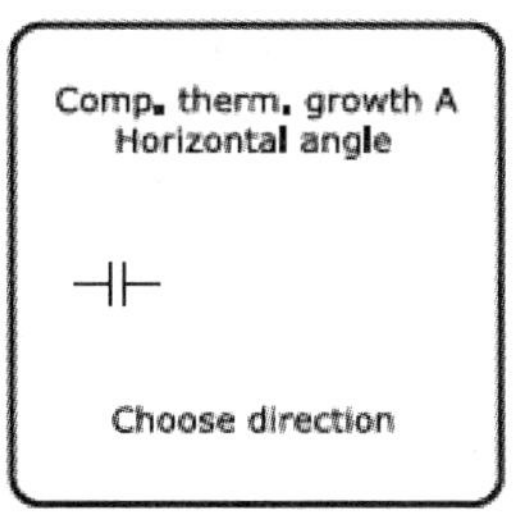

图 7-67　输入水平方向角度偏差热补偿值的方向

按↷键在 ⊣⊢ 、 ⊣< 、 ⊣< 之间切换，按确认键确认，重新输入按↶键。

3）输入水平方向角度偏差热补偿值的大小，如图 7-68 所示。

按数字键输入，按确认键确认，按↶键重新输入。

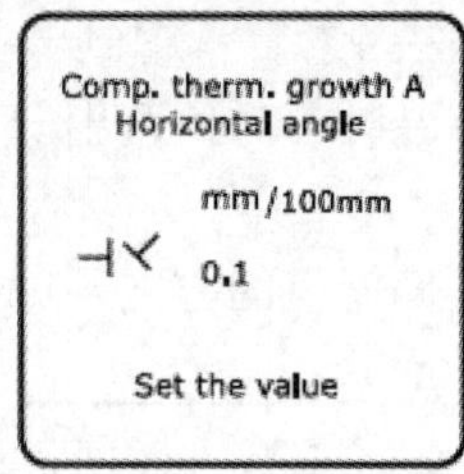

图 7-68　输入水平方向角度偏差热补偿值的大小

4）输入垂直方向平行偏差热补偿值的方向和数值大小，操作步骤同 1）、2），如图 7-69 所示。

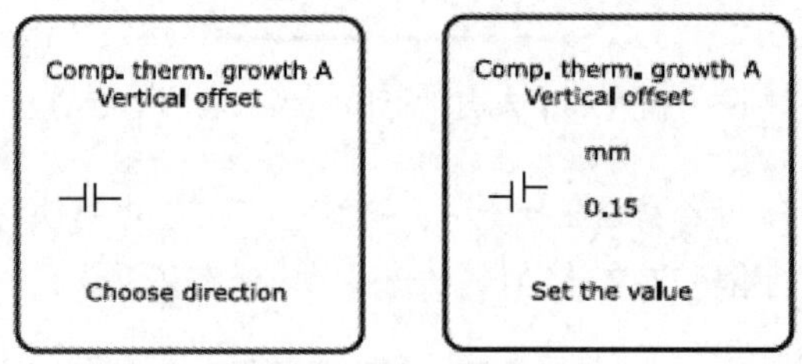

图 7-69　输入垂直方向平行偏差热补偿值的方向和数值大小差

5）输入垂直方向角度偏差热补偿值的方向和数值大小，操作步骤同 3）、4），如图 7-70 所示。

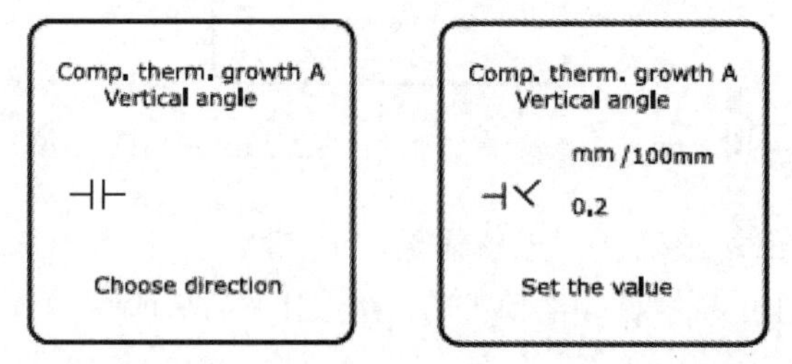

图 7-70　输入垂直方向角度偏热补偿值的方向和数值大小

6）程序返回到测量数据显示屏，此时热补偿值已经被考虑。如果需要，转到下一个联轴器，按照上述步骤输入热补偿值。

在已经输入热补偿值的联轴器测量结果上按 6 键可以改变热补偿值，如果不输入热补偿值，则显示不考虑热补偿值的测量结果。

7.5.6　软脚测量

在进行轴对中工作之前，可能需要进行软脚测量，当调整端设备的一个或几个地脚与基础板的间隙量超过一定的标准时，就会存在软脚。该程序可以对软脚是否存在进行测量。一般来讲，软脚的存在会使设备的振动增大，同时在进行对中时，如果存在软脚，每次的测量结果都会产生很大的偏差，没有很好的重复性，如图 7-71 所示。

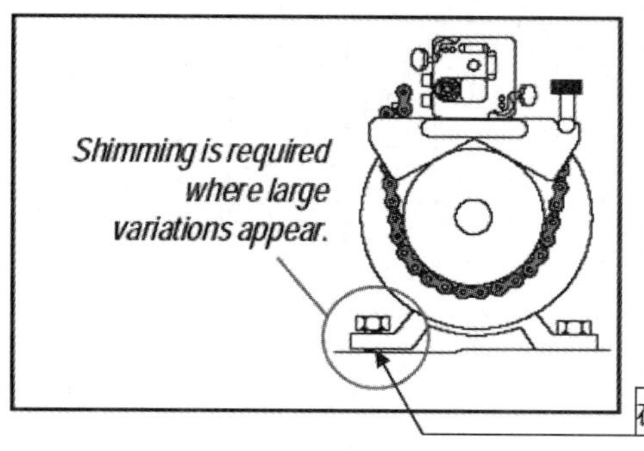

图 7-71　软脚测量

1. 测量步骤

（1）固定测量单元。

（2）按电源开关键开机。

（3）选择 13 进入测量程序。

（4）按提示输入距离参数，按确认键确认，按返回键重新输入，如图 7-72 所示。

（5）转动轴至 12 点位置，调整激光打到靶心位置，打开目标靶，如图 7-73 所示。按确认键确认，按返回键返回上一步。

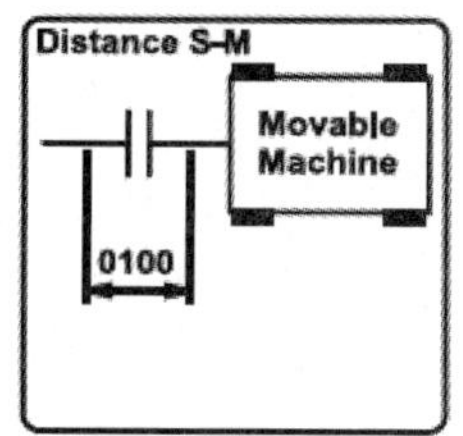

图 7-72　输入距离参数

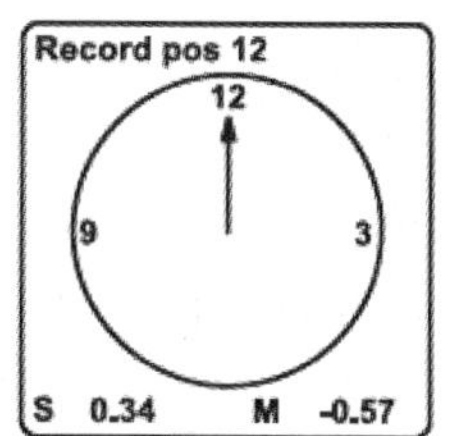

图 7-73　调整激光打到靶心位置

（6）屏幕显示第一个地脚的初始值，如果希望测量值置 0，按 0 键。返回上一步按返回键。完全松开，然后再拧紧第一个地脚螺栓，仪器保存地脚螺栓松开后的最大值，如图 7-74 所示。按确认键确认，对第 2 到第 4 个地脚如此重复操作。

（7）显示所有地脚测量结果，垫平变化最大的那个地脚，如图 7-75 所示。

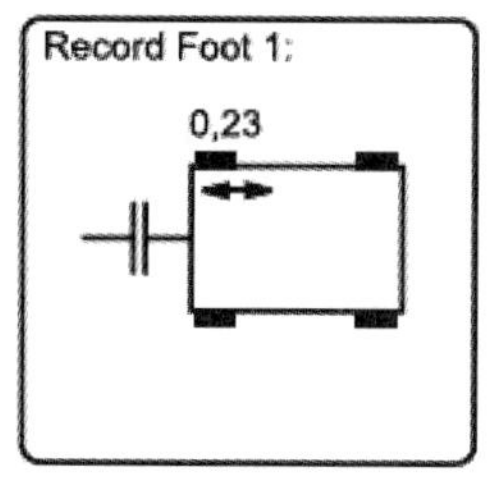

图 7-74　屏幕显示第一个地脚的初始值

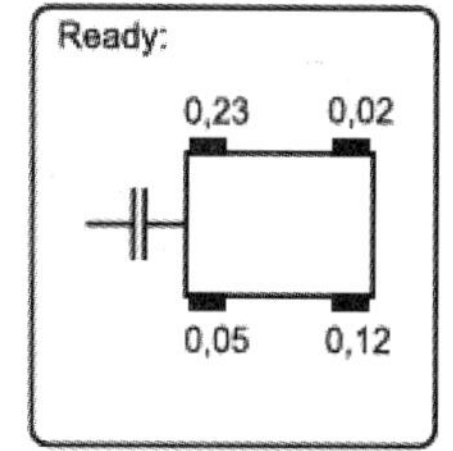

图 7-75　显示所有地脚测量结果

按 9 键重新测量，如果软脚不存在或已经处理完毕，按确认键进入对中测量程序，如图 7-76 所示。

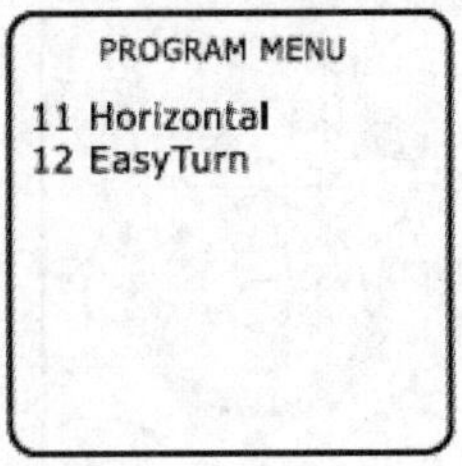

PROGRAM MENU

11 Horizontal
12 EasyTurn

图 7-76　重新测量

2. 软脚评判的标准

在通过上述操作后，得到 4 个地脚的测量值，取最大值和最小值的差值，如果这个值不大于 0.05mm，说明不存在软脚，如果大于 0.05mm，说明存在软脚，需要进行处理。

7.5.7　问题与仪器维护

1. 显示单元不能启动

（1）按 on 键时间长一点。

（2）检查电池舱盖是否盖好。

（3）更换电池。

2. 没有激光束

（1）检查连接电缆。

（2）更换电池。

3. 没有测量值显示

（1）打开探测器的目标靶。

（2）调整激光束使激光打到探测器上。

4. 测量值不稳定

（1）锁紧探测器的旋钮。

（2）调整激光，使激光打到探测器靶心区域。

（3）增加滤波器的数值设定。

5. 错误的测量值

（1）探测器有标记的一面朝上。

（2）若是数字 BTA，检测探测器的固定方向。

6. 打印机没有输出

（1）检查打印机的电缆。

（2）如果打印机上有红色指示灯，给打印机充电。

7. 清洁

为了得到良好的测量结果，要随时保证设备的清洁，特别是探测器的表面和激光发射器的光学透镜。用干布擦拭仪器的表面，用照相机的镜头液和镜头纸清洁探测器表面。

8. 电池

系统采用 4 节 2 号碱性电池，市场上大多数碱性电池都可以使用。如果系统长时间不使用，请将仪器中的电池取出。

9. 避免阳光直射

如果在野外测量，阳光直接照射到探测器的 PSD 表面，有可能得不到稳定的测量结果，此时试着遮挡探测器以便获得稳定的测量结果，如图 7-77 所示。

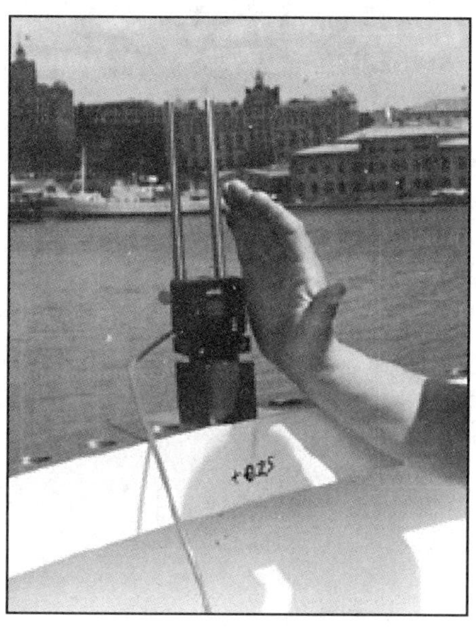

图 7-77 避免阳光直射

参考文献

[1] 栾学钢，赵玉奇，陈少斌．机械基础（多学时）[M]．北京：高等教育出版社，2010．
[2] 曾德江，朱中仕．机械基础（少学时）[M]．2 版．北京：机械工业出版社，2018．
[3] 丁德全．金属工艺学[M]．北京：机械工业出版社，2011．
[4] 魏书印．电力机械基础[M]．北京：中国电力出版社，2008．